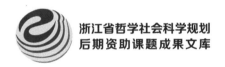
浙江省哲学社会科学规划
后期资助课题成果文库

浙江省哲学社会科学规划后期资助课题"山水林田湖草沙一体化
生态保护修复下的福利效应与机制创新"（25HQZZ027YB）

山水林田湖草沙的一体化治理

——钱塘江源头生态保护修复的
福利效应与机制创新

朱 臻等 著

科学出版社

北 京

内 容 简 介

　　本书在梳理和总结山水林田湖草沙生态治理的理论逻辑与国内外实践经验基础上，以浙江省钱塘江源头山水林田湖草沙生态保护修复工程为例，基于大量翔实的一手实地调查数据和二手统计资料，系统分析了钱塘江源头生态保护修复政策演变所带来的区域生态福利绩效和对微观主体的经济福利效应变化及其影响机制，总结了钱塘江源头生态保护修复的机制体制创新与挑战，在此基础上，进一步完善了山水林田湖草沙一体化生态治理机制与政策保障体系。

　　本书可供生态经济、生态治理与资源环境经济政策等研究领域的广大科研工作者、相关专业研究生与本科生参考，也可供相关政府部门工作人员决策参考。

图书在版编目（CIP）数据

山水林田湖草沙的一体化治理：钱塘江源头生态保护修复的福利效应与机制创新 / 朱臻等著. — 北京：科学出版社，2025. 6. — ISBN 978-7-03-081175-2

　Ⅰ．X321.254.4

中国国家版本馆 CIP 数据核字第 2025AE0171 号

责任编辑：张会格　刘　晶 / 责任校对：郑金红
责任印制：肖　兴 / 封面设计：无极工作室

科学出版社 出版
北京东黄城根北街 16 号
邮政编码：100717
http://www.sciencep.com

北京厚诚则铭印刷科技有限公司印刷
科学出版社发行　各地新华书店经销

*

2025 年 6 月第 一 版　开本：720×1000　1/16
2025 年 6 月第一次印刷　印张：13 1/4
字数：261 000
定价：**168.00 元**
（如有印装质量问题，我社负责调换）

著 者 名 单

浙江农林大学　朱　臻

浙江农林大学　杨　虹

浙江农林大学　谢芳婷

浙江农林大学　沈月琴

浙江农林大学　陈　健

浙江农林大学　刘兴泉

浙江农林大学　杨　俊

浙江农林大学　唐　磊

浙江农林大学　王立成

浙江农林大学　王丹婷

浙江农林大学　高　婷

浙江农林大学　王　宇

序

　　2016年，我国启动了山水林田湖草沙生态保护修复工程（以下简称"山水工程"），明确强调在工程实施过程中要保证自然地理单元的完整性、生态系统的关联性、自然生态要素的综合性以及部门生态治理的协同性，成为践行山水林田湖草沙的生命共同体理念、全面推进人与自然和谐共生中国式现代化建设的生动实践。可以说，"山水工程"改变了以往传统生态保护与修复活动中大多针对单一目标或单一生态要素、缺乏整体观和系统观的状况，其以区域和流域为基本单元，在大尺度上开展各类生态系统一体化治理，显著改善了自然生态系统整体质量，增强了生态产品供应能力。

　　在此宏大背景下，系统研究流域源头的山水林田湖草沙一体化治理具有重要的学术价值与实践意义，具体体现在如下几个方面。一是流域源头地区既是山水林田湖草沙一体化治理的重点，又是实现共同富裕的难点。目前，作为传统生态保护修复的升级版，"山水工程"也主要聚焦于重点流域地区。系统评估"山水工程"所带来的福利效应，判断其是否可通过山水林田湖草沙一体化治理实现源头地区生态、经济、社会协同发展，进而加速实现全流域"共同富裕"的进程，是值得深入研究的科学问题。二是在全国全面推进"山水工程"的背景下，不同区域和不同流域形成了差异化的山水林田湖草沙系统治理模式，向世界展示了中国生态文明建设的新实践，贡献了人与自然和谐共生的中国智慧、中国方案。以典型地区"山水工程"为案例，系统总结源头地区山水林田湖草沙一体化治理的成功经验，可为后续深入推进山水林田湖草沙一体化治理提供经验借鉴，具有重要示范价值。三是在现阶段的山水林田湖草沙一体化治理中，依然存在一系列体制机制与要素保障等现实挑战，通过典型地区"山水工程"的实践总结，针对目前存在的问题与挑战，设计出一套适合中国特色与地方实际的山水林田湖草沙一体化治理机制体制创新和保障体系，对于践行习近平总书记"山水林田湖草沙是一个生命共同体"的重要理念，以及完善流域源头地区山水林田湖草沙一体化治理体系、打通"两山"转化通道、推进国家生态文明建设具有重要现实意义。

　　令人可喜的是，针对上述山水林田湖草沙一体化治理中的研究与现实需求，浙江农林大学经济管理学院朱臻教授领衔完成并出版了《山水林田湖草沙的一体化治理——钱塘江源头生态保护修复的福利效应与机制创新》一书。在梳理和总结山水林田湖草沙生态治理的理论逻辑与国内外实践经验基础上，全书以浙江省钱塘江源头山水林田湖草沙生态保护修复工程为例，基于大量翔实的实地调查数据和统计资料，系统分析了钱塘江源头生态保护修复政策演变所带来的区域生态福利绩效和对微观主体的经济福利效应变化及其影响机制，总结了钱塘江源头生态保护修复的机制体制创新与挑战，在此基础上，作者明确提出了进一步完善了山水林田湖草沙一体化生态治理机制与政策保障体系。该研究有效弥补了国内针对山水林田湖草沙一体化保护和系统治理案例提炼不系统、实证研究不深入、内在机制机理剖析不清晰等不足，是对国内现有相关研究的重要补充与提升。

纵观全书，呈现以下四大特点。一是研究对象的典型性。浙江省是"两山"理念和"千万工程"的发源地、全国高质量建设共同富裕示范区，近年来以"两山"理念为指引，持续推进更高水平生态省建设。浙江省在山水林田湖草沙一体化生态治理理念引领下，围绕钱塘江流域生态保护修复形成了一系列新举措新模式，取得了一系列瞩目成就。系统提炼与总结山水林田湖草沙一体化生态治理体制机制创新的"浙江经验"，可为未来全国山水林田湖草沙一体化治理的全面推进提供可推广、可复制的重要经验。二是研究视角的新颖性。从钱塘江流域生态保护政策的三阶段动态演变视角出发，系统性分析山水林田湖草沙一体化生态治理对整个流域福利效应的时空变化动态影响，运用计量模型揭示造成上述变化影响背后的深层次原因及其作用机理。三是多学科研究方法的交叉性。本研究分别运用了案例研究、空间分析、计量经济学模型和实验经济学等社会学、地理学和经济学等多学科研究方法提炼了山水林田湖草沙一体化治理下钱塘江源头生态保护修复的机制创新实践案例，揭示了其对流域福利效应的影响，以及受偿主体对生态保护修复的生态补偿方案选择及其作用机制，体现了研究的规范性与科学性。四是聚焦多尺度范围开展系统研究。针对现有研究主要以定性理论探讨，或运用数据库资源聚焦区域层面分析所存在的局限性，本研究在收集现有大量数据资料基础上，对"山水工程"涉及的农户、村落开展了案例点实地调查，从区域中观和农户微观层面多尺度定量评估了案例点山水林田湖草沙一体化生态治理带来的生态、经济福利效应变化，体现了研究的系统性和全面性。

总之，该书的问世极大地拓展和丰富了国内山水林田湖草沙一体化治理的相关研究，也可以为政府部门进一步完善山水林田湖草沙一体化治理提供决策依据，具有重要的理论与应用价值。期待该书的作者们继续深化并不断拓展相关研究领域，不断推出更多更好的成果。

国家林业和草原局发展研究中心副主任、研究员

2025 年 5 月

前　　言

党的二十大报告中指出，要推进美丽中国建设，坚持山水林田湖草沙一体化保护和系统治理，这是习近平生态文明思想的重要内容，也体现了建设人与自然和谐共生现代化的重要内涵。在山水林田湖草沙一体化保护理念下，传统的分割式生态治理正在向系统性生态治理转变。在生态系统治理中，流域治理始终是重点与难点，涉及众多不同区域、层级、部门的利益主体。其中，源头地区在流域中又发挥着重要的生态屏障作用。在源头地区树立山水林田湖草沙一体化系统治理思维，并以此为依托开展科学的生态保护修复显得尤为重要。在全国深入推进山水林田湖草沙一体化保护和系统治理现实背景下，亟需总结源头地区山水林田湖草沙一体化生态治理的生动实践，评价源头地区山水林田湖草沙一体化生态治理的综合影响，完善源头地区山水林田湖草沙系统生态治理机制与相关政策保障。

本书在梳理和总结山水林田湖草沙生态治理的理论逻辑与实践经验基础上，以全国山水林田湖草沙一体化保护和修复工程——浙江钱塘江源头山水林田湖草生态保护修复工程为例，基于二手统计资料和一手实地调查数据，系统分析了钱塘江源头生态保护修复政策演变所带来区域生态福利绩效和对微观主体的经济福利效应变化及其影响机制，总结了钱塘江源头生态保护修复的机制体制创新与挑战。在此基础上，进一步完善了山水林田湖草沙一体化生态治理机制与政策保障体系。

本书共分为 7 章，各章的逻辑关系与研究内容如下。第 1、2 章为本研究提供指引与基础。其中，第 1 章为山水林田湖草沙生态治理的理论逻辑，重点介绍山水林田湖草沙生态治理的时代背景、理论基础、内涵特征和研究价值；第 2 章为国内外流域生态保护修复的实践和经验借鉴，依托二手资料收集与整理，归纳总结了目前国内外生态保护修复相关的案例与经验借鉴。第 3～5 章是本书的核心章节。其中，第 3 章是钱塘江源头生态保护修复下流域系统发展的总体时空变化与空间溢出效应。以浙江省钱塘江源头山水林田湖草生态保护修复工程为例，概括梳理了钱塘江流域基本情况和钱塘江源头生态保护修复的阶段进程，在此基础上，构建生态-经济-社会（EES）的指标系统，运用熵值法测算出钱塘江流域的生态、经济以及社会指数并比较不同阶段的指数变化，系统分析钱塘江流域整体和上中下游地区 EES 系统协调发展水平的空间关联格局以及政策演进的空间溢出效应；第 4 章是钱塘江源头生态保护修复的生态福利绩效变化及其影响因素。通过

SUPER-SBM 模型测算了钱塘江流域 12 县（市、区）2006～2022 年的生态福利绩效，在此基础上进行了生态福利绩效水平和差异性的影响因素分析；第 5 章是钱塘江源头生态保护修复对农户经济福利水平的影响分析。根据县域经济发展统计数据和农户调查数据，首先分析了生态保护修复对钱塘江流域上下游地区经济发展差距变化影响，其次运用计量模型分析了钱塘江源头山水林田湖草沙生态保护修复对于当地经济效益以及农户经济福利所带来的影响，最后基于不同资源禀赋条件的农户对于生态补偿方案具有差异化的需求背景设计出不同生态补偿产品方案并分析受偿主体的选择行为，明确符合当地受偿主体现实需求的生态补偿方案。第 6、7 章为是上述研究的总结与提升。其中，第 6 章是山水林田湖草沙一体化下钱塘江源头生态保护修复的机制创新与挑战分析。首先，系统讨论了钱塘江源头地区在生态保护与修复方面的机制创新，包括项目管理机制、后期管护机制、公众参与机制以及生态产品价值实现机制等方面的创新。其次，以开化、淳安、建德、常山四个工程县（市）为例，针对 4 个县区不同模式的生态修复进行实践案例总结研究。最后，探讨了山水林田湖草沙一体化治理下钱塘江源头生态保护修复机制目前面临的挑战；第 7 章是山水林田湖草沙一体化下生态治理的机制创新与政策保障研究，从协同治理顶层设计、后期管护机制、生态产品价值实现三个角度揭示山水林田湖草沙生态治理机制路径，完善了现有经济、社会、法律领域生态治理政策，为山水林田湖草沙生态治理提供政策保障。

　　本书是浙江农林大学"钱塘江源头生态保护修复机制和政策"课题组历时四年研究成果的集中展现。其中，朱臻教授负责了总体书稿的设计、组织撰写与最终内容的统稿；杨虹博士负责第 1 章与第 6 章的撰写；杨俊博士负责第 5 章的撰写；谢芳婷副教授、陈健教授、刘兴泉教授、沈月琴教授分别负责第 2 章、第 3 章、第 4 章和第 7 章的撰写。在撰写的过程中，研究生王立成、王宇和高婷提供了资料收集与数据分析等工作。在研究过程中，得到了浙江省哲学社会科学领军青年英才培育项目（23QNYC13ZD）、浙江省科技厅软科学重点项目（2022C250003）的资助。同时，书稿的完成得到了浙江省自然资源厅以及开化、常山、淳安、建德等四个钱塘江源头生态保护修复工程区相关部门的配合与支持。尤其是要感谢浙江省哲学社会科学规划后期资助项目（25HQZZ027YB）和浙江省一流学科 A——农林经济管理学科对本书出版的支持。

　　由于作者水平有限，书中难免存在一些不足之处，希望读者和各位同行提出宝贵意见。

编　者

2025 年 3 月

目　　录

第 1 章　山水林田湖草沙生态治理的理论逻辑

在党的二十大报告中，习近平总书记着重强调建设美丽中国的重要性，并提出必须实施山水林田湖草沙的综合保护与综合治理策略。《中共中央 国务院关于全面推进美丽中国建设的意见》也明确指出，实现美丽中国目标，应当坚持将山水林田湖草沙视为一个有机整体，实施全面的保护和综合治理措施，以促进人与自然的和谐共存，实现具有中国特色的现代化进程，并为中华民族的伟大复兴打下坚实的生态基础。

在生态治理中，流域治理始终是重点与难点，涉及众多不同区域、层级、部门的利益主体。其中，源头地区在流域中又发挥着重要的生态屏障作用。在源头地区，基于山水林田湖草沙一体化系统治理思维开展科学的生态保护修复显得尤为重要。浙江省钱塘江源头山水林田湖草沙生态保护修复工程是深入践行习近平生态文明思想，推动山水林田湖草沙一体化保护和系统治理的生动体现。由于钱塘江源头地区属于浙江省加快发展地区，总结该地区山水林田湖草沙生态保护修复的典型案例，对于进一步完善与推广山水林田湖草沙一体化保护机制和系统治理体系的"浙江经验"，协同推动全国山区生态保护与共同富裕具有重要的借鉴与示范意义。本章重点围绕"时代背景—研究对象的内涵特征—研究价值"这一理论逻辑框架，重点介绍本书所关注研究主题的时代背景、内涵特征与意义，对本书涉及的相关基本概念进行清晰地界定，并介绍与本书密切相关的福利经济学理论、系统协同理论和外部性理论等，为后续深入的研究奠定扎实基础。

1.1　山水林田湖草沙一体化生态治理的时代背景

1.1.1　山水林田湖草沙一体化生态治理是流域治理的主要理念引领

我国区域生态治理的早期模式以单一环境资源要素的主管部门治理为主，面临着部门间治理目标冲突、资源无法有效整合、缺乏灵活性等问题，无法有效实现区域生态治理目标。为此，中央领导和各级政府不断在释放倡导区域环境协同治理的政治信号，强化区域统一管理、区域协同、部门联动的管理格局①。党的十八大以来，习近平总书记多次强调"山水林田湖草是生命共同体"，为中国的区域生态治理指明了方向，其核心在于生态治理方式从传统单一资源要素与部门治理转化为多个资源要素整合与多部门的协同治理。在具体实践过程中，我国于 2015 年推出了山水林田湖草沙生态保护修复工程试点项目，强调由自然资源部牵头，建立跨国家发展和改革委员会、财政部、生态环境部、农业农村部、水利部等不同生态保护修复相关部门的协调机构、委员会或合作框架，推动各部门生态保护修复项目的整合，促进相关部门在山、水、林、田、湖、草等不同资源要素的生态保护修复上能够共同制定政策、规划项目和共享最佳信息②。山水林田湖草沙一体化治理的优势在于其全面性和系统性，能有效协调自然生态系统的各个要素，提高生态系统服务功能，增强生态环境的整体恢复力和可持续性。这种集成式的协同治理，可以优化资源配置和提高政策一致性，从而促进自然生态系统质量的整体改善，进而实现人与自然和谐共生。

　　生态治理的重点在流域。流域是由降水自然形成的以分水岭为边界、以江河湖泊为纽带的自然空间单元，是人类生活的主要生境，对人类生存与发展起着重要的支撑作用，在我国经济社会发展和生态安全方面发挥着非常重要的作用。流域治理本质上是一个跨域治理（cross-boundary governance）问题，具有跨越边界的外部性和不可分割的公共性等特性（王佃利和滕蕾，2023），在治理过程中涉及众多不同地区、不同层级和不同部门的利益相关者。流域治理的相关利益主体众多、牵涉面广、关系复杂，长期以来形成的一体化和相互联系的机制尚未得到巩固，管理系统分散、部门分割和多头管理的问题依然存在。在此背景下，以山水林田湖草沙一体化理念为引领，强调多个资源要素整合与多部门的协同治理，必然成为流域生态系统治理的主要指导思想。

1.1.2 山水林田湖草沙生态保护修复工程是落实流域源头生态治理的重要载体

　　长期以来，源头地区在流域发展中发挥着生态屏障的作用，流域生态的保护与恢复工作应将重点置于源头区域。值得注意的是，这些源头地带往往与经济欠发达区域交织在一起。源头生态保护修复为下游地区带来了显著的生态福祉，然而，大多数源头区域却同时承受着环境保护与经济发展的双重挑战，这一现状

①资料来源：《〈山水林田湖草生态保护修复工程指南〉解读》，https://www.gov.cn/zhengce/2020-09/11/content_5542551.htm
②资料来源：《关于推进山水林田湖生态保护修复工作的通知》，http://m.mof.gov.cn/czxw/201610/t20161008_2432147.htm

况极大地增加了流域内生态、经济与社会协同可持续发展的难度。流域源头地区如何兼顾生态保护与经济发展，如何进行各部门协同与要素整合从而开展源头地区的系统生态保护与修复就显得尤为重要。

自 2016 年起，我国在 20 多个省份分批启动了 51 个 "山水林田湖草沙生态保护和修复工程"（简称 "山水工程"），旨在践行习近平生态文明思想，体现了 "山水林田湖草沙是一个生命共同体" 的理念。这些 "山水工程" 位于国土空间规划和《全国重要生态系统保护和修复重大工程总体规划（2021—2035 年）》中确定的 "三区四带" 生态安全屏障的关键生态节点，综合考虑了生态系统的完整性和自然地理单元的连续性，采取了系统性、综合性和源头性的治理措施，迄今为止，已经完成了 8000 万亩（1 亩 $\approx$ 666.67m^2）的治理面积。2022 年，首批中国 "山水林田湖草沙生态保护和修复工程" 被评为 "世界十大生态恢复旗舰项目"（刘珉和胡鞍钢，2023）。该项目展示了中国在生态文明建设方面的最新成就，并提出了促进人与自然和谐共生的创新理念和实践路径。

相较于传统的生态保护修复方法，"山水工程" 展现出全面性、系统性以及综合性三大独特优势。在空间维度上，该工程全面考量了自然地理单元的整体性和生态系统的互相关联性，其保护范围涵盖了重要生态系统涉及的核心生态区域与周边农业及城市空间。在构成元素方面，"山水工程" 聚焦于解决特定区域内的生态环境挑战，旨在全面保护与恢复包括山、水、林、田、湖、草、沙在内的所有自然生态元素。在策略实施层面，该工程整合了科学、政策、经济工具以及公众参与等多元手段，协同运用保护与保育行动、自然恢复、辅助性再生成长、生态重建与修复等模式，旨在全面增强整体治理方案的效能与效果。在建筑工程领域，遵循 "主体区域负责，辅助线条支持" 的原则，全面整合各种生态恢复工程与项目，旨在构建一个统一协调、协同作用的保护与修复系统。综上所述，项目的最终目标集中于最大化生态效益，同时考虑并平衡社会效益与经济效益，旨在促进人与自然的和谐共存与发展。

在 51 个 "山水工程" 中，与流域治理密切相关的达到 25 个，占总数的约 50%。由此可见，"山水工程" 已成为流域源头地区落实山水林田湖草沙一体化理念的重要载体，评价 "山水工程" 对流域源头地区所带来的生态与经济福利效应，对于进一步明确山水林田湖草沙一体化保护和系统治理的重要性与优越性具有重要现实意义。

1.1.3　流域共富为山水林田湖草沙生态治理提出了更高要求

习近平总书记在党的二十大报告中指出 "中国式现代化是全体人民共同富裕的现代化"。共同富裕是社会主义的本质要求，是中国式现代化的重要特征。"流域共富"也是流域山水林田湖草沙生态治理的终极目标。我国的大多流域跨多个行政区域，因此流域的山水林田湖草沙生态治理是涉及跨区域的综合治理问题。流域上下游经济发展不平衡，发展理念、诉求存在差异，如何平衡保护和发展的关系，如何统筹上下游的利益，难点就在协同方式。追求流域共富所带来的区域协同发展，为山水林田湖草沙生态治理提出了更高要求。

浙江省作为全国高质量建设共同富裕的示范区，将流域共富视为共富建设的重要目标之一。作为浙江省的核心水系——钱塘江流域，其覆盖范围达到48 080 km²，占据了浙江省陆地总面积的 47%，其影响范围涵盖了衢州、杭州、金华和绍兴等多个重要区域。该流域内的经济产出贡献了全省生产总值的逾四成。此外，该流域源头地区是浙江省最重要的生态屏障，也是浙江省建设"大花园"和"美丽浙江"的核心区，境内生态保护红线面积占比达 51%以上。"钱塘江源头区域山水林田湖草沙生态保护修复工程"（以下简称"钱江源山水工程"）作为 2018年批准的第三批 14 个试点之一，成为践行"山水林田湖草沙是一个生命共同体"理念的典型样板，预算资金累计投入 180 个亿。该工程的目的是对钱塘江源头山水林田湖草沙等各类自然生态要素进行系统保护和修复，全面提升浙江省钱塘江流域的生态安全屏障质量和生态福利水平。

2021 年 5 月，中共中央和国务院向浙江省下达了建设高质量发展共同富裕示范区的重大任务，并特别强调了"绿水青山就是金山银山"理念的重要性，旨在构建一个生态优美、生活宜人的环境。这一目标要求浙江省以高标准推进"美丽浙江"的建设，全面推动生产和生活方式向绿色低碳的方向转变。浙江省"七山一水二分田"，山区面积占到 70.4%。从城乡协调发展看，2023 年，浙江省全体居民人均可支配收入为 63 830 元，其中，农村居民人均可支配收入为 40 311 元。从现实来看，浙江省全面实现乡村振兴和共同富裕目标的难点就在山区，山区虽然拥有丰富的自然资源和生态产品，但"两山"转化通道仍有待进一步畅通，丰富的生态效益尚未转化为经济、生态与社会的综合效益。钱塘江源头流域如开化、常山、淳安等属于典型山区，也是浙江省加快发展县市，当地农户生计仍然依赖于自然资源和生态产品经营。一方面，就生态福利水平而言，钱塘江源头生态保护修复会为中下游地区如杭州、绍兴等带来生态服务供给质量的系统提升；另一方面，就经济福利水平而言，钱塘江源头以生态保护为主的模式则在短期内限制了源头区农户的自然资源经营权，迫使部分农户寻找更多的替代生计。因此，将"钱江源山水工程"作为研究案例，深入分析其所带来的生态和经济福利效应，揭示其机制创新之处，总结相关可借鉴经验，对于进一步完善源头地区的山水林田湖草沙一体化保护机制和系统治理体系有重要的现实作用。

1.2　山水林田湖草沙一体化生态治理的概念界定与理论基础

1.2.1　概念界定

1.2.1.1　山水林田湖草沙一体化治理

山水林田湖草沙是由山、水、林等自然元素组成的有机整体（姜霞等，2019；王波等，2018），是各要素相互作用、相互依存的生命共同体。从大尺度的生态文明建设角度来看，这一关键理念展现出深刻的人与自然相互依存及共生的本质关联，精准构建了二者之间的内在纽带与互动机制。山水林田湖草沙一体化治理的内涵丰富，深植于生态哲学的理论沃土，揭示了自然界的运行逻辑与人类活动的深层关联性。其中山水林田湖草沙各要素相互依存，共同构成了一个有机整体，为人类文明的持续发展提供了不可或缺的物质支撑与前提条件（石岳等，2022）。自然生态系统的山水林田湖草沙各要素形成共生共促的生命共同体。作为自然界的一部分，人与自然界中的山水林田湖草沙也是一个生命共同体。山、水、林、田、湖、草、沙是各不相同却又互相联系的生态系统，从生态学视角出发，山水林田湖草沙这一表述涵盖了自然界中多样化的生态系统类型，包括山地、水体、森林、农田、湖泊、湿地以及沙漠等植被覆盖区域，全面体现了生物圈内各生态要素的相互依存与协同发展。

山：涵盖了山地、高原等的典型海拔梯度生态系统，这些系统不仅反映了丰富的自然地理多样性，也浓缩了水平自然带的生态学特征，展现了生物与环境相互作用的复杂模式。

水、湖："水"这一概念涵盖了河流、湖泊、湿地以及海洋等多样化的生态系统，在这些生态系统中，"湖"特指那些具有特定水文属性的自然水域。

林、草、沙：涵盖了森林、灌木丛、草地和荒漠等主要陆地自然生态系统。

田：农田作为陆地人工生态系统的体现，在很大程度上是由人类活动所塑造的。

总之，山水林田湖草沙一体化全面涵盖了我国各类生态系统，精炼地表述了中国生态系统的丰富多样性（石岳等，2022）。这一概念强调了生态系统功能的独特性与互补性，各要素之间既各司其职，又相互依存，共同确保了地球生物圈的健康与稳定运转。

"山水林田湖草沙"的提出经历了三个阶段①。第一阶段为"山水林田湖",习近平总书记在《关于〈中共中央关于全面深化改革若干重大问题的决定〉的说明》中提出了"山水林田湖是一个生命共同体"的理念和原则,论述了生命共同体内在的自然规律,指出自然资源用途管制和生态修复必须遵循自然规律,说明了要遵循自然规律的原因。第二阶段是"山水林田湖草",2017年7月19日,习近平总书记主持召开中央全面深化改革领导小组第三十七次会议,在《建立国家公园体制总体方案》中将"草"纳入山水林田湖生命共同体之中,使"生命共同体"的内涵更加广泛、完整。我国国土面积40%以上是草地,草地是生态退化的重要区域,"草"的加入具有非常重要的意义。这次会议强调,"建立国家公园体制,要在总结试点经验基础上,坚持生态保护第一、国家代表性、全民公益性的国家公园理念,坚持山水林田湖草是一个生命共同体,对相关自然保护地进行功能重组,理顺管理体制,创新运行机制,健全法治,强化监督管理,构建以国家公园为代表的自然保护地体系"(李慧,2017)。第三阶段是"山水林田湖草沙",2021年习近平总书记在全国两会参加内蒙古代表团审议中,明确强调:统筹山水林田湖草沙系统治理,这里要加一个"沙"字。党的二十大也强调"坚持山水林田湖草沙一体化保护和系统治理"。治沙不是简单地"植树",要以尊重自然规律为前提,坚持"宜林则林,宜灌则灌,宜草则草,宜湿则湿,宜荒则荒,宜沙则沙",处理好与山水林田湖草的关系,尤其要处理好与"水"的关系,做到"以水定绿、以水定林、量水而行",谨防因大面积造林而破坏了局地生态系统的水平衡,这对推进美丽中国建设、提升生态系统质量和稳定性、牢固生态安全屏障具有重要意义。

习近平总书记对山水林田湖草沙治理提出的一系列论断具有重要的实践指导价值。他所强调实施的山水林田湖草沙一体化保护,是从实现人与自然和谐共生的角度出发,作为推动中国式现代化进程的关键战略之一而被高度重视。从系统论的角度审视,山水林田湖草沙不仅象征着环境的组成部分,更是构成一个完整生态系统的各个要素,涵盖了自然界的多个维度,"一体化"表明人类生态环保治理实践的系统性特征,"保护"是人类的一种实践形式(张利民和刘希刚,2024;张利民,2024)。关于治"山",他要求实行退耕还林还草、封山禁牧;关于治"水",他系统阐述了水安全的重要性,提出要科学治"水";关于增绿护"林",他提出要着力推进国土绿化;关于保"田"治污,他提出要开展土壤污染治理和修复;

---

① 2016年批准的第一批5个试点为河北京津冀水源涵养区、江西赣南、陕西黄土高原、甘肃祁连山、青海祁连山。2017年批准的第二批6个试点为吉林长白山、福建闽江流域、山东泰山、广西左右江流域、四川华蓥山、云南抚仙湖。2018年批准的第三批14个试点为河北雄安新区、山西汾河中上游、内蒙古乌梁素海流域、黑龙江小兴安岭-三江平原、浙江钱塘江源头区域、河南南太行地区、湖北长江三峡地区、湖南湘江流域和洞庭湖、广东粤北南岭山区、重庆长江上游生态屏障、贵州乌蒙山区、西藏拉萨河流域、宁夏贺兰山东麓、新疆额尔齐斯河流域(罗明等,2019)。

关于治"湖"，他提出实施湖泊湿地保护修复工程；关于治"草"，他提出加强退牧还草、退耕还林还草；关于治"沙"，他提出荒漠化防治是人类功在当代、利在千秋的伟大事业（杨硕和谭月明，2023）。

在本书中，山水林田湖草沙主要指钱塘江源头流域的生态保护修复共同体。钱塘江源头山水林田湖草沙生态保护修复作为国家重点生态保护修复工程，资金投入巨大，项目工程类型繁多，涉及的主体部门诸多，其作为一个系统生态治理工程，包含着人与自然这个有机整体，是山水林田湖草沙的生动实践。

1.2.1.2　福利效应

福利效应（wealth effect）是指某种经济现象导致财富分配的变化，从而影响到每人的平均产出水平，也称为财富效应，指的是一项社会经济活动对社会福利的改变，即该活动是增加还是降低社会福利。理论上，经济增长会提高每个人的收入水平，进而改善其生活质量和社会福利。然而，如果这种增长不均衡，可能会导致某些人获益更多而其他人相对收益减少，这样反而可能降低整体的社会福利。在某些情况下，增长可能会改变人均产出量，但这并不总是意味着社会福利的增加。福利效应的复杂性在于它可能对不同群体产生不同的影响。例如，在关税同盟的背景下，福利效应可能表现为消费者福利的改善和生产者福利的减少，但最终净福利是否增加还取决于多种因素，如进口国的供需弹性、原有的关税水平，以及高、低成本出口国出口价格的差别。

福利效应可以分为正向福利效应和负向福利效应两种。正向福利效应指的是政策或改革对经济和社会带来积极的影响，如提高人民生活水平、减少贫困率和增加就业机会等。负向福利效应则相反，指的是政策或改革对经济和社会带来的负面影响，如加剧社会不平等、增加失业率等。若要评估福利效应，需综合考虑这两种效应，并尽量减少负面影响，以实现社会的整体福利最大化。

福利效应不仅对个人和家庭有重要影响，也会对整个社会和经济系统产生深远影响。首先，政府制定和实施福利政策时，需要考虑福利效应以确保政策的可持续性和社会公平性。例如，社会福利制度的设计和改革需要综合考虑福利效应，以实现更公平和可持续的福利分配。其次，企业也需要关注福利效应，为员工提供合理的福利待遇，以提高员工的满意度和生产力。最后，个人在做生活决策时，也需要考虑福利效应，以追求个人和家庭的福祉。在实践中，为了最大化福利效应，需要综合考虑各种因素和利益相关方的权衡。政府需要在经济增长和社会公平之间取得平衡，以实现社会福利的最大化。企业需要在经营效益和员工福利之间寻求平衡，以保持可持续的发展。个人在作出消费和投资决策时，则需要综合考虑自身利益和长期福祉。

福利可从狭义和广义两个方面进行理解。狭义上来说，福利是指经济福利，

1920年，阿瑟·庇古在《福利经济学》中系统阐述了他的观点，这一著作标志着传统福利经济学这一领域的正式诞生（Pigou，1920）。随后有关福利的分析可以追溯到阿尔弗雷德·马歇尔，他在边际效用价值论的基础上凝练概括出"消费者剩余"这一核心概念。此后，阿瑟·庇古在此基础上进一步深化了福利经济学的理论框架，主张个人福利可以用效用水平来衡量，并将其定义为能够直接或间接通过货币单位进行量化的效用部分，这一定义涵盖了物质福利或称经济福利的概念。这种将福利与可量化的经济效用联系起来的思考方式，极大地推动了现代福利经济学的发展，为后续的福利政策制定提供了重要的理论依据。简而言之，庇古主张个体福利源自其内心的满足感，这一感受可以来自拥有商品、获取知识、体验情感等多种途径。个体福利的全面累积构成了社会整体福利的核心（李晓平，2019）。经济福利指的是在满足个人欲望时所获得的一种效用感受，也可称之为幸福感或快乐感（张德成，2009）。经济福利是能够客观测量的，它的大小能够通过货币的金额来衡量；经济福利反映在一定时间内一个国家或地区的经济活动对当地居民产生的影响。早期，人们总是用国民收入来衡量经济福利，随着相关经济理论的不断完善，国内生产总值（gross domestic product，GDP）成为国民经济核算体系中最重要的指标之一。居民的经济福利并非仅限于收入与消费两个维度，它还涵盖了文化教育水平、社会保障体系完善程度、医疗卫生状况以及环境生态保护等多个与社会整体发展紧密相关的领域，也会直接影响到居民的经济福利（韩岩博，2020）。关于经济福利的测度，目前还没有统一的标准，主要体现为以下三类：一是在国民经济核算体系基础之上测度经济福利；二是构建综合经济福利指数；三是采用数理经济学方法构建福利指数模型或采用主观感受的福利测度方法。

广义上来说，福利还包括了生态福利，生态福利是政府为居民的生存和发展提供的一种以生态利益为内容的新型公共社会保障（邓扶平和焦念念，2014），源自环境科学与福利经济学的理论框架。随着人类物质资源的增长，社会已不再局限于财富的累积，而是更加全面地涵盖了健康、居住条件、教育以及人际关系质量等多个维度。随着生态问题日益凸显，公众对于优质生态环境的渴望日益增强，这一需求促使生态环境质量被逐步视作衡量福利水平的重要指标之一。当代社会中，人们的福利认知由传统聚焦于物质财富积累的经济福利模式转向了强调人与自然环境和谐共生的生态福利理念。这一转变反映了社会对可持续发展、环境保护以及人类福祉全面性认识的深化。生态福利不仅关注个体或群体的基本生活需求是否得到满足，更扩展至自然资源的合理利用、生态环境的保护与修复，以及促进代际公平等更为广泛的社会、经济和环境议题。这种转变强调的是在经济发展的同时，确保生态系统的健康与稳定，保障未来世代能够享有同样或更好的环境条件和生活质量。通过推动绿色消费、促进循环经济、加强环境教育和社会参与等措施，社会正朝着构建更加均衡、可持续的福利体系迈进。生态福利这一概念被视为社会福利体系中的重要组成部分，旨在通过促进生态健康来增进公众福祉。从其核心属性出发，生态福利体现了社会福利的普遍原则，作为一项公共诉求，其目标是满足人类的生理和心理需求，同时也是保障社会良好运转的重要因素。

1.2.1.3　生态保护修复

生态保护修复分为生态修复和生态保护两个部分。

焦居仁（2003）指出，生态修复的策略旨在终止人工介入，以减轻生态系统因过度负载而承受的压力，进而利用生态系统固有的自愈机制和自然演替规律。这一过程通常需要经历一个长期的恢复周期，在此期间，生态系统将逐渐回归其原始的自然平衡状态。生态功能与演变规律的复原主要依赖于自然界的自我调节与推进机制。因此，在其定义中，生态恢复仅仅依赖于生态系统自身的组织和调控能力。做好生态环境的保护与修复，意味着珍惜自然资源、植树造林、减少空气污染，并减缓生态衰退的趋势。随着研究的深入，生态修复的内涵得到了扩展，通常被理解为减少人为干预，降低对生态系统的干扰，依靠其内在的自我修复和自我管理机制，引导其向更加有序的状态发展，或通过适度的人为措施帮助受损的生态系统逐步复原，推动生态环境向健康循环的方向演进。例如，对砍伐后的森林进行植树，或通过退耕还林使野生动物回归原生栖息地，从而更好地实现生态恢复，称为"生态修复"。生态修复作为一门学科出现，目的是协助退化、受损或被破坏的生态系统恢复到原来或与原来相近的结构或功能状态（易行等，2020）。

自改革开放以来，政府将生态保护视为一项关键任务，并实施了一系列重大战略举措，以强化对生态环境的监管与保护。这些努力已经显现出成效，特别是在一些关键区域，生态环境的质量有了显著改善。建立自然保护区是保护生态环境、生物多样性和自然资源最重要、最经济、最有效的措施。生态保护是为了维护和继承自然环境的功能及稳定性，以保护地球上的生物多样性和生态系统的完整性，这在世界范围内都具有重要意义。除了保护生物多样性和维持生态系统功能外，生态保护还可以保持自然资源的持续利用、促进可持续发展以及提升环境质量。

党的十八大以来，我国在生态保护与修复方面加大了关注力度，提出要加强生态系统保护，实施重大修复工程。党的十九大报告更是将生态文明建设提升为国家战略。《全国重要生态系统保护和修复重大工程总体规划（2021—2035 年）》（发改农经〔2020〕837 号）（以下简称《规划》）明确指出，生态系统保护和修复主要做到以下三点：坚持保护优先，自然恢复为主；保证母亲河生态系统的恢复；全面保护濒危野生动植物及其栖息地。《规划》还指出，目前我国生态环境质量呈现稳中向好的趋势，自然生态系统的恶化趋势基本得到控制，稳定性逐步增强，重点生态工程区的生态质量持续改善，国家重点生态功能区的生态服务功能稳步提升。《规划》中还明确指出，到2035年，通过大力实施重要生态系统保护和修复重大工程，全面加强生态保护和修复工作，全国森林、草原、荒漠、河湖、湿地、海洋等自然生态系统状况实现根本好转，生态系统质量明显改善，优质生态产品供给能力基本满足人民群众需求，人与自然和谐共生的美丽画卷基本绘就。《规划》提出，到2035年，以国家公园为主体的自然保护地占陆域国土面积18%以上，濒危野生动植物及其栖息地得到全面保护。

　　流域是以江河湖泊为纽带的自然空间单元，是人类生活的主要生境，也体现了"山水林田湖草沙"等各种生态系统与资源要素的集聚。流域的系统治理是区域生态、社会与经济协同发展的客观需要，因此也是生态系统保护和修复的重点。我国在流域生态保护与修复方面起步较晚，目前仍处于探索和尝试阶段。然而，大多数河流面临不同程度的生态退化，甚至出现干枯和断流的现象，这使得保护和修复工作迫在眉睫（肖春蕾等，2021）。近年来，长江经济带的发展和黄河流域的生态保护与高质量发展已上升为国家的重大战略，流域治理因此也被提升到新的战略高度，成为亟待解决的重要课题。针对流域的"大保护、大治理"如何破局，如何处理好流域人口经济与资源环境的协同发展关系、流域与区域的统筹发展关系等现实问题，亟须基于山水林田湖草沙一体化的理念构建流域生态保护与修复的治理体系。

1.2.1.4　流域共富

　　在我国，与福利经济学息息相关的一个命题是共同富裕。共同富裕的实现，建立在确保权利平等和机会均等的基础之上，通过劳动者的努力实现社会财富的大量创造，并共享这些成果（李实，2021；李实和朱梦冰，2018）。自改革开放以来，党和政府高度重视将马克思主义的基本原理与中国实际相结合，根据中国的具体国情，创造性地提出了"让一部分人先富起来，带动其他人共同富裕"的策略。党的十八大之后，鉴于国际、国内和党内形势的深刻变化，中国共产党将实现全民共同富裕作为亟待解决的关键社会问题。为此，党中央采取了一系列强而有力的措施，不断推动共同富裕的快速实现。共同富裕体现了社会主义的核心价值，体现了中国特色社会主义制度的明显优势。习近平总书记指出："共同富裕是社会主义的本质要求，是人民群众的共同期盼。我们推动经济社会发展，归根结底是要实现全体人民共同富裕"。在新发展阶段背景下，共同富裕内涵表现出如下新特征：共同富裕是指在普遍性富裕的基础上实现的均质性富裕，它强调的是通过全体人民的共同努力和劳动，共同创造和分享成果，旨在消除极端的贫富差距和贫困，实现普遍性的富裕状态。共同富裕是人民群众物质生活和精神生活等多方面系统性富裕；是部分到整体的渐进性共同富裕，同时也是从低层次到高层次的螺旋上升性共同富裕（刘佳怡，2022）。在新时代背景下，得益于脱贫攻坚战略的实施，中国成功帮助 9899 万贫困人口摆脱贫困，这一成就在人类发展史上是独一无二的。脱贫攻坚的实践为实现全体人民共同富裕的现代化目标提供了清晰的指导和坚实的支撑，而且推动了人民向富裕生活迈进（毛升等，2024）。共同富裕不仅促进了物质和精神层面的双重繁荣，还促进了人与自然的和谐共处，体现了生态福祉与经济福祉的融合。

"流域"共富是共同富裕理念的重要实践载体。流域涉及上下游不同行政单元，上游源头地区的生态保护修复在为下游地区提供良好生态屏障的同时，自身经济福利水平的提高必然也会受到相应影响。因此，建立跨流域的横向生态补偿机制已经成为实现"流域"共富的重要路径。在流域"共富"思想引领下，上下游之间的生态补偿已不是简单的资金转移，更为重要的是流域总体的生态环境保护能力和生态价值实现能力提升。依托园区共建、产业协作与人才交流，将优质生态资源以更多元的形式转化为经济资源，从而实现生态补偿方式的多元化。

1.2.2　理论基础

1.2.2.1　福利经济学

福利经济学作为一个经济学的分支体系，首先出现于 20 世纪初期的英国。1920 年庇古的《福利经济学》一书出版，是福利经济学诞生的标志。第一次世界大战的爆发和俄国十月革命的胜利，使资本主义陷入了经济和政治的全面危机。福利经济学的出现，首先是阶级矛盾和社会经济矛盾尖锐化的结果。西方经济学家承认，英国十分严重的贫富悬殊这一社会问题，由于第一次世界大战变得更为尖锐，因而出现以建立社会福利为目标的研究趋向，导致福利经济学的产生。1929～1933 年世界经济危机以后，英国、美国等国家的一些经济学家在新的历史条件下对福利经济学进行了许多修改和补充。庇古的福利经济学被称为旧福利经济学，庇古以后的福利经济学则被称为新福利经济学。第二次世界大战以来，福利经济学又提出了许多新的问题，正在经历着新的发展和变化。

在旧福利经济学中，庇古根据边际效用基数论提出两个基本的福利命题：①国民收入总量越大，社会经济福利就越大；②国民收入分配越均等化，社会经济福利就越大。在新福利经济学中，根据帕累托最优和效用序数论提出了相应福利命题：①个人是他本人的福利的最好判断者；②社会福利取决于组成社会的所有个人的福利；③如果至少有一个人的境况好起来，而没有一个人的境况坏下去，那整个社会的境况就算好起来。前两个命题是为了回避效用的计算和个人间福利的比较，从而回避收入分配问题；后一个命题则公然把垄断资产阶级福利的增进说成是社会福利的增进。

纵观古今中外的福利思想，学者们出于不同的研究目的对福利作出了不同的解释。福利经济学经过了旧福利经济学和新福利经济学两个发展阶段。前者建立在基数效用论的基础上，代表人物是英国的庇古，他在1920年出版的《福利经济学》中第一次系统地论证了整个经济体系实现经济福利最大值的可能性；后者建立在序数效用论的基础上，代表人物是意大利的帕累托，他首先考察了"集合体的效用极大化"问题，提出了"帕累托最适度条件"（何盛明，1990）。福利经济学的主要内容是"分配越均等，社会福利就越大"，主张收入均等化，由此出现了"福利国家"。国家在国民收入调节过程中作用的加强，使得国民收入呈现均等化趋势。福利经济学研究的主要内容有：社会经济运行的目标，或称检验社会经济行为好坏的标准；实现社会经济运行目标所需的生产、交换、分配的一般最适度条件及其政策建议等。

福利经济学经历了四个主要的发展阶段，其中第一个阶段是福利经济学的开创性探索阶段。这一时期主要是英国经济学家亚当·斯密、大卫·李嘉图对传统经济理论进行批判而产生的。在1776年，亚当·斯密在他的著作《国富论》中引入了福利的观念，并在书中详细探讨了如何通过"看不见的手"的策略来促进个人和社会福利的共同提升，从而进一步提高社会整体的福利。1890年，马歇尔在其出版的《经济学原理》一书中全面而系统地解释了福利理论，并建议进行收入分配的改革，通过调整收入分配方式，增加贫困或低收入人群的转移性收入，提升这部分群体的经济福祉，从而进一步提升社会的整体福利水平。英国经济学家霍布森强烈建议国家出台全方位的福利政策，并通过推动福利事业来提升整个社会的福利状况。第二个阶段是福利经济学的正式诞生阶段。在这一时期，西方经济学家们开始研究福利问题。1920年，庇古发布了他的著作《福利经济学》，这标志着福利经济学的正式诞生。在该著作中，庇古把福利分为两大类别，其中一类是广义上的社会福利，涵盖了个人的财富、家庭的幸福、友情、自由、正义和精神的满足，这种福利是难以量化的；另一类是狭义上的经济福利，这是经济学中经常研究的一种福利形式，它可以通过货币来进行直接或者间接的衡量。第三个阶段是福利经济学的完善和发展阶段。为了解决庇古使用基数效用来衡量经济福利和过度强调收入平等化对经济效率的负面影响问题，罗宾斯、希克斯和艾伦、萨缪尔森、卡多尔等经济学家在20世纪30～50年代对庇古的福利经济学进行了修订、补充和拓展，从而形成了新福利经济学体系。他们分别从不同角度对福利问题做了分析，提出了一些有价值的观点。新福利经济学选择使用序数效用来替代基数效用，并将福利这一概念重新诠释为在自由选择环境下满足个人偏好的行为。与庇古所强调的收入平等不同，帕累托更倾向于关注社会福利的经济效率。帕累托提出了一个以"帕累托最优"为核心的福利最大化理念：在收入水平和分配不变的条件下，当各种要素资源在各部门分配和利用能够达到一种最优状态，任何其他资源重新分配，既不会使其他人的福利增进，也不会使其他人福利减少。帕累托不仅提出了交换的帕累托最优、生产的帕累托最优以及交换和生产同时实现帕累托最优的观点，还进一步提出了一系列社会福利函数和补偿准则。第四个阶段是福利经济学的拓展阶段。该阶段的代表性人物有阿罗、阿玛蒂亚森等。阿罗持有的观点是，社会福利函数实际上是不存在的，也就是所谓的阿罗不可能定理。基于阿罗的思想，社会选择理论得到了进一步的拓展。诺贝尔经济学奖获得者对阿罗的不可能定理进行了挑战，提出了新的福利度量和贫困指数，并引入了新古典效用主义的社会福利函数。

　　福利经济学是专注于探究资源分配如何对国民福利产生影响的研究领域，以社会经济福利作为研究对象，并以对经济体系运行状态的社会评估为主要研究内容。福利经济学主张实现收入的均等化，并认为"社会福利的分配越趋于均衡，就越能实现社会福利的最大化"。福利分为经济福利和非经济福利，也就是客观福利和主观福利。福利经济学主要关注于非经济性福利与社会性福利之间的矛盾关系以及由此产生的各种社会问题。福利经济学作为经济学的一个子领域，旨在最大化社会经济福利，对社会经济的运行合理性进行了深入的规范性分析和评估，在此基础上提出了关于福利经济学发展方向与趋势的看法。福利经济学涵盖了多个研究领域，包括福利的定义、福利的评估标准及其度量、福利的决定因素、福利的不同分类、福利的比较分析、福利函数的研究，以及在有限资源条件下如何实现福利的最优化。福利经济学提出了一系列理论，包括补偿原则、帕累托最优、社会福利函数、市场失灵等，以及影响人类福利的国家政策的制定。福利经济学家们主要关注的议题包括经济福利与社会福利、效率与公平、经济平等与收入分配、公共物品与外部性、环境与可持续发展、公共政策与集体行动等方面。这些议题都是学者们所关心的基本问题，也是研究福利经济学最重要的基础内容之一。

　　庇古福利经济学的理论也被称为庇古边际效用价值论。他基于边际效用价值论的观点，主张当一个国家的国民收入分配更为均衡时，其社会福利也会相应提高。这一观点在当时的经济发展中起到了很大作用。个人的收入越高，其带来的边际收益就越少。如果每个人都有较高的收入水平，那么个人所拥有的财富将远远超过社会平均水平。如果财富集中于少数人手中，那么社会总福利就不会增加。对于穷人和富人来说，相同的财富所带来的效益和价值是有区别的，但在贫困人群中，相同的财富肯定会展现出更出色的价值。因此，随着社会不断向前发展，贫困人群所获得的财富逐渐增多会使社会的整体福利状况得到提升。如果一个国家的国民总收入超过了这个临界值，则国民收入分配趋于平均。因此，国民收入的分配趋向于一个平均的水平是最合适的。与此同时，政府有能力通过调整国民收入的分配来提升社会福利的整体水平。

福利经济学中的一个核心概念是帕累托最优，也被称为帕累托效率，描述的是资源分配达到最佳状态的情况，不能进一步提高资源的分配效率，若改变现有的资源配置策略或手段，至少会有一方受到损害。帕累托最优是指在一定条件下，某种资源可以得到充分使用而不会受到其他资源利用状况影响。在资源总量和资源分配对象保持不变的前提下，从一种分配模式转向另一种模式时，如果没有人的境况恶化，但至少有一个人的境况得到了改善，那么这种资源分配模式就存在帕累托优化的可能性。帕累托改进可以看成是帕累托改进过程。因此，要达到帕累托最优的理想状态，必须逐步推进帕累托改进的实施。在经济生活中，人们追求的目标就是获得最大收益，而这一目标的实现需要以一定程度上达到帕累托最优为前提。帕累托最优理论被视为研究社会福利分配效率和产业资源配置的核心理论，它将运行效率视为评估和判断经济效益合理性的关键标准。如果资源的分配尚未达到帕累托最优状态，这意味着资源的运行贡献率仍有提高的空间。这样，那些从资源中受益的人，在不损害他人的经济利益的前提下，至少能够为自己带来更多的社会福利，进而提高整个社会的福利水平。福利经济学的第一定理指出，在一个完全竞争和完全市场化的经济结构中，如果存在竞争性的均衡状态，那么这种均衡状态就被认为是帕累托最优的。福利经济学第二定理在理论层面上指出，"只要有适当的初始禀赋设定，帕累托最有效的结果都可以通过市场的竞争性机制来实现，也就是说，通过禀赋的重新分配和市场的竞争性机制有机结合，可以实现公平和效率的平衡。"这一结论对于理解资源配置的合理性具有重要意义。在福利经济学领域，对帕累托最优原则的深入研究和分析，在某种程度上展现了资源配置的有效性。

社会福利函数理论。基于帕累托最优理论的研究，卡尔多批判性地继承了庇古的福利经济学，并在1939年他的论文"经济学的福利主张与个人之间的效用比较"中提出了"虚拟的补偿原则"。在这种情境下，社会的福利总额等于损失额乘以补偿率。卡尔多的观点是，如果在特定的A情境下，当受益者为受损者提供补偿后，社会状况仍然优于B，那么在整个社会中，A情境比B情境更为有利。亨利·柏格森持有的观点是，福利经济学中的补偿原理将效率与公平视为对立面进行研究是不恰当的。如果社会对某一领域中的某些部门给予了补贴，那么这种补贴就不会损害社会福利总量，相反，它还能提高整个社会福利水平。市场上的价格总是在不断地波动，这种价格的波动无疑会对社会的整体福利产生影响。从宏观角度看，如果政府通过加强对某些机构或投机者的行业监管来暂时削减他们的利益，只要国家能为他们提供适当的经济补偿，当社会收益超过损失时，就意味着社会总福利得到了提升，从本质上讲，这种做法是高效的。萨缪尔森通过深入研究指出，从个体的主观视角出发，应该将社会福利的最大化放在最合适的选择上，同时也要考虑到福利分配的各个方面和其他影响福利的因素，并据此制定一个"社会福利函数"，当该函数达到其最大值时，社会福利也会达到最大。社会福利最大化是由社会成员间公平分配所决定的。社会福利的最大化依赖于个体对各种配给方式的自主选择，而提高个人福利可以有效地推动社会福利的整体水平上升。社会福利最大化是一个动态过程。只有福利在不同个体间得到均衡地分配，才能确保在最佳的交换和生产条件下，达到唯一的最佳状态。

福利经济学的主要特点是：以一定的价值判断为出发点，也就是根据已确定的社会目标，建立理论体系；以边际效用基数论或边际效用序数论为基础，建立福利概念；以社会目标和福利理论为依据，制定经济政策方案。庇古认为，福利是对享受或满足的心理反应，福利有社会福利和经济福利之分，只有能够用货币衡量的部分才是经济福利。庇古根据边际效用基数论提出两个基本的福利命题：国民收入总量越大，社会经济福利就越大；国民收入分配越是均等化，社会经济福利就越大。他认为，经济福利在相当大的程度上取决于国民收入的数量和国民收入在社会成员之间的分配情况。因此，要增加经济福利，在生产方面必须增大国民收入总量，在分配方面必须消除国民收入分配的不均等。从当前的福利经济学理论框架来看，影响社会福利水平及其变动的因素繁多，包括经济状况、政府政策、公共物品、外部性、垄断、公共选择、资源禀赋、生态环境变化和信息不对称等。这些决定因素对福利效应的影响机制各不相同，因此，纠正这些因素对福利影响偏离最优状态的政策措施也存在差异。这些都是基于福利分析的微观层面，而宏观层面的社会结构与制度安排则是由福利分析延伸到宏观经济领域后所得出的重要结论。到目前为止，福利经济学的经典理论已经提供了一系列经济手段和工具来纠正福利效果偏离最优状态的问题，包括征收庇古税、将外部不经济因素内部化、界定产权等。

福利经济学为共同富裕理念的提出与深化奠定了理论基础。从共同富裕内涵出发，其不仅是经济上的共同富裕，也是经济上和生态上的共同富裕（沈满洪，2020）。庇古在《福利经济学》中明确提出了"经济福利"和"非经济福利"，认为非经济福利的提高可以显著促进个体福利的提升，而所谓的非经济福利中就包含了生态福利（庇古，2007）。党的二十大报告也进一步强调了生态文明建设在建设中国式现代化中的基础性和战略性地位，这就需要对传统的财富观进行重新审视与改造。传统的财富观认为"稀缺"的一般都是货币、生产要素等物质财富，但现实中稀缺是一个相对概念。随着经济的快速发展，自然资源和生态环境提供的生态产品及服务数量在减少，质量也在下降，面对人们对其不断增长的需求，它们将逐渐成为稀缺资源（沈满洪和谢慧明，2020）。由此从广义的财富观出发，生态财富必将成为与其他生产要素和货币一样的一种财富或资本形式（Freeman et al.，1973）。

　　尽管福利经济学至今已经取得了不少研究成果和广泛的研究议题，但在某些方面，学者们仍然存在不同的观点和看法。这些分歧主要表现为对社会福利内涵界定的不同，以及福利标准和衡量方法的差异。例如，在福利经济学的核心议题中，关于福利的确切定义存在不少争议。学者们提出了众多相关或近似的定义，如偏好、效应、幸福、快乐、满意度和福祉等。在这些概念中，有些被称为"主观"概念，另一些则被称为"客观"观念，前者指福利的性质和数量特征，后者则指福利产生的条件与机制。从福利水平的评估角度看，传统的福利经济学理论认为，个人的收入越高，所获得的福利也就越丰富，因此，个人的福利水平也可以通过效用来衡量，收入表现出边际效用递减的特性。为了改善福利，政府可以对高收入人群进行征税，然后通过转移支付来向贫困或低收入人群提供补偿，或者高收入群体可以主动将部分收入转移给贫困或低收入者，这些措施都将有助于提升整体的社会福利水平；同时，在一定条件下，社会福利水平还与税收规模密切相关，税收规模越大，社会福利水平也就越大。从社会福利的角度看，一个国家或地区的社会福利水平与其社会产出成正比。新经济增长理论将经济增长看成是在一定范围内追求最大利润和最大化财富的过程，因而福利水平与经济发展之间并没有直接关系。然而，新福利经济学的观点是，福利更像是一种主观的体验，它只能对所获得的福利进行排序，而不能基于基数效用进行累加。因此，福利是无法量化的，只能使用帕累托最优标准来评估福利的水平。

　　由于中国经济的持续和快速增长，加上环境恶化和资源匮乏，其社会经济正面临着不可持续发展的挑战。为解决这些问题，国家出台了一系列政策措施来推进生态建设与环境保护工作，其中最重要的措施之一就是加大生态环境治理力度，开展生态保护修复工作。山水林田湖草沙生态保护修复项目是一个致力于生态恢复和资源发展的公共生态项目，它与社会的可持续发展紧密相关。该项目对于提高农户的福利和社会福利有着显著的影响，主要表现在生态保护和修复带来的多种福利效果，这包括改善区域环境、增加农户的收入、缓解农户的贫困状况、调整农户的就业结构，以及在生态保护修复项目实施后，提高农户的生活满意度等多个方面。由于生态保护修复项目本身具有外部性，其实施效果与传统的市场失灵相比，存在着较大的不确定性，因而有必要研究生态保护修复项目的福利效应。因此，从福利经济学的角度出发，对生态保护和修复带来的福利影响进行深入探讨和分析，具有显著的理论、实践和政策意义。

1.2.2.2　系统协同理论

　　协同学（synergetics）起源于希腊语，也被称为"协调合作之学"，是由德国研究者赫尔曼·哈肯（Herman Haken）所创立的。它是一种以非线性动力学为基础的新科学思想和方法。1969 年，哈肯首次提出了协同理论。1972 年，哈肯利用突变论的方法,对序参量方程进行了深入研究,并对无序与有序的进化路径进行了分类,从而初步建立了协同学的理论体系。紧接着,哈肯出版了专著《协同学导论》,从此,协同学作为一个独立的学科进入了研究领域(孙烨,2013);1978年,哈肯发表"协同学:最新趋势与发展",将合作的领域扩展到了功能方面,并对从无序状态向有序状态的演变进行了更为深入的探讨;1979年,哈肯将混沌的概念引入到协同领域的研究中,提出了一个观点,即一个开放系统的外部参数变化达到某一特定值时,该系统能够从无序状态转变为有序状态,但当这些外部参数超出某个界限时,系统会再次进入混沌状态。哈肯将他的研究焦点转向了更为宽广的学科领域,从物理学、化学、生物学、经济学、社会学和科学学等多个学科的视角,深入探索了不同系统的组成结构及其在演化过程中的共性规律,并创新性地提出了协同学的理论。1981年,哈肯发表的文章"Physical Thought in the 1980s"中,将协同学的思想应用到宇宙学的研究中,指出宇宙作为一个有序的结构,也可以用协同学来解释,这意味着任何开放的系统都有可能在特定条件下展现出非平衡的有序结构(吴彤,2000),并由此引发了众多学者对此进行广泛而深入的研究。随后,众多学者通过对协同学理论的研究,发现了许多有趣的非线性动力学行为以及复杂网络的自组织特征。目前,协同学在物理学、社会学和经济学等多个学科中都有广泛的应用,并且在个体难以描述的情况下也取得了相应的研究进展,可以利用协同理论来描述群体;对于协同效应,它可以为系统中的复杂问题提供解决方案和量化模型,并构建一个有序的组织系统,以促进目标的实现(Shen et al.,2021)。

协同理论的定义是指系统中存在不同的子系统,它们之间通过相互作用以达成共同目标的理论,具有自组织性、有序性、自我完善性,强调个体之间的相互依赖性和相互作用,认为通过合作和协作可以实现整体效果的优化与提高。协同理论特别强调子系统间的合作和协同机制,指出无论是在无生命自然界和有生命自然界的物质领域,还是在人类的精神领域,系统的相变(主要是系统从无序到有序的转变)都是通过系统内部各子系统之间的自组织协同作用来实现的。赫尔曼·哈肯就曾认为协同理论是指两者或两者以上寻找互相融通、彼此关联、互相渗透的关系,以及多方主体之间的平衡方案,使多方主体从无序到有序,达到系统统筹最优。他指出,协同涉及系统内部的各个部分或子系统之间的互动和协作,这些互动和协作导致系统在时间、空间和功能上形成有序的自组织结构,从而实现从无序状态向有序状态的转变,且协同分为纵向协同和横向协同,协同应依托"动因—自组织过程—相变"的协同学原理。协同理论主要是研究远离平衡态的开放系统,在与外界有物质或能量交换的情况下如何通过自己内部协同作用,自发地出现时间、空间和功能上的有序结构。协同理论的核心在于研究各种组织从无序到有序的演变过程,以及个体之间及个体与外部环境之间的信息与能力的协同互动，旨在揭示系统在时间、空间和功能等方面有序结构变化的规律（赫尔曼·哈肯，2005）。当各子系统的各要素朝着有序的方向推进，可使系统产生秩序，从而达到某个比较稳定的状态；反之，系统会陷于一种混乱无序的状态。协同系统是一种极其复杂的组织，其中的各个元素彼此交织、共存，形成一个紧密的、有机的、具有规律性的空间和时间网络，不断发展壮大。协同理论，也称"协同学""协和学"，用以研究处于一个大系统中的各个子系统如何协同合作，从而影响宏观系统的结构和功能。社会、自然界总存在着不同属性、不同功能的系统，受地域、时间等的影响，其结构特征各不相同，但各自的行为会对其他系统产生影响，这些交错复杂的关系对综合系统产生贡献，构成协同作用，使系统的功能状态有所改善，系统受合力作用的推动不断向前。协同理论就是在这些看似不相关的、各自独立的、有生命的无生命的、宏观的微观的、自然的社会的系统中找到关系，把握好运用好这种关系实现同一目标。

从协同理论的角度来看，一个系统是否能产生协同效应，主要取决于系统内各个子系统或组成部分之间的协同合作。任何管理系统都有其内在运行机制和运行规律。在一个管理系统中，如果人、组织、环境等子系统内部以及它们之间能够相互协作和配合，围绕共同的目标共同努力，那么就可以实现 1+1>2 的协同效应。因此，从整体出发时，应该考虑各个子系统或元素如何与外界进行有效联系，以便充分发挥它们各自所具有的优势。相反，如果一个管理系统内部存在相互制约、离散、冲突或摩擦，将导致整个管理系统的内耗增加，系统内的各个子系统无法充分发挥其应有的功能，从而使整个系统陷入混乱和无序的状态。因此，研究系统的有序问题具有重要意义。协同学运用了统计学与动力学的综合方法，通过对多个领域的深入分析，成功构建了一套完整的数学模型和处理策略，实现了从微观到宏观的平滑过渡，阐述了各种系统和现象从无序状态向有序状态转变的普遍规律，并着重从动力学的视角解释了系统自组织生成的机制。在众多研究领域里，对系统论的应用最为广泛。利用协同学来描述系统的演化过程是至关重要的，且该过程的关键是要确定适当的序参量来控制系统的演化过程，并构建一个可以定量描述的系统演化自组织模型。由于序参量在不同时间、空间尺度上具有较大差异，所以要想准确地研究复杂系统的自组织关系，必须考虑这些参数之间的相关性以及它们对系统活动过程的影响程度。只要能够准确地确定序参量，并且其数量相对较少，那么就可以构建序参量方程，这样系统的自我组织就可以通过数学手段进行精确描述，因此，可以认为协同学是一种对复杂性进行深入研究的、非常实用的硬科学理论。从协同论的应用领域来看，它正在被广泛用于分析、建模、预测和决策各种不同系统的自组织现象。作为一种重要的系统分析方法，协同学已成为目前国际上一个新兴而活跃的学科分支，并逐渐被人们所接受。协同学的研究指出，系统内各组成部分之间的协作构成了自组织过程的基础，而系统内不同序参量间的相互竞争和协作则是导致系统出现新结构的直接原因。协同学的理论为山水林田湖草沙生态保护修复提供了一个定量解释系统演变的新视角。它通过建立微观层面的要素和子系统行为与宏观层面序参量的运动方程之间的联系,将系统演化中的反馈、突变、竞争和协同因素反映在动力学模型的整体结构中,从而展示了系统内部各要素之间的自组织机制。协同学主张的核心理念是合作互动。如果个体之间有某种相互联系,在这样的互动中,它们就能够共同进化,使得整个系统从混乱无序转向逐步有序,逐步达到一个更好的发展状态,这一过程是系统内各个体之间协同作用的结果。在复杂系统中,内部的自我组织协作使得系统的结构和层次变得更为明确和清晰,这导致了从量到质的转变,并展现了系统的某些功能。

协同理论主张在一个统一的"协同平台"上,通过"协作同步"的方式,各个子系统持续地进行"整合""协调""优化",从而在系统内部实现子系统之间的协作,达到组织的目标。其中,"整合""协调""优化"构成了协同理论的核心思想。协同理论既考虑宏观层面,又着眼于微观。不稳定原理、支配原理(也称伺服原理)、序参量原理、自组织原理构成了协同学的主要观点和重要内容(徐丽璠,2021)。

(1)不稳定原理。系统处于不断发展中,不会一直保持一种特定的状态不变,当系统不再维持原状,就会变得不稳定。不稳定性推动了系统的发展和更新。

(2)支配原理。系统变化过程受到多种变量的联合影响和控制,当系统整体处在边界状态时,往往是由少数变量决定了系统的演化方向、功能结构,并且这些变量将会主导其他变量的变化,从低级到高级、从无序到有序发展。

(3)序参量原理。序参量指的是在系统发展过程中起主导作用的变量,它描述了子系统运动的宏观影响(王珊,2013)。序参量可以反映子系统间相互作用强度和方向等信息,通过对这些信息的分析研究能够更好地认识事物发展规律、揭示自然奥秘。在系统相变的过程中,序参量的影响主要表现为复合系统在远离平衡状态时,与外部环境进行物质和能量的交换。在这一过程中,子系统及其组成部分之间的联系处于核心的低位位置。整个系统经历了一种自组织的现象,即在序参量的主导下,系统从无序状态转变为有序状态,而协同运动也从次要的角色转变为起主导作用的角色。序参量不仅源于子系统间的互动,而且也决定了它们之间的联系方式。系统的演化就是各个子系统和相互作用的关系不断发生变化的动态演化过程,是一个连续变化的复杂系统。系统的有序结构是由序参量所决定的,它决定了系统中子系统的运动模式,因此,序参量能够描述系统的动态行为。由于系统是一个复杂非线性动态系统,不仅包含动态和静态特性参数,而且还含有一些与之相关的物理量如加速度等。伺服原理描述了系统的自我组织过程,其中快速变量遵循慢速变量,子系统的行为在过程中受到序参量的影响。当系统逐步接近临界点或不稳定状态时，其动力学特性和紧急结构通常受到序参量的主导。在这种情况之下，其他变量的表现常常会受到序参量的调节或限制。序参量在整个系统的演变过程中起到了决定性的作用（苏屹，2013）。序参量来源于系统内部，由系统自发形成，有着自身发展的规律，同时也影响着系统的发展。当子系统之间逐渐建立起联系后序参量就应运而生，序参量能够指导新结构的出现和建立，成为主导系统演化方向和过程的驱动力。

（4）自组织理论。自组织是相对于他组织而言的。他组织是指组织指令和组织行为来自组织外部的组织；自组织指的是系统不受到外部组织的情况下，系统根据内在和自身规则，各子系统在各自发展的同时进行相互协作和竞争，自动建立一定的规则和结构，使系统从无序状态转向有序状态。根据特定的规律，自组织可以形成具有特定功能的结构，这些结构具有自主性和内在性的特质（Haken and Portugali，2017）。这种特性使得系统能自我维持并获得持续成长。自组织能力的形成是由系统内各个子系统，以及不同构成元素之间的复杂合作和竞争活动共同作用而成的，这两个方面相互补充，共同推动系统构建出有序的结构。系统的复杂性决定了系统能够自我调整并维持整体稳定状态。在复杂系统吸收能量的过程中，为了储存能量，自组织必须不断地将其结构向有序的方向发展，最终实现能量的持续凝结和自身结构的有序排列。在自组织系统中，内部的各个子系统能够根据自组织的理念来阐释在外部能量和物质输入的情境下，这些子系统如何通过相互协作，构建出新的时间、空间和功能的有序布局。

协同学主要研究的是自组织的结构模式，目的是寻找与子系统特性无关的自组织过程的普遍规律。协同理论的各种方法能够将通过类比得到的研究成果应用于其他学科，这不仅有助于探索未知的领域、提供有效的解决方案，还可以识别影响系统变化的控制因素，从而实现各子系统之间的协同作用（Vallée，2008）。协同理论打破了学科的壁垒，在工程学、自然科学、政治学、社会学、经济学、管理学等多个领域得到了广泛的应用，并正在向多学科、跨学科的方向发展，已经成为系统科学的一个重要分支理论。在经济管理领域，协同理论的应用相当普遍，它在经济、管理和商业等多个领域都得到了持续地应用，并且随着实践经验的增长，不断地被赋予了新的意义。近年来，随着对协同概念理解的深化，学者们开始将其与其他相关学科相交叉融合，从不同视角进行研究。例如，新制度经济学、委托代理理论、交易成本理论和博弈论等学科，主要研究的是跨组织、跨部门、商业联盟和战略伙伴之间的行为模式、标准、组织结构、网络连接、功能、服务、产品、成果以及存在的缺陷等方面，这些都可以从不同角度进行研究，而这一研究的前提条件就是协同理念。不难看出，协同理念虽然起源于物理领域，但它是在多学科的基础上逐渐成熟的，并在理论与实际操作中构建了多学科的分析结构。随着社会对信息需求的增加及计算机科学技术的迅猛发展，特别是大数据时代的来临,越来越需要借助现代信息技术来解决现实世界中的各种矛盾问题,而协同理论正是其中最重要的工具之一。很明显,协同理论与众多学科之间存在深厚的联系,将协同理论融入多个学科中,自然会成为解决复杂系统问题的新方向和新的思考方式。

关于如何实现有效的协同治理,方法论上需要采取系统视角来审视经济社会的进步;在理论层面,则必须对经济社会系统的复杂性、动态变化和多样性有深刻的理解。在流域生态治理中,应重点关注以下几个方面:首先,为了促进协同治理,需要构建一个以公共价值目标为核心的共同体,以促进协同治理的动力;其次,改进协同治理的机制,尽量消除体制和机制上的限制;再次,培育协同行为的个体,以强化协同治理的实施能力;最后,通过引入合作技术和通过文化输入来提升治理环境的动力(黄瓴等,2023)。在实施协同治理的过程中,还需关注政策目标的一致性、政府干预的有效性、信息沟通的对称性以及示范效应与"搭便车"问题。

协同治理是一种在公共政策和管理领域中实施的治理模式,它涉及一个或多个公共机构与非政府实体之间的互动,旨在通过共识建立和正式的协商过程来共同决策。这种模式的目的是促进政策制定者、执行者和利益相关者之间的合作,以共同推动公共政策的制定与执行。与合作治理和协作治理相比,协同治理更注重包容性参与、深入讨论、集体努力和共同行动的实现(梅叶,2023)。协同治理不同于传统的分散式、单一部门的治理模式,而是强调多主体的合作与协调,从整体上优化治理结构,提高治理效能。本研究基于协同理论构建一个多主体协同的山水林田湖草沙一体化下生态治理系统,该系统由山水林田湖草沙等多个复杂的小系统构成,是一个开放、复杂、随机的系统,且要求各个系统能够很好地协同发展。借助协同理论探索构建一种用协同观点去处理山水林田湖草沙复杂系统的方法,能够更好地进行生态治理。

1.2.2.3　外部性理论

外部性理论得到了众多学者的关注,主流经济学一直关注外部性理论的发展。古典经济、新古典经济和新制度经济学都对外部性理论具有一定贡献。外部性又称外部效应、溢出效应和外部成本。不同的经济学家对外部性给出了不同的定义。归结起来不外乎两类:一类是从外部性的产生主体角度来定义;另一类是从外部性的接受主体来定义。前者如萨缪尔森和诺德豪斯(1999)的定义,即"外部性是指那些生产或消费对其他团体强征了不可补偿的成本或给予了无须补偿的收益的情形";后者如阿兰·兰德尔(1989)的定义,认为外部性是用来表示"一个行动的某些效益或成本不在决策者的考虑范围内时所产生的一些低效率现象;也就是某些效益被给予,或某些成本被强加给没有参加这一决策的人"。上述两种不同的定义，本质上是一致的，即外部性是某个经济主体对另一个经济主体产生一种外部影响，而这种外部影响又不能通过市场价格进行买卖。外部性可以分为外部经济（或称正外部经济效应、正外部性）和外部不经济（或称负外部经济效应、负外部性）。外部经济就是一些人的生产或消费使另一些人受益而又无法向后者收费的现象；外部不经济就是一些人的生产或消费使另一些人受损而前者无法补偿后者的现象。

许多经济学家对外部性的概念和理论具有重要贡献，其中最具代表性的马歇尔、庇古和科斯三位经济学家对其作出了里程碑式的贡献。马歇尔在 1890 年发表的《经济学原理》中提出了"外部经济"的概念，成为外部性概念的来源。庇古基于马歇尔的"外部经济"理论进一步扩充了外部性概念，提出了"庇古税"理论。科斯在"庇古税"理论的基础上，利用产权理论和交易费用理论提出了"科斯定理"。

马歇尔[①]的"外部经济"理论是奠基之作。该理论认为，可把因任何一种货物的生产规模扩大而发生的经济分为两类：第一类是有赖于该工业的一般发达经济；第二类是有赖于从事该工业的个别企业的资源、组织和效率经济，前者可称为外部经济，后者可称为内部经济。从马歇尔的论述可见，所谓内部经济，是指由企业内部的各种因素所导致的生产费用的节约，这些影响因素包括劳动者的工作热情、工作技能的提高、内部分工协作的完善、先进设备的采用、管理水平的提高和管理费用的减少等。所谓外部经济，是指由企业外部的各种因素所导致的生产费用的减少，这些影响因素包括企业离原材料供应地和产品销售市场远近、市场容量的大小、运输和通信的便利程度、其他相关企业的发展水平等。马歇尔以企业自身发展为问题研究的中心，从内部和外部两个方面考察影响企业成本变化的各种因素，这种分析方法给经济学后继者提供了无限的想象空间。在《经济学原理》一书中，马歇尔首次从外部因素对企业内部影响的角度出发，提出了"外部经济"这一理论，这也是"外部性"这一概念的起源。这里的"外部性"是指某一社会主体的经济活动对另一经济主体产生的影响。如果该经济活动为另一经济主体带来了利益，但无法通过付费方式获得补偿，即其个人收益低于社会收益，个人成本高于社会成本，这种情况被称为正外部性或"外部经济"。基于马歇尔对"外部经济"的逻辑分析，可以推导出，如果该经济活动给另一经济主体造成了损失，但无法为利益损失方提供补偿，那么这种现象被称为"负外部性"或"外部不经济"，在私人和社会之间，成本与收益的不平衡是导致外部性产生的关键因素。

马歇尔的观点认为，除了土地、劳动力和资本这三个主要的生产要素外，还存在一个名为"工业组织"的生产要素。工业组织是指在一定范围内形成的、以

① https://baike.baidu.com/item/马歇尔经济学/10281691?fr=ge_ala

专业化协作为特征的社会劳动组合方式，涵盖了分工、机械的改进、产业的相对集中、大规模的生产活动以及企业的管理方式。马歇尔采用了"内部经济"与"外部经济"这两个概念，对单一制造商和整个产业的经济活动进行了深入分析，并详细描述了"工业组织"这一关键生产要素是如何促进产量增长的。马歇尔的"外部经济"主要描述的是相似性质的小型企业在工业区域的集中分布，这导致了生产规模的扩大和生产成本的降低，包括原材料的供应、产品的销售、运输和通信的便利性，以及市场容量等外部因素的变化。所谓的"内部经济"，主要描述的是企业内部资源、组织结构和效率的变动，如内部的分工合作、设施设备的改进和管理水平的提升，这些都可能导致生产成本的降低。马歇尔的"内部经济"主要从技术进步角度来解释，它通过改进机器设备、提高劳动生产率、降低物质消耗、降低成本等措施，最终达到提高产品价值或利润的目的。尽管马歇尔并未明确"外部性"的定义，但"外部经济"这一概念可以进一步扩展为"外部不经济"，这为后续学者提出外部性理论打下了坚实的基础。

　　庇古[①]的"庇古税"理论首次用现代经济学的方法从福利经济学的角度系统地研究了外部性问题，在马歇尔提出的"外部经济"概念基础上扩充了"外部不经济"的概念和内容，将外部性问题的研究从外部因素对企业的影响效果转向企业或居民对其他企业或居民的影响效果。庇古通过分析边际私人净产值与边际社会净产值的背离来阐释外部性，他指出，边际私人净产值是个别企业在生产中追加一个单位生产要素所获得的产值，边际社会净产值是从全社会来看在生产中追加一个单位生产要素所增加的产值。他认为，如果每一种生产要素在生产中的边际私人净产值与边际社会净产值相等，它在各生产用途的边际社会净产值都相等，而产品价格等于边际成本时，就意味着资源配置达到最佳状态。庇古把生产者的某种生产活动带给社会的有利影响称为"边际社会收益"，把生产者的某种生产活动带给社会的不利影响称为"边际社会成本"。适当改变一下庇古所用的概念，外部性实际上就是边际私人成本与边际社会成本、边际私人收益与边际社会收益的不一致。既然在边际私人收益与边际社会收益、边际私人成本与边际社会成本相背离的情况下，依靠自由竞争是不可能达到社会福利最大的，那么就应由政府采取适当的经济政策，消除这种背离。庇古认为，通过征税和补贴，就可以实现外部效应的内部化，这种政策建议后来被称为"庇古税"。庇古税在经济活动中得到广泛的应用。在基础设施建设领域采用的"谁受益，谁投资"的政策、环境保护领域采用的"谁污染，谁治理"的政策，都是庇古理论的具体应用。排污收费制度已经成为世界各国环境保护的重要经济手段，其理论基础也是庇古税。

　　庇古被称为"福利经济学之父"，他的著作《福利经济学》全面而系统地探讨

---

① https://baike.baidu.com/item/外部性/11018717?fr=ge_ala

了福利经济学的多个方面。马歇尔的"外部经济"理论主要关注外部因素如何影响企业的生产和经营活动。庇古从企业生产行为对其他企业成本和收益的影响角度出发,运用现代经济学手段,从福利经济学的视角深入研究了外部性问题,并进一步提出了"外部不经济"的观点,完善了马歇尔的外部性理论。在马歇尔关于外部经济的研究基础上,庇古从福利经济学的角度进一步拓展了"外部经济"的概念,并指出在没有政府干预的情况下,外部性容易导致市场失效。一方面,正外部性可能会削弱私营部门的活动意愿,这进一步使得供应不能完全满足市场的需求;在此背景下,外部性是一种无法克服的经济现象,对其进行合理有效地治理就成为政府面临的一个难题。从另一个角度看,负外部性的出现可能导致私营部门的活跃度上升,从而导致社会成本的增加。因此,消弭外部效应变得尤为关键。学者们提出了一系列的理论基础来解决外部性问题和实现外部效应的内部化。在探讨"外部不经济"的深层含义时,研究者分析了企业经济行为对社会的外部效应,并将生产活动带来的正面影响定义为"边际社会效益",政府可以利用如"庇古税"这样的税收或补助政策来进行干预,通过从享有正外部性的主体那里获得的税收补贴来产生正外部性,从而平衡各方的成本和收益,解决正外部性的问题,并减少其影响。庇古采用边际私人净产值与边际社会净产值的方法来探讨外部性的问题。边际净收益是指企业为实现其利润最大化而进行生产活动所能带来的最大净经济效益。边际私人净产值描述的是当企业在生产过程中增添一个单位生产要素所能带来的产值增长,而边际社会净产值则是指当整个社会增加一个单位生产要素时所能带来的产值增长。在边际生产净产值与边际社会净产值持平的情况下,产品的价格等同于边际成本。当资源配置达到最佳状态,边际社会净产值超过边际生产净产值时,其他参与者可以从中受益;而当边际社会净产值低于边际生产净产值时,其他参与者的利益会受到损害。庇古把企业生产活动对社会产生的正面影响定义为"边际社会收益",而负面影响则被定义为"边际社会成本"。在边际社会成本与边际社会收益不匹配的情况下,外部性问题便会出现。庇古提出了外部性理论来分析外部性问题。由于存在外部性问题,无法达到全社会资源的帕累托最优状态。因此,庇古提出,在边际私人收益低于边际社会收益的情况下,应给予企业奖励和补贴;而在边际私人成本低于边际社会成本的情况下,应对企业征收税款以抵消外部的不经济效应。通过补贴和征税,可以实现外部效用的内部化,从而实现社会福利的最大化(李超琼,2024)。"庇古税"这一理论为外部性的研究提供了新的视角,并为处理外部性问题提供了新的策略。然而,它也有局限性:第一,尽管政府是社会公共福利的主要代表,但在实际操作中,其对外部经济影响的公共决策经常受到各种程度的限制;第二,政府在制定政策时,由于信息的不对称,在确定外部性的影响程度时可能会遇到困难,如果不能根据帕累托最优原则来制定最合适和高效的税率和补贴,那么就无法准确地计算出边际私人成本、边际社会成本、边际私人收益和边际社会收益，从而无法制定出合理的补贴和税收政策；第三，在政府进行外部性治理的过程中，也会涉及交易成本和寻租行为，如果这些成本超出了外部性产生的影响成本，那么就失去了消除外部性效应所必需的基础条件。

科斯[①]是新制度经济学的奠基人，"发现和澄清了交易费用和财产权对经济的制度结构和运行的意义"。科斯定理认为，如果交易费用为零，无论权利如何界定，都可以通过市场交易和自愿协商达到资源的最优配置；如果交易费用不为零，则制度安排与选择是很重要的。这就是说，解决外部性问题可以用市场交易形式即自愿协商替代庇古税手段。从某种程度上讲，科斯理论是在批判庇古理论的过程中形成的。科斯对庇古税的批判主要集中在如下几个方面。第一，外部效应往往不是一方侵害另一方的单向问题，而是具有相互性。科斯认为，外部效用是具有相互性的，即外部效用不能简单地理解为企业生产行为对社会个体的利益侵害，如在没有明确排污权归属的前提下，化工企业与周围居民之间的环境纠纷是不明晰的，对化工企业进行"庇古税"征收是不合理的。可能对化工企业进行排污征税，或者由周围居民向化工厂付费来减少排污更为合理。第二，在交易费用为零的情况下，庇古税根本没有必要。因为在这时，通过双方的自愿协商，就可以产生资源配置的最优结果。科斯认为在不存在交易费用的前提下，无论产权如何进行初始分配，通过双方的协商和市场交易，都可以使资源配置达到帕累托最优，即在明确界定产权的情况下，化工企业和周围居民之间的自愿协商可以达到最后的排污水平，不需要政府征收"庇古税"。第三，在交易费用不为零的情况下，解决外部效应的内部化问题要通过各种政策手段的成本–收益的权衡比较才能确定。在存在交易费用的前提下，不同的产权配置会形成不同的资源配置，而产权制度的设置也是资源达到帕累托最优的基础。也就是说，庇古税可能是有效的制度安排，也可能是低效的制度安排。科斯定理进一步巩固了经济自由主义的根基，进一步强化了"市场是美好的"这一经济理念。并且将庇古理论纳入到自己的理论框架之中：在交易费用为零的情况下，解决外部性问题不需要"庇古税"；在交易费用不为零的情况下，解决外部性问题的手段要根据"成本–收益"的总体比较。

科斯定理建立在"庇古税"理论之上，它为解决外部性问题提供了新的视角，打破了长久以来仅依赖"庇古税"来处理外部效应内部化问题的传统观念。科斯的理论指出只要产权清晰，双方可以通过市场交易协商确定相应的价格，从而实现资源的帕累托配置。科斯还将产权划分与交易成本联系起来进行研究，认为交易成本决定着产权结构和产权制度安排。科斯的观点也在实际环境问题上得到了应用，如排污权的交易机制。科斯在《社会成本问题》中指出，当交易成本降至

① https://baike.baidu.com/item/科斯经济学?fromModule=lemma_search-box

零时，可以采用市场交易的方式来实现外部效应的内部化。他还指出，产权的不明确界定或较高的交易成本是导致外部性产生的主要因素，因此，在明确了产权并确保交易成本为零的前提下，外部性将会消失。当交易成本不为零的情况下，需要利用"庇古税"这一策略来实现外部效益的内部化，但其实际效果仍需深入研究。从这一点来看，科斯定理实际上是对"庇古税"理论的一种扬弃。科斯定理在以市场经济为主导的社会环境中得到了实际应用，并为解决外部性问题提供创新路径。然而，该定理的局限性在于：第一，在市场经济尚未完全成熟的社会背景下，其作用可能会受到一定程度的限制，特别是在公共产品或其他产权难以明确界定的情况下，自愿协商变得尤为困难，这意味着，在交易市场不健全、公共物品产权界定模糊或界定不明确，以及交易过程中存在交易费用等因素的影响下，自愿协商将难以顺利进行；第二，通过自主协商来解决外部性问题在实际操作中也会产生一定的交易成本，如果这些成本超过了解决外部性问题所能带来的收益，那么消除外部性影响的必要条件也将随之消失（郭雅媛，2024）。

外部性的产生可以在时间和空间上发生，既可能是同一地域内的企业与企业、企业与个体之间的互动，也可能是在区域间或国际层面上的扩展。在现实经济生活中，由于各种原因，外部性往往表现为区域或国别间的不同程度的外部性。除了前述的代际和代际外部性问题，我们还面临着如环境污染、生态破坏、资源枯竭和淡水短缺等多种生态危机，这些危机直接影响到后代的需求、生活和发展。在目前的学术研究领域里，外部性的计量问题已经引起了研究人员的高度关注。外部性的计量主要有两种方法，即市场法和模型法，前者侧重于对产品或服务进行价格计算，后者则侧重于对成本、利润和收入进行估计。外部性的计量涵盖了多个方面，包括环境成本与外部支出、环境和外部效益、环境质量的经济价值，以及绿色国民经济的核算方法等；外部性的经济评估方法涵盖了直接市场法、条件意愿调查法和旅游成本法等多种环境影响评估技术。

流域系统具有明显的外部性特点。流域上游区域的生态保护者通过牺牲自身利益产生出外部的生态效益。由于流域的天然属性，这些效益不可能被上游独享，而上游区域在与下游区域共享生态效益的同时，甚至常常出现效益的绝大部分被下游区域享用的局面；而下游地区在享受这一生态效益的同时却由于市场缺失并没有支付其相应费用。因此，对于上游区域而言，他们的生态保护和成本支出表现出了极强的外部性，即流域生态保护的边际私人成本与边际收益，相较于流域生态保护的边际社会成本与边际收益产生偏离（万容，2010）。因此，可将上游区域的利益受损称为外部不经济性，将下游区域的受益称为外部经济性。经济外部性问题会消耗市场在资源配置中的效率，随之而来的便是市场失灵，若上游区域不参与生态保护，产生的水质污染和环境破坏将危及流域所涉地区的生存。从流域的外部性视角出发，证明了在流域源头生态保护修复过程中，建立多元生态化补偿机制的重要性。

1.3　山水林田湖草沙一体化生态治理的内涵特征

1.3.1　从原来的分割式生态治理向系统性生态治理转变

各个组成元素在生命共同体中呈现普遍的关联与交互作用，因此，亟须采用系统性管理策略，取代以往的分割式管理模式。"山水林田湖草沙生命共同体"这一概念指的是一个由山、水域、森林、农田、湖泊与草原等多元自然要素组成的紧密联系整体，展现出高度的复杂性与多样性功能（王振波等，2019）。习近平总书记以"命脉"这一概念，巧妙地将人类与自然界的山水林田湖草沙生态系统紧密相连，同时揭示了系统内部各组成部分之间的内在关联。他生动地描绘了一幅人类与自然和谐共生、相互依存、共同繁荣的画面，强调了生态系统中各要素间唇齿相依、共存共荣的关系。人与土地、水、山、土壤以及植被之间的共生关系，体现了自然界内在的运作法则及其内在的和谐统一性（成金华和尤喆，2019）。这一关系深刻阐述了生命共同体对于实现人类社会可持续发展的核心价值与意义。遵循自然规律是实施用途管制与生态修复工作的基本原则，若各自为政，如专注于植树造林、专项治水或单纯保护农田的部门孤立行动，极易导致各环节间的脱节与冲突，进而引发生态系统的全面性损害。在山水林田湖草沙构成的生命共同体中，各要素间存在着普遍的联系与相互作用，因此，采取分割式的管理策略是不合适的。分割式管理策略在资源开发和利用中可能导致对自然资源和生态系统的损害风险加剧。生态系统的特点包括其外部性、不可逆性以及不可替代性，这些特性强调了生态系统的整体性和系统性（成金华，2022）。人类在开发和利用资源时，不可避免地会对其他资源和整个生态环境产生深远的影响，若管理不善，将引发显著的负面外部效应。资源开发的不可逆性体现在生态系统一旦受损，其影响是长期且难以恢复的，其复原过程漫长且复杂，往往难以完全恢复至初始状态。

1.3.2　从原来的单一生态服务价值评价向综合福利效应评价转变

传统的生态保护修复重点只是围绕单一的生态服务价值评估来评价其所发挥的重要作用，而缺乏系统考虑综合价值，尤其是对"生态-经济-社会"整体系统的影响。"生态-经济-社会"复合系统，由山水林田湖草沙共同构成，具有生态、社会和经济三重特性。这一系统的本质决定了其核心目标在于实现生态效益、经济效益与社会效益的和谐统一及整体优化。此外，山水林田湖草沙一体化保护的目标在于满足广大人民群众对美好生活的追求及优质生态环境的需求,这必然促使人们在实践中坚持生态与民生并重的价值导向和行动准则(张利民和刘希刚,2024)。因此,山水林田湖草沙一体化治理蕴含着丰富的价值体系,其系统性管理主要体现在三个方面:一是保护并提升生态系统的服务功能;二是传承与强化社会文化价值;三是确保和增强其存在的意义。在生态方面,联合国发布的《千年生态系统评估》报告指出,人类可以从生态系统中获取多种类型的生态系统服务功能,这些服务被系统地归纳如下:①生态产品供给功能,即人们可以从生态系统获取食物、生物能源、水资源以及医药资源的能力;②生态环境调节功能,涉及生态系统在灾害防控、气候调控及水质净化等方面的关键作用,体现了自然环境对于维持人类生存条件的不可或缺性与复杂贡献;③生态支撑服务,涉及初级生产、土壤生成与氧气产出的机能,构成了生态系统的基础功能;④生态文化功能,即它所提供的精神愉悦、娱乐休闲、教育启迪以及审美体验的功能性价值;⑤生物多样性,是指特定生态系统的生物群落与其环境相互作用的综合表现,涵盖了生物结构和功能的复杂组合(郑艳和庄贵阳,2020)。遵循山水林田湖草沙一体化治理的理念,实质上体现了人类对于生态系统应尽义务,这一思想深刻地反映了在历史文明进程中,人们对逐渐偏离人与自然和谐共生状态的深刻反思。

1.3.3 从人工与自然分割的生态治理向人工与自然融合的生态治理转变

在人与自然和谐共生的大背景下,山水林田湖草沙一体化保护成为关键规划与干预手段,不仅体现了自然恢复与人工修复的辩证统一,更是一种强调自然力量与人类智慧协同共进、实现生态平衡与可持续发展的创新实践。习近平总书记指出,自然生态系统是一个有机生命躯体,有其自身发展演化的客观规律,具有自我调节、自我净化和自我恢复的能力。此外,我们必须深刻理解经济社会发展和人类生活需求的实现与自然资源恢复能力有限的矛盾关系,意识到人工修复的必要性和重要性。相较于自然修复,人工修复不仅效率更高,实施效果也更加显著。实施山水林田湖草沙一体化保护与修复策略,意味着我们需要将自然恢复与人工修复紧密结合,因地制宜、因时制宜地采取不同的措施。这样做的目的是寻找并实施生态保护与修复的最佳方案,以实现人与自然和谐共生的目标。因此,在选择修复方案时,应特别注重平衡自然恢复与人工修复两种策略的辩证关系。针对因人类活动造成不同程度破坏的生态系统,我们需采取截然不同的策略:对于那些遭受严重破坏的区域,应实施全面禁止开发政策,并进行彻底的修复工作,以促进自然恢复为主导,人工干预为辅助的方式发挥作用;而对于破坏程度较轻的地区,则可以采用以人工修复为主、自然恢复与人工修复紧密结合的策略。这样的差异化方法不仅能够更精准地应对不同生态系统的修复需求,还能在实现生态保护的同时，促进生物多样性的恢复与提升。

1.4　山水林田湖草沙一体化生态治理的研究价值

1.4.1　亟须总结源头地区山水林田湖草沙一体化生态治理的生动经验

浙江省不仅是中国"两山"理念的先行实践地，更是引领中国式现代化的先锋省份，肩负着新的战略定位和"奋力谱写中国式现代化浙江新篇章"的重大使命。浙江省积极落实习近平生态文明思想，坚决确立"山水林田湖草沙构成生命共同体"的核心理念，并付诸实践。"钱江源山水工程"作为流域源头地区山水林田湖草沙一体化生态保护修复的典型案例，在生态保护修复过程中，形成了一整套创新性、系统性且具有重要推广应用价值的"发展经验"，总结发现成功经验与案例样板，对于进一步推广与完善山水林田湖草沙一体化保护机制和系统治理体系具有重要的借鉴与示范意义。

1.4.2　亟须系统评价源头地区山水林田湖草沙一体化生态治理的综合影响

近年来国家对"山水工程"政策资金支持力度不断加大，也产生了显著的实际效果，但经济和生态问题矛盾依然突出，究其根源还是生态保护修复存在生态福利外溢性和当地农户经济福利自损失之间的冲突。尤其是在源头地区，生态屏障与经济发展角色的冲突始终让源头地区面临诸多生态、经济与社会协同发展的挑战。而作为山水林田湖草沙一体化保护和系统治理的重要载体，"山水工程"是否有助于缓解源头地区生态与经济、社会发展的冲突，进而加速整个流域实现"共同富裕"的进程，值得深入研究。因此，迫切需要及时分析源头地区"山水工程"农户福利效应，发现存在的问题并采取相应措施，使有限的财政资金发挥最大限度的生态福利和经济福利效应，这对于我国推广"山水工程"、实现经济与生态社会全面协调发展具有重要的现实意义。

1.4.3　亟须完善源头地区山水林田湖草沙系统生态治理机制与相关政策保障

山水林田湖草沙是一个生命共同体，"钱江源山水工程"作为一个系统生态治理工程，对于地方政府而言是一项新生事物，在协同推进中不可避免会遇到一系列的挑战，亟须重要机制体制创新与政策保障。首先，部门间的协同管理亟须机制体制创新。山水林田湖草沙生态保护修复涉及自然资源、农业农村、发展改革等多个相关职能部门，如何完善顶层设计，以及促进多个部门整体协同作战，亟须加以研究；其次，区域之间的协同治理亟须机制体制创新与政策保障。"钱江源山水工程"涉及浙江省最大的水系——钱塘江流域。源头地区的生态保护修复必然给中下游地区带来生态福利溢出效应，但生态保护修复也必然会限制源头地区的经济开发活动。虽然目前源头地区已经有部分生态补偿的试点，但是财政来源单一导致生态补偿标准难以和地方需求相匹配，因此亟须推动多元化生态补偿机制创新与政策设计；再次，山水林田湖草沙生态保护修复涉及多方利益主体，除了地方政府部门推动外，还需要当地企业、社区、居民等各类组织个体参与其中，在生态保护修复中体现大众需求，提升公众参与意愿亟须机制创新；最后，钱塘江源头山水林田湖草沙生态保护修复作为国家重点生态保护修复工程，资金投入巨大，项目工程类型繁多，在试点项目验收后，如何保证项目建设成果后续持续发挥生态产品供给功能，亟须后期管护机制的创新与完善。从上述分析可见，钱塘江源头山水林田湖草沙的系统治理亟须依托重要机制体制创新来完善自然资源系统治理的整体架构与管理模式，并依托政策工具设计激励生态保护修复行为，提升生态保护修复效果。

综上，本书将以钱塘江源头的生态保护修复为案例，系统分析钱塘江源头生态保护修复生态和经济福利效应的变化及其影响机制，分析与揭示钱塘江源头生态保护修复对生态和经济福利协同发展水平的影响及其作用机制，构建了一套独具区域特色的流域多元化生态补偿机制，这对于促进浙江省高质量发展并建设共同富裕示范区方面具有重要学术意义。同时，本书总结的实践经验和政策建议也可以为今后进一步完善流域源头地区山水林田湖草沙一体化保护机制和系统治理体系、打通"两山"转化通道、推进国家生态文明建设提供重要决策依据。

第 2 章　国内外流域生态保护修复的实践和经验借鉴

本章归纳总结了目前国内外生态保护修复相关的案例，深入研究了国内外生态保护政策并对其进行梳理，为完善我国山水林田湖草沙一体化保护与系统治理的机制与政策提供经验借鉴。

2.1　国外流域生态保护修复的案例总结与政策梳理

对国外生态保护修复的案例进行总结与政策梳理，一方面是为了总结成功的生态保护修复模式，了解成功经验；另一方面是在掌握现有政策的基础上，可为未来开展山水林田湖草沙生态保护修复提供经验启示。

2.1.1　国外流域生态保护修复的案例总结

2.1.1.1　发达国家的流域生态保护修复案例

1. 美国田纳西河流域生态保护修复案例：顶层跨区域流域治理组织架构

流域经济涉及广大的地理面积，综合了多种经济与社会资源，对一个地区的经济发展有着决定性的影响。随着人们对水资源有限性及其与其他资源间联系的认识加深，各国相继从注重对水资源的开发转向对水资源的管理。美国田纳西河流域管理局（Tennessee Valley Authority，TVA）由美国国会创立于 1933 年 5 月，成立缘由是田纳西河谷常面临水灾、滥伐及水土流失，田纳西河流域管理局通过推广新的耕种方法、植树及兴建水坝来解决这些问题。同时也负责发电、销售过剩电力、创造就业及保存水力。作为一家专注于地理导向，全面负责水土保持规划、粮食生产管理、电力供应以及交通基础设施建设的综合性机构，TVA 自成立以来便取得了显著的成功，并一直持续稳健地发展至今。1933 年 5 月 18 日，TVA制定的法案规定，该局必须整体规划田纳西河及其邻近地区自然资源的使用、保护和开发，包括改善通航、提供防洪、开发水电、保持水土、改良土壤、控制疟疾、生产肥料、规划城镇、开发娱乐区等多项具体任务。

TVA 的设立宗旨在于有效运营位于美国阿拉巴马州弗洛伦斯市、建于第一次世界大战时期的两家硝酸盐制造厂和威尔逊大坝，涉及的问题包括：该制造厂与大坝的运行管理和相关涉及的经济活动应由政府还是私营部门负责，以及如何在化肥生产和电力供应方面进行合理的资源配置（黄贤全，2002）。TVA 并非附属于现有任何实体机构，其运作直接受总统及国会的管控。它享有一定程度的自主治理能力，兼具私营企业所展现的创新活力与运营灵活性，因此，TVA 被界定为一个具备行政功能的企业性组织。在 TVA 的组织架构中，其领导层划分了五个核心部门，各司其职：一是管理服务理事会；二是河道水流控制处；三是电力部门；四是陆地水流控制处；五是区域规划理事会。每个部门都旨在通过专业化的运作，共同实现 TVA 的使命——为地区提供经济、社会和环境的综合福祉。尽管这五大职能部门各自管理着特定的业务领域，但它们之间并未形成绝对的隔离状态。实际上，在日常运营中，部门间的协作与互动是不可或缺的。

2. 德国易北河流域生态保护案例：流域生态补偿机制构建

20 世纪 90 年代以来，德国与捷克两地签署了合作协议，共同实施了一系列措施以改善易北河的环境状况。易北河贯穿两个国家，上游在捷克，中下游在德国。在运作机制方面，该案例最具创新特色的是建立了由 8 个专业小组构成的双边合作机构，这些小组分别负责行动计划的制定、实施效果的监测、相关研究、沿海地带的保护、灾害应对、水文数据分析、公众参与，以及法律政策的咨询与执行（任世丹和杜群，2009）。在资金方面，易北河流域整治的资金来源多元且结构清晰：首先，通过征收排污费实现资金回收，居民与企业需向污水处理厂缴纳排污费，其中污水处理厂留存一定比例的资金后，将其余部分上缴至国家环保部门；其次，财政贷款作为另一重要资金渠道，为项目的实施提供了必要的金融支持；此外，研究津贴的引入不仅促进了技术与科学的进步，也为项目提供了额外的经费，特别地，考虑到跨界合作的重要性，中下游国家德国向上游国家捷克提供经济补偿 900 万马克，加上其他经费，总的经费投入达到了 2000 万马克（司林波等，2023）。通过双方的努力协作，易北河的水质已经得到了显著提升（朱丹，2016）。

3. 英国北约克摩尔斯农业计划：公众参与补偿协议

1981 年英国颁布的《野生动植物和乡村法》第 39 条规定了野生动物福利问题。北约克摩尔斯国家公园成立于 1952 年，位于英国。1990 年，为增强自然景观和野生动植物价值，北约克摩尔斯农业计划开始实施，农场主与国家公园管理方基于自愿原则，成功签订了补偿协议。协议条款详细且具有约束力，规定农场主需确保至少投入 50%的工作时间用于农场管理，并严格遵循传统农业耕作方法。该区域中高达 83%的土地为私人所有，因此，此次生态补偿计划等同于英国政府向这些私有农场的主人购得生态服务的权利。该计划总共签订了 108 份协议，其中 90%的私人农场主参与其中；初始资金从 5 万英镑增长至 2001 年的 50 万英镑；每年对所有协议进行监督；从执行结果来看，成功达到了所有既定目标，有效地保全了英国传统农业的标志性景观（任世丹和杜群，2009）。

4. 欧盟国家特许经营机制和生态产品认证计划：生态产品价值实现

欧盟国家主要通过竞标方式特许有资质的企业及社会组织或个人负责实施与管理具有公共利益性质的生态产品、生态工程项目以及生态环境保护任务。德国下萨克森州的国家公园鸟类栖息保护地实施了一种创新的合作模式，其中社区居民基于自愿原则与政府合作，共同参与到公园的管理工作中。具体而言，社区成员根据政府所制定的计划进行牧草的收割工作，产生的收益归居民自己。自 2006 年，法国的国家公园体制改革正式启动，法国成立了国家公园联盟（PNF），并针对不同行业特性制定了差异化的特许经营市场准入清单。该清单对申请人的资质以及整个运营周期内的管理行为设定了明确的标准。基于国家公园产品品牌价值增益框架的机制设计，激励了社区内的企业和个体自愿投身于生态保护行动之中，从而实现了生态服务的公私合作伙伴关系（PPP）方式的供给。

生态产品认证计划是一种创新机制，它允许消费者通过购买经过独立第三方依据特定标准认证的环境友好型产品，直接为这些环保举措提供经济支持。它实质上是一种通过生态系统服务间接实现的经济补偿方式。欧盟生态标签制度与之类似。欧盟设立生态标签制度的根本目的在于甄别并表彰那些在环保领域表现突出的产品，以此激励相关企业持续提升其环境保护水平。该制度旨在确保各类消费品从生产端到消费端均不对环境造成负面影响，进而促进欧盟整体向更加绿色、可持续的方向发展。这使得商家为获取生态标签，必须达到欧盟制定的相关环保性能标准，这一系列规定主要聚焦于资源与能源的有效利用，以及对废气、废液、固废、噪声等污染物的排放控制。欧盟实施了多维度的策略，积极推广获得了生态标签的产品及企业，此举显著提升了贴有生态标签商品在欧洲市场上的认知度与消费者关注度。此外，一旦产品通过了生态标签认证，将有助于提高企业的社会声誉，强化消费者及社会公众对品牌的信任，还能有效增加产品的市场竞争力和附加值。尽管生态认证产品的价格通常略高于普通商品，但消费者仍愿意为此买单（朱丹，2016）。

2.1.1.2　发展中国家的生态保护修复案例

1. 印度孙德尔本斯沼泽地修复

孙德尔本斯（Sundarbans）沼泽地是印度最大的沼泽地之一，由于过度开采和污染等因素，该地区的生态环境受到严重破坏。为了修复该沼泽地的生态环境，印度政府采取了多项措施。①改善生态环境。包括种植树木、恢复植被和控制土壤侵蚀等。②开展生态旅游。印度村庄积极利用自然资源开展旅游业，例如，多尔多村庄拥有壮观的白色沙漠景观、独特的文化遗产和传统建筑等资源，为了吸引游客，多尔多村庄的居民开始利用这些自然资源设计出独特的旅游路线和活动，如骑骆驼、观赏沙漠日出、体验当地美食等，这些举措为多尔多村庄带来了首批游客，并逐渐积累了人气。③创新和发展地方品牌，提升品牌知名度和吸引力。持续改进旅游产品，提升游客体验，同时保护和可持续利用自然和文化资源。经过多年的努力，孙德尔本斯沼泽地的生态环境得到了有效改善，野生动植物数量逐渐增加，生态系统得到了有效恢复。

2. 巴西生态补偿机制

作为拉丁美洲地区面积最大、人口最多的发展中国家，巴西坐拥丰富的自然资源，然而，在经济快速增长的同时，其自然环境也遭受了较大损害，为此，巴西联邦政府采取了一系列策略，旨在促进经济增长和保护生态系统的健康与可持续性。巴西在地域间的经济活动发展程度和自然地理特征呈现显著差异，这一现象对生态环境的长期维护构成了挑战。为了有效地保护丰富的自然资源，实施多元化的生态补偿机制成为一种极具潜力且高效的战略选择。在巴西，生态补偿机制以政府为核心，通过一系列公共组织的支持，形成了一种主要由政府主导的资金运作模式。生态补偿计划旨在以长期的规划视角应对各类生态环境破坏问题，其目标是最大限度地减少并修复受损的生态环境。巴西联邦政府将生态补偿机制与受损区域紧密关联，以此来确保在资源开发利用过程中产生的破坏能够得到恰当的经济弥补。通过这一措施，开发者需按其活动对自然资源造成的破坏规模和严重性，支付相应的补偿金。这些资金将由专门的环境保护机构收集，并严格按照既定规则和程序，直接投入到受保护区域的建设和维护中，以实现生态保护与经济发展之间的平衡。在不断实践过后，巴西联邦政府将资金补偿量设定为总投资的 0.5%。这种做法为巴西扩大保护区的范围提供了至关重要的资金支持，巴西已设立逾 5 万 hm^2 的联邦级保护区，囊括了 52 个国家公园在内的众多保护区域。

2.1.2 国外生态保护修复的制度与政策梳理

不同国家或地区的生态环境均有所差异，按照因地制宜的思路，各地的生态保护修复政策具有不同针对性，下面分为三类进行举例。

2.1.2.1 产权保护制度与政策

英国是世界上湿地保护比较成功的国家之一，其以产权制度为基础推进湿地保护。按地理区划组建的"自然管理委员会"作为专门机构管理湿地自然保护区，通过两种方式实现保护和管制。一种方式是为公共目的通过公共购买的方式保留一部分土地为政府所有。建立公共购买制度，通过政府出资、社会捐助等方式将重点湿地区域从湿地所有者手中赎买过来，将湿地权属转变为国有，由政府专门机构管理，可以排除湿地产权障碍，实现对湿地充分、完全的保护。另一种方式是通过许可证制度及行政协议等方式，对原生或半原生状态的区域及其野生动植物进行适当控制和管理，在私人财产权上形成一定的公共权利。基于法律规定或湿地所有权人的自愿选择，由管理机关与湿地所有权人签署的"管理契约"，明确双方当事人在湿地保护事务中的权利与义务，并补偿湿地所有权人经济损失。采用这种间接控制的方式，有利于发挥土地所有人保护湿地的主动性与积极性，相对于公共购买制度而言，政府也大大降低了补偿成本。

2.1.2.2　经济支持政策

1. 生态补偿政策（PES）

在实行生态补偿政策之前，对于西方发达国家而言，环境破坏、资源浪费与经济可持续发展之间的矛盾，也是一个亟待解决的两难问题。美国、德国等国家将生态补偿机制进行了细致的解剖和思考，通过政策法规，将水土保持补偿等方法引入生态补偿体系，在探索经济实现可持续发展过程中，找到较为先进的实现生态环境治理的路径。

20 世纪 80 年代初，美国联邦政府开始重新审视与农业生产密切联系的自然资源生态系统的安全问题。因而产生一系列的法规和长期计划，目的是推进农业可持续发展。其中引人注目的有"农地保护计划"，其源于美国的《农业法》（修订于 1985 年），强调退耕还林、退耕还草的大面积实施。此项计划的直接收获是，实施后 5 年内将 1.18 亿英亩（1 英亩=4046.86 m²）的农地纳入保护范畴，其中产生的生态效益和经济效益促使政府将可持续发展纳入农业发展规划。"农村清洁水计划"源于 1971 年政府在水资源保护的补偿方面的深入思考，在该项计划中，政府协同农场主共同分担补偿款，前提是这些农场主为了减轻或者避免产生无定点污染源而自觉执行最优管理措施。"税额减免政策"对象为前述农场主，该类农场主可以获得政府颁发的"绿票"，通过行使"绿票"权利可以享受某些特殊优惠。水土保持补偿机制是美国实行生态补偿的成功范式，它强调了政府在其中须承担更多责任与义务。

"资金到位，核算公平"作为德国生态补偿的传统机制被保留和不断改良。"资金支出"可以理解为富裕地区通过将资金转移给贫困地区以扭转不公平格局，有学者称其为"横向转移支付"。其特点之一是通过横向资本转移调整地区间既得利益，化解因公共服务水平的差异而导致的格局不均衡；特点之二是，以州际财政平衡基金为支撑，保障州际间横向转移支付的实现。"横向转移支付"资金结构可以解读为：扣除划归各州的销售税的 25%，剩余部分依各州居民人数为基数计算各州支付比例；其中，较富裕的州应依规定标准划拨一部分补助金给较贫困的州。

为有效实施公共支付制度，国外对森林生态补偿政策的法律化也在不断完善。瑞典的《森林法》规定，如果某块林地被宣布为自然保护区，那么该地所有者的经济损失将由国家给予足额补偿。日本的《森林法》规定，国家对于营造保安林的森林所有者给予适当补偿，以保证其收益不至于因此而降低；同时，为了拓展资金来源渠道，要求保安林的受益团体和个人承担一部分甚至全部的补偿费用。

2. 生态税收政策

巴西在恢复退化的林地和增加保护区面积方面，主要采取三种激励措施：生态增值税、建立永久性的私有自然遗产保护区和储藏量的可贸易权。生态增值税遵循"谁保护谁受益"的原则，对符合条件的州返还销售税（25%）。私有的自然遗产保护区项目通过以下方式提供激励：对参加保护区项目的农村地区减免税收、在国家环境基金项目资源分配中优先考虑自然遗产保护区并在农村信用评级中对其加以倾斜。合法储藏量的可贸易权计划允许那些农业边际收益高，但森林覆盖率低于国家规定的 80%要求的农户，从森林覆盖率保持 80%以上的农户处购买其采伐指标，从而使整个地区的森林覆盖率保持在 80%的标准。法国对私人造林地免除 5 年地产税，按树种分别减免林木收入税 10～30 年，对森林资产还可减免 75%的财产转移税。德国对企业、公司、家庭营林生产的一切费用可在当年收入税前列支，国家仅对抵消营林支出后的收入征收所得税，同时对合作林场减免税收。牙买加私有土地上经营的森林保护区在提交了森林经营计划并得到认可后免除财产税。日本也在税收方面给予森林所有者充分照顾，有的减税，有的免税。

3. 生态经营财政补助政策

美国通过土壤保护计划，平均每年为参与计划的农民支付 125 美元/公顷的土地租金补贴，并向农民提供不超过成本 50%的现金补贴以分担农民实施种草、植树等植被保护措施的成本。奥地利对退耕还林、森林抚育、高山造林、改善生态环境的措施给予特别关注，鼓励小林主不生产木材，只要其经营的森林达到近自然林状态，便可得到政府相当于木材生产收入的补贴。英国为改善生物多样性对私有林主营造针叶林，每公顷每年补贴 100 英镑；营造阔叶林则补贴更多，每公顷每年达 250 英镑。瑞典也对在私人土地上营造阔叶林和混交林以改善生物多样性给予补贴。新西兰政府对小土地所有者造林一律补助造林费用的 50%。芬兰对营林、森林道路建设及低产林改造，提供由政府贴息的低息贷款，并对私有林主提供补贴以帮助实现可持续的木材生产、维持森林的生物多样性、实行森林生态系统管理项目，补贴额达到其管理成本的 70%。

4. 美国保护性退耕政策

美国在 20 世纪 30 年代遭受特大洪灾和严重的沙尘暴后，实施了保护性退耕政策。美国退耕项目虽然选择了"由政府购买生态效益、提供补偿资金"政策，但同时借助竞标机制和遵循农户自愿的原则来确定与各地自然和经济条件相适应的租金率（补偿标准）。农户通过比较参加竞标时上报的愿意接受的租金率与政府估算的租金率决定是否放弃耕作，政府对农民放弃耕作的机会成本进行补偿。保护性退耕计划共包括五大工程，以合同制方式分阶段实施，合同期为 10～15 年。合同期届满，农户在比较耕作收益与政府提供的补偿标准后，有权自主选择是否继续参加下一阶段的退耕项目（朱丹，2016；高国力等，2009）。

此外，许多发达国家在生态修复方面都有完善的法律制度。例如，美国在《空气清洁法案》等法律法规中明确规定了污染者必须对受损环境进行修复，德国的《联邦自然保护法》等法规也对生态修复作出了明确规定。这些完善的法律制度为生态修复提供了强有力的法律保障。

2.1.2.3　技术支持政策

生态保护技术的进步为生态环境的修复和保护提供了有力支持。例如，生态修复技术的应用可以帮助恢复受损生态系统的功能，减少生态环境的破坏；此外，可再生能源技术的推广和应用也是国际生态保护的重要举措，可以减少对化石能源的依赖，降低碳排放，减缓气候变化的进程。

发达国家在生态修复方面注重技术创新和人才培养。例如，美国在土壤修复领域拥有世界领先的技术水平，其采用的原位修复技术能够有效地减少对环境的破坏；同时，美国还拥有一批高水平的环保科技人才，为生态修复提供了强有力的人才保障。

2.2　国内流域生态保护修复的案例总结与政策梳理

2.2.1　国内流域生态保护修复的案例总结

2.2.1.1　山水林田湖草沙生态保护修复工程

山水林田湖草沙生态保护修复工程必须统筹考虑自然地理单元的完整性、生态系统的关联性、自然生态要素的综合性。主要是指按照山水林田湖草沙生命共同体理念，依据国土空间总体规划以及国土空间生态保护修复等相关专项规划，在一定区域范围内，为提升生态系统自我恢复能力，增强生态系统稳定性，促进自然生态系统质量的整体改善和生态产品供应能力的全面增强，遵循自然生态系统演替规律和内在机理，对受损、退化、服务功能下降的生态系统进行整体保护、系统修复、综合治理的过程和活动。工程建设内容主要包括重要生态系统保护修复工程，以及在一定区域内对山水林田湖草沙等各类自然生态要素进行的整体保护、系统修复、综合治理等各相关工程。此外，为加强生态保护修复过程监测、效果评估和适应性管理，提升生态保护修复能力，建设内容还可包括野外保护站点、监测监控点和监管平台建设等。

2013 年 11 月，习近平总书记阐述了《关于〈中共中央关于全面深化改革若干重大问题的决定〉的说明》中的重要观点："山水林田湖是一个生命共同体，用途管制和生态修复必须遵循自然规律，如果种树的只管种树、治水的只管治水、护田的单纯护田，很容易顾此失彼，最终造成生态的系统性破坏。由一个部门负责领土范围内所有国土空间用途管制职责，对山水林田湖进行统一保护、统一修复是十分必要的"（刘威尔和宇振荣，2016），这也正体现了协同治理的理念。自 2016 年起，为深入贯彻这一重要理念，中国在 24 个省份启动并实施了 44 个山水林田湖草沙生态保护修复工程。中央财政设立了重点生态保护修复治理专项资金，总额高达 500 亿元，连续投入并成功组织实施了 24 个省份的 25 个关键区域的山水林田湖草沙生态保护修复试点项目，预计总投资超过 3500 亿元（李红举等，2019）。这些工程聚焦于影响国家生态安全格局与可持续发展的重要区域，如泰山、黄土高原、川滇生态屏障等国家级生态功能区。工程范围覆盖了废弃矿山的复绿、水体流域的整体治理、土地资源的有效整合、污染土壤的净化，以及生物多样性的有效保护等多元领域（张惠远等，2019）。这一系列举措对保障国家生态安全产生了显著的积极影响（王丙晖等，2022）。截至 2022 年末，中国已全面启动并实施了一系列重大的生态保护与修复项目。"山水工程"旨在实现山水林田湖草沙的全面协同保护与修复，通过系统性策略在三大区域和四个重点地带规划并启动了 51 项"山水工程"，统筹各类生态要素，以流域为主要单元，实施系统治理、综合治理、源头治理，累计完成治理面积 8000 万亩（张维，2023）。随着"山水工程"项目持续增多，自 2019 年起，一系列旨在规范和指导生态修复工作的政策文件密集发布，构建了以《山水林田湖草生态保护修复工程指南（试行）》为核心的标准体系，涵盖多个方面的"1+N"体系。这些规范不仅强调了遵循自然生态系统的发展规律与内在机制的重要性，还为各地修复项目的实施提供了科学依据，从而有效提升了修复活动的质量与成效。

2.2.1.2 黄河流域生态保护修复

作为一项重大国家发展战略，黄河流域的生态系统修复与保护对于中华民族伟大复兴以及长远繁荣有着重要的意义，构成了国家发展蓝图中的关键篇章。国家已陆续出台并公布了《中华人民共和国黄河保护法》（2022 年 10 月 30 日第十三届全国人民代表大会常务委员会第三十七次会议通过）、《黄河流域生态保护和高质量发展规划纲要》、《黄河流域生态环境保护规划》、《全国重要生态系统保护和修复重大工程总体规划（2021—2035 年）》等一系列法律法规和规划文件，对黄河流域的生态保护工作作出了明确规定和具体要求（张世娟等，2024）。黄河流域生态保护重在植物群落保护、动物种群保护以及水资源保护，生态修复技术包括土壤修复技术、水源修复技术、生物多样性恢复技术。在土壤修复技术中，物理化修复技术、生物修复技术以及综合修复技术被广泛应用；水源修复技术需要关注水源保护与水资源利用的协调，且需要与其他技术手段相结合，实现综合治理。黄河流域的生态问题复杂多样，仅依靠水源修复技术往往无法全面解决，因此，结合土壤修复技术和生物多样性恢复技术等，形成综合治理方案，是实施水源修复技术的必然选择。对于生物多样性保护和修复的挑战，需要采取综合的策略和建议：首先，加大对黄河流域的环境保护投入，优化农业生产方式，减少农药和化肥使用，降低对生物多样性的影响；其次，加强科研机构和保护组织之间的合作，推动科学研究成果的应用和推广；最后，加强公众教育，提高人们对生物多样性保护的意识，培养保护环境的习惯和行为（徐进进，2023）。由此可见，黄河流域生态修复是一个综合治理的过程，需要多方共同努力。

2.2.1.3　新安江流域生态补偿

流域生态补偿机制是协同推进经济建设与生态文明建设，促进区域高质量协调发展的重要制度创新。2012 年，安徽和浙江两省在财政部、原环境保护部指导下启动了新安江全国首个跨流域生态补偿机制的试点。受偿地区通过利用生态补偿资金，系统实施水环境综合治理，有效提高了流域水环境质量，并带来了显著的生态红利。当前新安江已经顺利完成三轮生态补偿的试点工作，形成了生态共治、产业共兴、人才共享的"新安江模式"。

根据《新安江流域水环境补偿试点实施方案》，在中央相关部门的组织协调下，上下游联合开展水质监测，每年由原环境保护部发布上年水质考核权威结果。以高锰酸盐指数、氨氮、总磷和总氮四项水质指标 2008～2010 年 3 年平均浓度值为基准，每年与之对比测算补偿指数 P，并在后续三轮试点中依据生态补偿进展综合研判，不断更新优化了补偿机制。具体补偿资金及补偿标准如图 2-1 所示，补偿措施主要体现对上游流域保护治理的成本进行补偿，同时完善市场化补偿措施，第一期试点（2012～2014 年）中央财政每年拨款 3 亿元，均拨付给安徽，用于新安江治理。每年新安江跨界断面水质达到目标，浙江划拨安徽 1 亿元，否则安徽划拨浙江 1 亿元。第二期试点（2015～2017 年）中央财政分三年各拨款 4 亿元、

3 亿元、2 亿元，继续拨付给安徽省，逐步退坡，两省的补偿力度则增加至每年 2 亿元，总计 21 亿元。第三期试点（2018～2020 年）中央财政退出，安徽省和浙江省每年各出资 2 亿元，设立补偿基金（总计 12 亿元）。

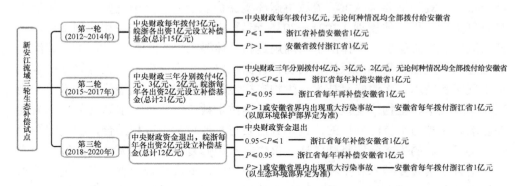

图 2-1　新安江流域三轮生态补偿试点补偿资金及补偿标准
数据来源：黄山市人民政府

　　自试点工作开展以来，新安江流域水质不断稳定向好发展，补偿指数 P 值连续 10 年达到补偿要求。2018 年 4 月，第一、二轮试点绩效评估报告通过专家评审。报告显示，两轮试点工作开展期间，新安江上游流域水质总体为优，下游千岛湖水质实现同步改善。2021 年 12 月，新安江流域生态补偿机制第三轮试点绩效评估报告顺利通过专家评审。第三轮试点工作开展期间，年均 P 值进一步下降，安徽省和浙江省交界口断面水质连续 10 年达到地表水环境质量 Ⅱ 类标准。

　　为保持良好的水质、达到流域横向生态补偿考核标准，黄山市采取严格的环境准入标准，关停大量污染企业。实践证明，传统产业向绿色高新技术产业转型，大力发展旅游业、服务业等第三产业为新安江流域带来了巨大的经济效益。自试点工作开展以来，新安江流域上游黄山市绿色经济发展总体较好，地区生产总值保持平稳较快增长，居民生活水平稳步提高。2021 年，新安江流域水生态服务价值达 64.5 亿元。生态补偿机制刺激地区经济结构转型、促进经济又好又快发展的潜在价值逐步显现，"绿水青山"正逐步为当地居民带来"金山银山"。

　　新安江流域横向生态补偿机制试点建设成果丰硕，得到社会各界广泛认可，入选中国改革十大案例。长期、持续地在各相关领域推进生态补偿试点工作，对社会生活产生了积极的影响：流域内公众生态保护意识普遍增强，企业生产行为不断规范，政府发展理念优化转变，营造出全民环保的良好社会风气。全国首个跨省流域横向生态补偿试点的成功实践，进一步夯实了新安江流域的先行示范地位，对全社会生态文明建设起到了积极的引导和激励作用。

2.2.1.4　乌梁素海流域生态保护修复

乌梁素海流域坐落于黄河"几"字形的最尖端、广为人知的"河套"区域，流域总面积约 1.63 万 km²。流域内涵盖了湖泊、山脉、森林、平原、河流乃至沙漠等所有生态要素。乌梁素海是全球范围内干旱草原及荒漠地区极为少见的大型多功能湖泊，2002 年被国际湿地公约组织列入《国际重要湿地名录》，是黄河生态安全的"自然之肾"，也是地球同一纬度最大湿地、黄河流域最大淡水湖，同时还是我国北方候鸟南迁途中重要的天然驿站。乌梁素海流域承担着黄河水量调节、水质净化、防凌防汛、生态多样化等重要功能，在确保区域生态安全与促进社会经济的持续健康发展方面发挥着至关重要的角色。近年来，随着区域社会经济的快速发展，乌梁素海流域面临着维持生态系统健康与稳定的艰巨挑战。水环境质量恶化、土壤沙化盐碱化加剧、矿山资源开发过度及草原生态退化成为该流域亟待解决的三大关键性生态问题。这些问题不仅威胁着流域内的生物多样性，还严重制约了当地居民的生存环境和经济社会发展，不仅对黄河中下游的水生态安全构成了重大挑战，也对我国西部地区的生态安全造成了深远影响（董蓓蓓等，2011；刘振英等，2007）。

为此，政府确立了"顺应自然规律、实施差异化管理"的核心策略，并"依据地域特征、聚焦关键领域"开展周密规划。这一指导思想紧密对接《内蒙古自治区"十三五"生态环境保护规划》《巴彦淖尔市"十四五"生态环境保护规划》《巴彦淖尔市城市总体规划（2011-2030）》《乌梁素海综合治理规划》等现行生态保护与修复的主框架，通过这样的系统整合，将乌梁素海流域的生态保护与修复工作划分为六个主要治理区块，构建了一个由"四区、一带、一网"组成的全面而系统的生态安全结构。此举旨在从污染产生的根本源头出发，有效削减并控制流入干渠的污染物总量，从而达到改善水体环境质量的目标。在河套灌区的水系生态保护网络中，其地理覆盖范围特指与乌梁素海紧密相连并环绕其周边设置的主导排水沟渠系统。为应对入排干沟的水质污染问题，我国实施了一系列综合治理策略，包括整治排干沟、构建人工湿地系统以及引入生态补水等工程措施。这些综合性的干预旨在显著提高排干沟的水质标准，有效降低向湖泊输送的污染物负荷，从而保护水体环境，维护生态平衡。

经过治理与修复项目的实施，流域的生态环境质量在先前努力的基础上实现了进一步的优化与提升。在沙漠、山脉、草原、湖泊、水系以及湿地等关键生态功能区域的保护与建设方面取得了显著的进步。这些措施有效地增强了流域抵御风沙的能力，并促进了生物多样性的持续改善。水环境质量保持了稳定的达标状态，生态系统的整体稳定性得到了显著增强，生态系统的服务功能也得到了明显的强化（王丽娜等，2023；田野等，2019；鲁飞飞等，2019）。

2.2.1.5 宁夏贺兰山东麓生态保护修复

贺兰山位于宁夏与内蒙古交界处，是全国重要生态系统保护和修复重大工程总体布局"三区四带"的重要组成单元，可削弱西北高寒气流的东袭，阻挡腾格里沙漠、乌兰布和沙漠扩张，保障黄河安澜，成就了"塞北江南"银川平原，被宁夏人民亲切地称为"父亲山"。贺兰山矿山开采始于明清时期，由于过去存在无序的开采活动，导致矿山企业层出不穷，致使贺兰山山体千疮百孔、满目疮痍，矿坑矿渣遍布，沟道污水横流，煤尘漫天，机械轰鸣，对土壤、大气和水体造成严重污染，生态环境急剧退化，生态系统严重受损。人类违法活动和矿山开采造成的环境破坏成为该地区亟待解决的生态问题。2017 年以来，宁夏回族自治区党委和人民政府打响贺兰山清理整治攻坚战和保护修复持久战，共完成治理面积 146 km²，完成治理点 278 个，关闭退出煤矿 39 家、非煤矿山 61 家、涉煤企业 582 家，退出煤炭产能约 2000 万 t。2018 年，贺兰山东麓山水林田湖草沙生态保护修复工程试点成功入选国家第三批试点，该项目遵循"整体性保护、系统性修复、综合性治理"的原则，针对贺兰山废弃矿山的整治与生态修复在内的 8 个关键领域中的 17 个具体重点领域开展系统保护修复治理，累计投入各类资金已超过 58 亿元，实施矿山生态修复等 180 个子项目。

首先，深挖症结，关闭退出矿山。全面推动贺兰山自然保护区内所有人类活动点的有序退出与治理工作，旨在彻底清除人为干扰因素，为实现贺兰山的整体生态保护与系统性恢复奠定坚实基础。专门组建了由党委领导的工作领导小组，协同政府推动部门间紧密合作与市县层面具体执行的工作机制。当地自然资源厅、林业和草原局、发展改革委等部门共同制定了一系列支持政策与制度，包括财政补助政策、价款退还机制、职工安置方案以及项目验收与销号流程等。整治工作分为两个关键阶段：第一阶段，集中力量对保护区内的 169 个人类活动点进行彻底清理与整治；第二阶段，对外围重点区域中严重影响生态质量和功能的 45 处关键点位实施系统性的综合治理。在此过程中，严格执行法律法规，依法关闭并退出了共计 214 家涉及煤炭开采的煤矿、非煤矿山以及相关企业，拆除建筑物（构筑物）55 万 m²，累计投入人力 5.9 万人次、机械 4.1 万台次，解决历史遗留问题，平稳引导矿山企业关闭退出。

其次，对症下药，开展矿山修复。在全面清退整治的基础上，实施贺兰山东麓矿山生态修复项目 24 个，完成治理面积 146 km²。一是依形就势重塑地形地貌，通过渣台削坡降级、采坑回填、洞口封堵、土地平整、坡面覆土等措施，因地制宜开展矿山治理，恢复矿山损毁土地，减少水土流失。二是治理矿山地质环境问题，通过矿山高陡边坡截排水、危岩清除、刷坡减载、修建挡墙、沟道疏浚等措施，消除滑坡、崩塌、泥石流等矿山地质环境问题。三是近自然化植被复绿，建设沟道截潜流工程，蓄积利用雨洪水、沟道地表水，保障复绿生态用水需求，以自然恢复为主、人工恢复为辅，撒播飞播点播草籽，恢复原生植被，在具备灌溉条件的区域推进水源涵养林、生态防护林建设，增强区域水源涵养和水土保持功能。

再次，封育保护，恢复生态系统。持续巩固矿山生态修复成果，充分发挥自然力量在生态修复中的作用。一是全面实施封育保护，通过封山育林、退牧还林、种质资源归集、珍稀树种扩繁、低山水源保育等措施，保护水源涵养林及森林植被垂直带谱中的典型自然地段和典型自然景观，维护干旱山地自然生态系统。二是实施再野化生态保护修复方法，重建系统完整的食物链，采取移植驯化和组织培养等技术，对四合木等珍贵稀有植物资源及其生境进行保护，维护沙冬青、蒙古扁桃、野大豆等植物群落；建立完善野生动物监测等体制机制，引进雪豹等顶级捕食者，消除过牧等人类活动威胁以增加荒野程度。三是坚持把贺兰山作为一个整体来保护，全力推进贺兰山国家公园建设，提请贺兰山国家级自然保护区整合优化，贯通接续生态廊道，扩大生物栖息地，提升贺兰山生态服务功能。

最后，转型发展，释放生态红利。依托贺兰山东麓的独特自然和人文资源，深入利用矿山生态修复成果和保护区周边的工业遗址，创新地探索出生态产品价值的实现路径，打造集自然景观、特色文旅小镇、科普教育和极限探险为一体的综合旅游目的地。同时，发挥生态修复的综合效应，开发高品质的休闲养生和观光项目，如复古绿皮小火车游览线路等；激发生态潜力，培育葡萄酒产业、富硒田园、工业旅游、乡村生态游和湿地公园等新兴业态，促进山区生态修复与平原地区高质量发展的协同效应，走出一条提升生产效率、改善生活品质与生态保护融合的绿色可持续发展道路。

在保护区范围内，已有序关闭并恢复生态的 83 个矿山地点，按照原有的自然形态进行了地形地貌的修复，并彻底清除了 53 个工业、农业及林业设施的痕迹。贺兰山国家公园的建设工作已全面展开，边界标识工作也已基本完成。保护区全域实施封育保育，森林覆盖率增加 0.2%，植被覆盖度增加 5%，主要野生动物活动范围不断扩延，生物多样性总体呈现增长趋势。保护区外围汝箕沟、石炭井、王泉沟、正义关矿区的 11 家煤矿依法关停，采矿权许可证、安全生产许可证完成注销，384 处工矿设施全部拆除；保留整治的 12 处矿山，其中 8 处矿山按照绿色矿山标准建设，2 处工井煤矿完成矿业权整合，2 处砂石矿即将实施闭坑治理；20 处遗留矿坑和无主渣台已基本完成整治任务，治理面积 4970.78 hm^2，其中 9 处由地方政府市场化利用，建设固废填埋场和防洪拦洪库。随着保护区外围 45 处治理点整治不断深化，生态环境明显改善。依托贺兰山东麓得天独厚的地理优势，宁夏大力发展葡萄酒产业，打造亮丽"紫色名片"，已成为全国最大的集中连片酿酒葡萄产区，种植面积近 50 万亩，占全国的 1/4，现有酒庄 211 家，年产葡萄酒

1.3 亿瓶，产业综合产值达到 261 亿元。同时，探索推进贺兰山采矿退出区域建设用地空间布局调整、节余指标跨省交易路径，让 10 万亩退出的矿区、闲置的土地变"废"为宝，吸引社会资本参与贺兰山采矿退出区修复治理；通过整治，形成了生态产业化、产业生态化的生动实践，带动了当地乡村振兴，呈现出人与自然和谐共生的美丽画卷。

2.2.1.6 湖南湘江流域和洞庭湖生态保护和修复

西洞庭湖国家级自然保护区始建于 1998 年，是我国现有 8 个国际重要湿地之一，位于常德市汉寿县境内，总面积 3.56 万 hm^2，属湿地生态系统类型自然保护区。西洞庭湖具有蓄洪防旱、维护生物多样性等多种生态功能；总容积 21.2 亿 m^3，占整个洞庭湖容积的 12.6%，是鸟类重要栖息地和候鸟重要迁徙通道，每年为全球 4 万多只越冬水鸟提供停歇、栖息和觅食场所。西洞庭湖地理位置独特，珍稀濒危物种丰富，拥有全国最丰富淡水湿地生物多样性，对于长江流域的湿地生物多样性保护具有关键性作用。过去，人们采用传统的生存策略——"靠山吃山，靠水吃水"，高度依赖自然资产来维持生活，如密集的围网养殖、过度捕捞以及大面积的杨树种植，大大消耗了当地的自然资源。由于过量开采与不合理的湿地资源利用，再加上西洞庭湖水文条件变化，引发了冬季湿地水资源短缺，进而导致了湿地面积缩减，湿地生态系统服务效能减弱，生态环境碎片化加剧，鸟类及鱼类的栖息地显著缩小，湖泊内部泥沙沉积速率加速等严重生态问题。

为解决西洞庭湖国家级自然保护区水生态环境恶化、生物多样性降低、生态功能退化等突出问题，西洞庭湖加快推进区域内一体化保护和系统治理，2018 年成功申报第三批"山水工程"。通过科学编制《常德市湿地保护专项规划》和《湖南西洞庭湖国家级自然保护区总体规划（2015—2024）》，探索人与自然和谐共生之路，促进生态经济与湿地保护协调发展；全面落实《中华人民共和国长江保护法》《中华人民共和国湿地保护法》等法律法规，建立全覆盖湿地监控体系，推动《常德市西洞庭湖国际重要湿地保护条例》落地实施。同时，组建综合行政执法大队和湿地巡护员队伍，开展岸线、湖内全天候巡护。以修复为重点，促进生物多样性增加。因地制宜选取适宜的本土植物物种实施湿地植被重建，形成乔木层、灌木层、草本层、水生植物等多层次结构植被特征。实施动物栖息地修复；通过地形整理、水系优化并结合水位控制，在湿地洲滩上形成植被带状分布格局。先后实施山水林田湖草沙一体化保护和修复工程试点、长江经济带生态环境突出问题整改、湿地保护和退耕还湿试点等项目，整合各类资金和各方力量，推动全方位综合整治，修复退化湿地 12 万亩，使西洞庭湖湿地水鸟栖息地得到有效修复，水鸟种群数量明显增加，有效恢复水生生物资源。

通过实施生物多样性保护修复工程，努力构筑洞庭湖水生态屏障，使湖区防洪能力显著提升，湿地生态功能有效恢复，生态环境明显改善，生物多样性更加丰富，老百姓获得感、幸福感、安全感持续增强。整合利用部门资金实施青山湖、三汊障等区域基础设施建设，形成了以青山湖候鸟公园为主的生态旅游观光带。举办洞庭湖国际观鸟节、鸟类摄影大赛、湿地风景直播等活动，确定 7 个"生态旅游示范点"，形成了黄金旅游线路。依托湖州湿地资源优势，扶持西洞庭湖生态旅游示范户打造芦菇生产基地，开展电商直播培训，以新模式、新业态促进西洞庭湖周边社区绿色农业发展。通过发展生态旅游、生态农庄、芦菇种植等绿色产业，培育鱼、菇、野菜等绿色生态产品，湿地周边居民收入明显提高，实现了湿地保护与开发、生态与经济效益"双赢"。

2.2.1.7　福建闽江河口湿地生态保护及入侵物种综合治理

福建闽江河口湿地国家级自然保护区属湿地类型自然保护区，以河口浅滩为核心，包括其他水域及沙滩、泥滩，是由闽江流域历经多年沉积作用而自然形成的独特地貌，有 5 项指标达到国际重要湿地的标准，具有很高的保护和科学研究价值及生态价值，主要保护对象为重点滨海湿地生态系统、众多濒危动物物种和丰富的水鸟资源，是亚热带地区典型的河口湿地（陈丽华等，2018）。在 21 世纪初期，外来物种互花米草的侵入对闽江河口湿地内独特本土湿地植物多样性提出挑战。互花米草的入侵及大面积扩散，对中、高潮位湿地生态系统造成了严重破坏，大大减少了水鸟的觅食地及高潮位停歇地。此外，潮间带泥沙淤积、保护区内水产养殖等，也在很大程度上威胁水鸟在高潮位滩涂地的活动，并且由于潮汐作用造成大量的海漂垃圾滞留，严重污染环境。

治理措施主要包括以下几个方面。第一，陆海统筹，形成"1+3+N"的系统治理模式。"1"指的是将生态系统作为一个有机整体来进行保护和修复，强调整体性和系统性的保护方法。"3"则涉及综合治理策略，具体包括统筹陆地与海洋、岸上与岸下、流域上游与下游的协调治理。这种"三同治"策略不仅关注生态系统的各个组成部分，还注重它们之间的相互联系和影响，从而实现更为全面和有效的生态保护与治理。通过这种系统化的治理方式，可以确保生态环境的整体健康和可持续发展。"N"为多项生态保护修复措施。构建陆海统筹的流域生态保护修复四层保障体系的总体空间布局，形成山水林田湖草沙生态保护修复"山海"模式。构建"1+3+N"的系统治理模式，对片区生态问题进行系统治理。第二，建研一体，探索生态保护修复"科技特派员"模式。以院士工作站为基础，丰富"科技特派员"制度新时期实践内涵，构建了"本土+省际+跨地区"的技术支撑模式，探索生态保护修复领域科技特派员服务模式，加速提升生态保护修复科研成果落地转化。加强本土科技支撑，与福建省林业调查规划院、福建省林业科学研究院等合作，研究互花米草生长与防控技术。促进省际建研融合；与中国科学院东北地理与农业生态研究所开展了"闽江河口湿地生态系统监测技术体系研究"。开展跨地区科技交流，与世界自然基金会香港分会进行合作，启动一项为期五年的计划，精心策划并实施一系列针对性的生态保护与修复科普教育活动。第三，共建共享，构建全民参与体制机制。开展生态保护志愿者行动，建立湿地保护志愿者工作机制，2018 年以来，开展各类生态保护行动累计 5 万多人次；扩大湿地保护宣传推广，开发湿地智能导讲系统，出版印发各类科普书籍和宣传册，拍摄制作各类领域生态宣传片，累计印制各类书籍约 1.5 万册，发放各类宣传册资料约 10 万份，建立闽江河口湿地微信公众号平台、网页，拍摄《神鸟归来》等宣传片，参加中央电视台主办的"美丽中国·湿地行"大型公益活动，凝聚起保护湿地、爱护湿地的强大合力；开展湿地现场教学及研学活动，定期举办"世界湿地日"等主题活动，建立福建省委等生态教育现场教学点、中小学生研学实践基地、科普中国 e 站等，全面提升湿地宣教科普影响力，每年接待参观学习团体 100 多个、近 3 万人。通过"陆海统筹、建研一体、共建共享"实现了流域山水林田湖草沙的系统治理修复，以试点资金撬动多渠道生态保护修复资金投入，加快生态环境整体保护修复，形成滨海湿地生态系统保护修复实践模板。

水环境治理效果明显，闽江干流和二级以上支流水质优良比例、国家和省级监测断面地表水功能区Ⅲ类以上水质比例、县级集中式饮用水源水质Ⅱ类水质比例均达到 100%，全部消除劣Ⅴ类水质。环境持续改善，村镇垃圾收集处置率达到 100%，畜禽养殖废弃物资源化利用率达到 96.23%，市（县）污水处理率达到 95%，建制镇污水处理率达到 85%。生境修复成果显著，林分改良面积 107 万亩，外来物种被全面除治，珍稀生物得到保护，本地乡土物种得到恢复。此外，生态、经济、社会效益显著。在生态效益方面，构建了生态优良、功能完善、物种丰富的闽江河口地带生态安全格局。通过实施上游河道整治及污水管网建设、湿地保护区互花米草治理、水鸟栖息地营造修复、海漂垃圾清理、濒危水鸟核心保护区划定等项目，结合有效的珍稀濒危水鸟群落动态监测和核心区干扰监测，进一步恢复湿地生态系统。区内陆续观测到东方白鹳、白琵鹭、黑脸琵鹭、凤头麦鸡、红颈瓣蹼鹬、瓣蹼鹬等该区域罕见水鸟。在经济效益方面，二刘溪河道整治工程的实施使沿岸 5 个村、3.2 万人免受洪灾，随着配套水利设施的完善，流域内 1.1 万亩农田普遍受益，促进了粮食增产增收。在闽江河口湿地保护区取得成功的互花米草治理技术，可以推广到沿海同类型河口湿地。良好的生态环境吸引游客人数逐年增加，打造了湿地的特色旅游品牌，带动旅游经济发展，为周边群众提供就业机会，增加收入。在社会效益方面，提升了区域整体环境质量，恢复和提升了自然景观。通过河道整治和污水管网建设，流域居民生产生活环境得到改善，同时为人民群众散步、郊游等游憩活动提供舒适的空间，提高了人民群众的生活质量和健康水平，增强了社会公众的环保意识。闽江河口湿地自然保护区于 2020

年入选 "中国重要湿地"的名单，被认定为"福建省践行习近平生态文明思想示范基地"以及"国家生态文明试验区改革成果的推广案例"，2022 年被列入了《世界文化与自然遗产预备名单》，2023 年纳入了国际重要湿地的行列。

2.2.1.8　内蒙古乌兰布和沙漠综合治理

乌兰布和沙漠是中国八大沙漠之一，沙漠面积 386.28 万亩，占全县总面积的70.01%，是国家生态安全战略格局中"北方防沙带"及乌梁素海流域生态系统的重要组成部分，因此，保护和治理好乌兰布和沙漠具有重要作用。治理区地貌以沙漠为主，以风沙危害、干旱为主的自然灾害导致防护林退化、防风固沙的效果逐渐下降，无法对沙尘暴进行有效地遏制。乌兰布和沙区自然条件差，特别是交通、电力、水利等基础设施薄弱，造林成本高、成果巩固难等问题，制约了乌兰布和沙区的生态治理。同时，随着乌兰布和沙漠的不断治理、沙区的水资源需求不断增大，进行节水灌溉已成为亟待解决的问题。

基于多年沙漠生态产业实践经验，当地积极探索绿化与产业化、治沙与致富的结合点，按照生态产业化、产业生态化的思路，先后制定出台了乌兰布和沙区沙产业发展规划《关于加快推进荒漠中草药产业发展的实施意见》等政策文件，不断推进乌兰布和沙漠生态产业发展；引导全社会广泛参与沙漠治理，积极发展蒙中药材种植等产业。通过工程建设，创新提出乌兰布和沙漠"林药牧"一体化生态修复绿色发展模式，即地上梭梭林（生态林）+地下肉苁蓉（中蒙药材）一体化的生态修复模式，将生态修复工程和肉苁蓉产业有机结合，以梭梭为主的沙生灌木得到修复和复壮，为发展壮大接种肉苁蓉产业提供强劲支撑。梭梭是沙漠重要的防风固沙乡土植物，具有"沙漠卫士"之称，不但具有生态价值，在其根部还有寄生的珍稀名贵补益类中药材肉苁蓉。按每亩肉苁蓉产量 100 kg、每千克市场价格 30 元计算，亩收入约 3000 元，扣除接种成本每亩可获得经济效益 1500元。发挥特有的肉苁蓉产业资源优势，打造本地特色产业集群，达到最佳的生态、经济、社会效益，是落实生态优先、绿色发展的一条非常重要的途径。通过工程建设，把乌兰布和沙区打造为全国荒漠中药材产品生产加工输出基地、一二三产业融合发展示范区。

此外，积极扶持龙头企业和产业集群建设，带动并完善生产、加工、营销体系建设。内蒙古王爷地苁蓉生物有限公司梭梭林人工接种肉苁蓉基地被国家林业和草原局列为国家林下经济示范基地，同时该基地还获得了中国优质道地中药材十佳规范种植基地、中国农业大学中药材研究中心试验基地及中蒙药材种植科技示范基地等称号。以此为依托，积极与国内各大科研院校开展了 20 多项合作科研项目，在沙漠创造绿色财富的同时，创新沙产业中蒙药材有机高质量发展模式，与农牧户建立利益联结机制，积极探索和引导农牧户发展肉苁蓉产业，既带动了当地农牧民增收，又产生了可观的经济效益，显示出较强的带动示范作用。

通过多年努力，在乌兰布和沙漠累计完成生态治理面积近 210 万亩，使风沙危害得到有效控制。磴口县林草覆盖度由过去的 0.04%提高到目前的 37.2%，经过持续监测，磴口县防沙治沙产生了巨大的生态效益，主要表现在小气候明显改善、绿洲防护林体系内大气温度降低 0.9℃、降水量平均增加 50.6 mm；固沙能力明显增强，起沙风频率降低 50%；消减沙尘暴作用明显，有效降低近地面 24 m 以下风速31.03%，减少沙尘水平通量37.3%。坚持"绿水青山就是金山银山"理念，在乌兰布和沙漠生态治理中，按照生态产业化、产业生态化思路，切实理顺生态治理和产业发展的关系，有效带动荒漠中药材等绿色产业的发展，实现生态治理和农民增收的"双赢"。按照治沙与致富同兴的思路，在磴口县建设全国防沙治沙综合示范区，走出了一条沙漠增绿、资源增值的可持续发展之路。在项目的带动下，磴口县建成了 5 个绿色生态示范产业园，全县有机农产品产地认证面积约 25 万亩，绿色有机农产品达 130 个，认证面积和数量均居自治区首位，是国家有机产品认证示范创建县、自治区农产品质量安全县；大力推广优质牧草种植 45.8 万亩，磴口县成为全区最大苜蓿种植基地之一；依托牧草产业全面实施奶业振兴战略，奶牛养殖场增加到 50 座，奶牛增加到 15.53 万头，年产奶量增加到 66.5 万 t，乳品生产加工能力增加到 2980 t/d，良种覆盖率达到 98%。

2.2.1.9　湖北省长江三峡地区枝江市金湖湿地生态修复项目

湖北是长江流经里程最长的省份，湖北长江三峡地区山水工程实施范围总面积 1.47 万 km²。针对试点地区存在的化工围江、水土流失、湿地萎缩等生态问题，按照"一江两廊三区多源"生态保护修复总体布局，将生态系统各要素作为一个普遍联系的整体进行统筹，从区域生命共同体的整体结构、过程机理、功能服务出发，运用系统工程方法，实施流域水环境保护治理、矿山生态修复、土地综合整治、重要生态系统保护修复、污染与退化土地修复治理、森林草原植被恢复、生物多样性保护等 18 类工程，统筹推进 63 个子项目建设，工程总投资 103 亿元（含中央补助资金 20 亿元）。金湖位于湖北省宜昌市枝江城区东北侧，湖泊面积 7460 亩，正常库容1000 万 m³。金湖湿地生态修复项目实施核心区面积为 6.67 km²，湿地范围内湖泊水域广阔、湿地植被茂盛，素有枝江"城市之肾"美誉，是长江大保护和长江经济带的重要组成部分，具有重要的水源涵养、防洪调蓄、净化水质、水量补给、生物多样性维护等功能，是众多鸟类的迁徙驿站，其生态状况直接影响长江生态环境、关系长江生态安全。20 世纪 90 年代以来，随着金湖上游城镇社会经济快速发展，生活污水、工业废水无序排放，周边农民围湖造田、开垦鱼池、承包精养，金湖生态环境遭到严重破坏，水质常年处于劣 V 类，底泥严重富营养化，蓝藻水华频发，湖泊湿地急剧萎缩，生态功能严重退化，被附近居民形容为"臭水湖"。

　　该项目聚焦于湖泊湿地生态系统功能的恢复与绿色可持续发展,其核心任务围绕水环境保护与生态修复展开,强调水域与陆域的综合管理、水量与水质的双管齐下,以及保护与修复工作的协同推进。通过实施一系列工程举措,包括源头污染控制、河湖间的连通、水质改善与生态修复、湖滨生态缓冲区的重建、智能监控与公众教育,旨在全面强化湖泊湿地作为"城市之肾"的作用,构建稳固的沿江生态防护体系,为确保长江经济带实现绿色、高质量发展提供核心支持。运用系统工程方法,制定流域系统治理方案,统筹实施流域源头减污、退渔还湖、水系连通等各项措施,系统治理流域上游、排放端的外源污染和湖泊养殖的内源污染,以水系连通提升湿地生态空间的弹性,做到重点突破、标本兼治。按照保护优先、自然修复为主的方针,实施湖滨生态缓冲带修复工程,从生态系统演替规律和内在机理出发,以恢复湖滨生态系统结构与功能、增强生态产品供给能力与社会服务功能为重点,对沿湖 17.6 km 的岸线地形进行重新整理和修复,促进湖泊岸线生态系统的自然恢复和演替。优先采用近自然生态化的生态保护修复技术,充分尊重湖泊岸线的自然风貌,尽可能减少对自然生态系统的干扰。依据流域生态系统恢复力状况,因地制宜选择"水生植被重建"净化水质技术,恢复重建物种多样、结构稳定、功能持续的湿地生态系统,探索"以草治水"新路径。枝江市政府印发《金湖水污染防治三年行动计划》《金湖流域水污染防治工作方案》等,系统布局金湖水污染防治工作,划定金湖周边约 1500 亩的陆域保护红线范围,以空间底线管控流域各类建设活动。出台《金湖流域水质考核奖惩生态补偿办法》,不定期开展水质监测,枝江市河湖长制办公室每月通报水质监测结果,市政府根据年度水质达标率,对乡(镇)政府和金湖湿地管理处兑现奖惩资金,通过生态奖补机制持续引导流域水环境质量改善。明确金湖后期管护责任主体,成立枝江市金湖湿地管理处,制定后期管护制度,细化管护方式、管护内容、管护标准,市级财政每年给予管养资金补助,用于维护金湖湿地生态质量长期稳定向好;实施市、镇、村三级湖长巡湖制度,完善水利、农业、公安、环保多部门联合执法机制,依法处理偷排畜禽粪污和渔业养殖尾水、非法电鱼、偷捕野生动物、私挖滥采湖砂等行为,营造全社会参与湿地保护的良好氛围。

　　金湖湿地生态修复后,防洪抗涝能力增强,水体透明度、COD(化学需氧量)、氨氮等指标得到显著改善,金湖"水下森林"已逐步恢复,水质净化能力明显增强,初步形成健康平衡的生态循环系统。通过项目实施,金湖湿地环境质量明显改善,湖泊生态系统自我修复能力持续提升,湿地调节、供给、支持等生态服务功能显著增强,生物多样性和种群资源明显提高,流域生态系统的稳定性和可持续性不断提升。金湖湿地已成为长江中游地区重要的候鸟驿站、鸟类天堂,鱼翔浅底、飞鸟云集已成常态。经过系统保护修复,成为市民们休憩游玩的城市"后花园"，提升了市民的幸福感和获得感。"山水工程"促进了当地旅游业、服务业等第三产业发展，带动周边群众从事特色种（养）殖、农产品加工、发展农家乐等，实现农户增收。

2.2.1.10 长江上游生态屏障（重庆段）山水工程

重庆作为长江上游的重要节点，不仅位于三峡库区的核心区域，还肩负着长江上游的生态屏障功能。其在确保长江中下游地区生态安全稳定方面，扮演着不可或缺的角色。2018 年底，重庆获批"十三五"第三批"山水工程"，在长江、嘉陵江交汇的中心城区"两江四山"区域实施长江上游生态屏障（重庆区域）的山水林田湖草沙一体化生态工程，在全面保护、系统修复与综合治理的原则下，对三峡库区的库尾区域实施了地上、地下及流域上下游的整体性管理策略。广阳岛位于川东平行岭谷的铜锣山、明月山之间，枯水期面积 10 km^2，蓄水期面积 6 km^2，是长江上游面积最大的江心绿岛，具备独特的自然生态资源，生态功能十分重要。第一，它是三峡库区重要生态节点。广阳岛位于三峡库区库尾，是长江上游重要的"水体—滩涂—湿地—岸线—岛屿"生态集中展示地、重要水源涵养地和生态安全屏障。改善广阳岛生态系统质量，直接关系到三峡库区水生态的持续稳定。第二，它是自然物种聚集地。广阳岛生态要素齐全、生态资源丰富，是雁鸭类、鸥鹬类等候鸟迁徙越冬、鱼类产卵摄食的重要栖息地，在维护长江生物多样性方面发挥着重要作用。第三，它是重庆山水格局重要组成部分。广阳岛是长江水路在重庆中心城区的"门户"，江河景观独具特色，自然生态资源丰富，有着绝无仅有的"山水城市"生态价值。2017 年前，广阳岛曾规划 300 万 m^2 的房地产开发量，并实施了征地拆迁和平场整治，生态系统受损严重，土地固结作用退化，水土流失严重，生物多样性显著降低，植被结构单一。

广阳岛坚持节约优先、保护优先、以自然恢复为主的方针，积极探索基于自然的解决方案，坚持谋划、策划、规划、计划"四划协同"，摸清自然生态、历史人文、发展建设"三个本底"，守牢生态保护红线、永久基本农田、城镇开发边界"三条底线"，突出契合重庆建设国际化、绿色化、智能化、人文化现代城市的"四化目标"，形成生态修复规划一张图。因地制宜科学开展生态修复，坚持"以全局谋划一域、以一域服务全局"，全面分析广阳岛地理、气候、水文、物种等生态特征，依据地形特征将全岛分为山地森林区、平坝农业区和坡岸湿地区，按照"多用自然生态柔性的方法、少用人工工程硬性的方法"，采用"护山、理水、营林、疏田、清湖、丰草"六大策略，分区分类开展修复。山地森林区以自然恢复为主，平坝农业区以人工修复为主，坡岸湿地区以消落带治理为主。建立网格化长效管控机制，坚持"一分建九分管"，探索建立"横向到边、纵向到底"的网格化生态修复管控长效工作机制，巩固生态修复成果。用"生态+数字"的手段管理全岛，建立了以 EIM（生态信息模型）为支撑的数字孪生平台，搭建四大智慧应用系统，形成涵盖智慧展示中心、监测评价、指挥调度于一体的智慧管理中心，实时监测岛内水体、空气等生态指标，以及全岛树木、草地、农田的生长态势和几何特征，记录动物数量、分布区域。用"生态+农业"的方法运营全岛，汲取传统农林牧副渔的绿色低碳循环智慧，依托广阳岛良好的土地条件，发展粮油、蔬菜、水果等作物种植，建设山地农业创新地、中国生态农业实践地、重庆都市农业体验地。用"生态+文旅"的理念开放全岛，以市民需求为出发点，完善配套服务设施，开办生态餐厅，举办花黄春早、原乡节等主题活动，持续提升市民"吃住行游购娱"体验，逐步形成管理有方、运行有序、观光有景、服务有质的"四有"生态岛。

经过治理，广阳岛生态效益逐步凸显，生物多样性不断丰富。全岛森林覆盖率已达 90% 以上，保护建设"鱼场""鸟场""牧场"等具有生态保育、涵养、生产等功能的动植物栖息地。保护修复农田耕种条件，增加了 80 hm² 农业用地，形成了以粮油、蔬菜、牧草等产业为主的平坝生态种养殖农业场景，以及以果树、中药材等产业为主的山地生态经济农业场景。广阳岛成为政府部门、高校、科研机构和企业的业务实践基地、政策创新基地、交流展示基地，先后挂牌了"重庆市生态司法保护广阳岛教育实践基地""重庆市中小学社会实践教育基地""岛屿生态系统野外观测研究站"等研学教育基地，针对机关干部、企事业单位职工、大中小学生等群体开设了不同研学课程。

2.2.1.11　广东省红砂岭综合治理项目

南雄市位于广东省北部、国家生态安全格局"三区四带"的南方丘陵山区地带，属于南岭生态屏障。该区域拥有我国重要生物物种基因库，被列为南岭山地森林及生物多样性生态功能区，生态功能极其重要。南雄红砂岭是我国南方湿润区红层荒漠化的典型地区，生态系统不稳定，土地退化、水土流失、生物多样性衰退等生态问题突出。南雄市红砂岭综合治理项目作为粤北南岭山区山水林田湖草沙生态保护修复工程的重要支撑工程之一，创新多类型土壤改良技术、中草药立体种植生态治理技术，在全国范围内率先开展红砂岭生态监测与评价，在 4.6 万亩红砂岭区域开展生态保护修复。

该项目的治理措施主要包括以下几个方面。第一，政府主导、社会投入、群众参与。成立领导小组并设置领导小组办公室，探索形成了政府搭台、修复办主导、部门联动、群众参与的生态保护修复路径；统筹各级财政预算安排的水土保持等各类资金，鼓励将多元化社会资金作为红砂岭治理的重要补充，探索资金筹措和回报机制，提高社会资金参与度；引导镇（村）土地入股，共同参与产业化的红砂岭治理；编制《广东粤北南岭山区山水林田湖草生态保护修复试点工程实施方案》,印发《韶关市山水林田湖草生态保护修复 试点资金筹集使用管理操作细则》。第二,促进价值实现。围绕山水林田湖草沙一体化保护和系统治理的理念,突出山上山下、地上地下、陆地及流域上下游等各要素的整体保护与系统修复;引进社会资本,成立生态保护修复基金,建成多个中草药研发、林果种植基地,构建生态保护修复长效机制。第三,加强技术创新。针对治理区特殊的土壤条件,企业和科研团队在农业生产实践中不断进行土壤改良;通过面上监测、样线调查、样点监测、定位监测及红砂岭生态数据库建设等措施,从宏观到微观不同尺度,对区域红砂岭地貌景观生态结构、过程和功能进行动态监测,对区域生态安全格局等进行评价研究。

通过项目实施,治理区生态稳定性提高,植被覆盖率显著提升,水土流失得到有效控制,生物多样性显著提高,生态系统步入良性循环。一是生态效益。治理后区内逐渐建立多物种的植物群落生态系统,项目区植被覆盖度增加23%以上,植被物种数量显著增加,土壤生物多样性明显提升。二是经济效益。统一流转经营,水田区域上造黄烟、下植水稻,提高了土地利用率;引入社会资本和产业,带动土地增值、产业链延伸、财税增长,有效推动区域经济发展。三是社会效益。通过保护和宣传,红砂岭成为网红打卡点和中小学生科普点,增强了群众的生态保护观念。该项目得到中国新闻网、人民网等众多新闻媒体的宣传报道,生动传播了新时期生态修复理念,彰显了生态修复工作在生态文明建设中的时代价值。

2.2.1.12 江西赣州山水林田湖草沙生态保护修复工程

赣州是赣江和东江水源的命脉,同时也是我国生物多样性保护的关键地区之一,其水源涵养和水质净化功能对江西省和珠三角区域都具有重要意义。赣县区位于赣州中部、赣江上游区,是江西省崩岗密度最大、数量最多、类型最全、流失最严重的区域,被称为"红色沙漠"。2016年,"江西省赣州市山水林田湖草生态保护修复试点工程"入选国家"十三五"首批山水林田湖草生态保护修复工程试点。赣县区积极开展崩岗生态修复项目建设,通过"一路五区"和"三型四结合"治理模式,昔日的"烂山地貌、生态溃疡"成功蜕变为"绿水青山、金山银山",实现了"人养山、山养人,山青民富"的良性循环,对南方红壤丘陵崩岗治理具有较强的引领作用和示范推广意义。

该项目的治理措施主要包括以下几个方面。第一,坚持"三高"推进。"三高"即高水准设计、高质量建设、高契度结合。采取多种治理模式,将崩岗传统治理技术与新技术推广运用有机结合起来,确保修复效果的持续稳定。将崩岗治理与农林开发、乡村旅游相结合,引进市场主体和种植大户,对崩岗进行开发性治理,在生态修复的基础上,种植脐橙等经济林果,实现生态效益、经济效益和社会效益相统一。第二，坚持系统修复。山上采用"上截、下堵、中间削，内外绿化"的治理模式，稳定崩岗、防止崩塌、恢复植被；边坡采用椰丝草毯植草技术，实现边坡快速复绿、稳定保土；山坡开挖坎下沟、布设排水沟、理顺水系，山下修筑拦沙坝、整修山塘，建设生态湿地，净化水质，建立"整治、蓄排、洁净"三位一体的立体开发治理模式。第三，推行"三型"共治。针对不同区域、不同类型的崩岗水土流失问题，按照宜草则草、宜果则果、宜游则游的治理原则，因地制宜采用"生态修复型、生态开发型、生态旅游型"三种方式推进崩岗治理。第四，实现"四个"结合。坚持"绿水青山就是金山银山"的理念，将崩岗治理与农林开发、生态旅游、科普教育相结合，拓宽生态惠民新路径；充分发掘土地生产潜力，建设现代农业基地，既治理了水土流失，又发展了小流域经济；在崩岗治理区建成了科普馆，通过开展科普实训活动，介绍崩岗形成原因与危害，展示崩岗治理历史与成效，推动崩岗治理精神得到进一步传承。

通过项目实施，生态系统步入良性循环。一是生态效益显著。通过开展金钩形水土保持崩岗治理，865 处崩岗侵蚀得到有效治理，同时，建立了比较完善的水土保持综合防护体系，项目区内水土流失基本得到控制，植被得到快速恢复和改良，植被覆盖度大大提高，水土流失面貌大为改观，生态环境明显改善。二是经济效益可观。始终坚持走生态优先、绿色发展的现代化道路，积极将崩岗治理与农林开发相结合，特别是采取开发式治理模式，充分挖掘土地生产潜力，建设现代农业基地。将崩岗整治成标准水平梯田，种植脐橙、杨梅等经果林，实现了生态环境保护与经济效益的双赢。三是社会效益明显。积极将崩岗治理与精准扶贫相结合，引导和激励当地及周边 500 多户贫困户参与工程建设、管护经营，助推了 100 户贫困户实现了脱贫。同时，项目的实施有效地消除了项目区地质灾害隐患和改善了项目区农业生产条件，减轻了水土流失对土地的破坏，有效调动了群众治理水土流失的积极性。

2.2.1.13　河南南太行地区山水林田湖草沙生态保护修复工程

2018 年，"河南南太行地区山水林田湖草沙生态保护修复工程"入选国家"十三五"第三批山水林田湖草沙生态保护修复工程试点。该工程位于国家"三区四带"中的太行山地生态区，是重要的水源涵养地和生态安全屏障，对维护国家大气生态环境、保障国家南水北调水源安全具有重要意义。黑山头玄武岩矿矿山环境生态治理项目属于河南南太行山水工程的重要子项目，主要通过矿山地质灾害治理、废弃采坑整治、地形地貌整治、土地资源恢复、植被恢复、生态驳岸构建等措施，减少或消除项目区内的地质灾害隐患，修复矿山地质环境、保护地质遗迹，构建以地质遗迹为主的地质文化科教宣传园区，实现生态产品价值转化。

该项目的治理措施主要包括以下几个方面。第一，完善规划统领下的配套政策组合保障。率先编制地市级《鹤壁市全域国土空间生态修复规划（2021—2035年）》，把生态保护和修复、重点任务、重大工程、投资保障等内容纳入法治化与常态化和规范化轨道，有力保障了试点工程的正常开展；制定工作行动计划，配套印发管理办法，明确工作任务及保障措施，确保试点工程高效推进。第二，明确各方责任，统筹推进工程实施。成立由市长任组长，副市长任副组长，市政府分管副秘书长以及财政、国土、环保、农业、水利、林业等部门为成员单位的领导小组，统筹推进全市生态保护试点工作。第三，目标导向下多种技术组合实现矿山修复。针对项目区存在的地质灾害隐患、废弃矿渣就地堆放造成的土地资源浪费、废弃采坑造成的地貌景观破坏等问题，采用了一系列生态修复技术。

通过项目实施，获得了良好的效益。一是生态效益。通过山水林田湖草沙一体化生态修复治理，曾因采石而残破不堪的废弃矿山，如今变身为集参观游览、科普教育、休闲娱乐等功能于一体的矿山地质生态公园。这不仅有效保护了饮用水水源地生态安全、保障了饮用水供水水质，而且提升了生物多样性，改善了沿岸生态环境，为鹤壁市创建国家园林城市提供了支撑，生态效益显著。二是社会效益。在修复矿山地质环境的同时，让珍贵的、不可再生的自然生态地质遗产得到了有效保护，改善了周边居民的生产生活条件，促进了生态旅游、生态农业的发展，增加了当地群众经济收入，缓解了因采矿造成的环境破坏而引发的各种矛盾，营造了和谐的社会氛围，造福了当地人民，社会效益十分显著。三是经济效益。遗留开采矿山形成的危岩破碎体及废渣堆得到了清理，有效地消除了山洪泥石流等地质灾害隐患，保障了附近村民生命与财产安全；修复了矿山地质环境，打造了地质遗迹公园；结合周边的国家级湿地公园和正在建设的许沟小镇，形成连片旅游景点，带动了周边住宿、饮食的需求量，有效地推动了地方经济发展，经济效益显著。

2.2.1.14　退耕还林工程

为从根本上解决我国生态环境日益恶化的问题，中央政府于 1998 年特大洪水灾害之后，采取了"封山育林，退耕还林"的战略举措，将其视为灾后恢复与水域治理的关键策略。水土流失是中国面对的众多环境挑战中尤为严峻的问题。世界银行于 2001 年的研究报告指出，中国在全球范围内面临着严重的水土流失问题，其程度位居世界前列。截至 2008 年，全国水土流失面积达 360 多万平方千米，超过总面积的 1/3；沙化土地的面积已攀升至 174 万 km^2。面对日益严峻的生态环境挑战，以及多重经济、社会与政策因素的影响，中国政府自 20 世纪 90 年代起着手实施了一系列规模宏大的生态保护项目，旨在有效控制水土流失的恶化趋势，其中包括了退耕还林项目。退耕还林项目的显著特性主要体现在以下几个方面：一是广泛的地域覆盖面；二是庞大的财政投入规模；三是对农业产出与农村经济转型的深远影响；四是农户的深度参与度。这些特点共同构成了退耕还林工程的独特价值和核心作用。中国的退耕还林项目是全球范围内生态恢复成效最为突出的典范。截至目前，全国已实施退耕还林还草面积达 5.15 亿亩，对生态修复具有重要意义。

首先，在规模和扩张速度上，退耕还林工程显著超越了其他生态保护项目（常海涛等，2019；翁奇，2018；刘祖英等，2018）。1999 年，我国在陕西、甘肃和四川三省启动了退耕还林工程的试点项目，这一举措标志着大规模生态恢复行动的开始。至 2000 年，工程项目已扩展覆盖了我国西部地区的 13 个省（自治区、直辖市），总计涉及 174 个县。在此基础上，总计 1743.6 亩耕地完成退耕还林，1501.5 万亩荒山实现了造林任务。试点期间，该项目覆盖 400 多县，涉及 410 万名农户。至 2002 年，该工程实现了全面启动，并且其覆盖区域至 25 个省（自治区、直辖市），中央政府规划 3000 多万亩的退耕计划，相当于试点阶段的 6 倍。到 2003 年底，该工程已经在全国 2 万多个乡镇实施，涉及 6000 多万名农户。截至 2020 年，25 个工程省（自治区、直辖市）和新疆生产建设兵团共实施新一轮退耕还林还草任务 7550 万亩，其中退耕还林还草 7450 万亩、宜林荒山荒地造林 100 万亩。中央财政投入补助资金 4445 亿元。工程涉及 25 个省（自治区、直辖市）和新疆生产建设兵团的 287 个地市（含地级单位）2422 个县（含县级单位），3200 万农户 1.24 亿农民直接受益（李世东，2021）。考虑到工程的规模宏大，工程的瞄准效率（targeting efficiency）和成本效益（cost effectiveness）成为至关重要的考量因素（蒙吉军等，2019；田晓宇等，2018）。

其次，与我国已实施或正在进行的诸多其他生态保护项目相比，退耕还林工程因其政策目标的双重性和政策设计的内在逻辑，面临着实现目标的严峻挑战以及在实际操作中的复杂性。该工程设定的目标不仅聚焦于减少退耕区域的水土流失与环境保护，还希望系统性地重塑参与地区的土地利用体系与农业生产模式，实现长期的可持续发展。具体而言，通过全面调整退耕地区的农业与农村生产结构，引导农民逐步退出不利于水土保持与生态安全的传统种植业，转而投身于更有利于环境与经济效益双增长的林业、畜牧业和非农产业。这一行动的目的是同时实现保护环境和增加农民收入的两大目标（段伟等，2018；苏冰倩等，2017；秦聪和贾俊雪，2017）。从政府的退耕还林政策实施策略中可以观察到一个关键假设，即农户的退耕行为是推动农业生产和土地使用模式转变的前置步骤，只有当农民主动采取退耕行动时，才会引发后续的土地结构调整与优化，这并非意味着结构调整与优化的结果要求农户必须退耕，而是退耕被视为开启这一过程的必要条件。这种政策导向与实施机制确保了退耕还林项目主要由中央层面驱动推进。

然而，工程的自上而下特性，结合政府设定目标的多元性，不仅显著提升了项目达成既定目标的挑战性，也增加了政策执行过程中的复杂度。

退耕还林工程广泛应用于全国各地，其中以陕西省延安市尤为突出，该市被誉为退耕还林还草工程的发源地。至 2021 年底，延安市累计实施退耕还林项目总面积超过 1000 万亩，显著提升了当地的森林覆盖率，增幅高达 19%。这一举措不仅改善了当地的生态环境，也为全国的生态建设提供了宝贵的经验，起到了示范作用。曾经的黄土高坡，满目荒芜，但经过不懈努力，"山是和尚头、水是黄泥沟"的景象已不复存在。这片土地实现了巨大的生态性转变，不仅成为我国退耕还林还草战略与生态保护事业的成功典范，更是向世界展示了人与自然和谐共生的壮丽画卷。退耕还林工程不仅彻底革新了农民自古以来依赖开垦耕种的生活方式，实现从破坏森林到恢复林地的历史性跨越，而且显著提升了生态环境质量，对于推动中西部地区的农业、农村和农民问题的综合解决起到了关键作用。

2.2.1.15　天然林保护工程

天然林因其广泛分布的地理范围，在保持水土、抵御风沙方面，相较于人工林显示出显著优势，成为维护国家生态环境质量的关键支柱（谭海燕，2022）。天然林保护工程作为一项国家级的战略性、长期性的系统工程，其核心目标在于改善生态环境质量，保护和维护生物多样性，从而确保社会经济活动的可持续发展。自 2000 年天然林保护工程正式启动以来，这一宏伟战略不仅成功地实现了对天然林资源和森林资源的有效保护，还极大地促进了生态环境的显著改善。通过这一工程的实施，不仅实现了森林面积和蓄积量的双增长，而且使森林的整体质量得到了大幅度提升，动植物种群的数量明显增加，生态系统的服务功能得到了有效加强。此外，林区的民生状况得到了显著改善，社会保障体系也更加完善（高秀清，2022）。

在不断推进的天然林保护政策下，我国的林分质量实现了稳步提升，森林不仅在净化空气、涵养水源和保持水土方面展现出更为强大的生态功能，而且水土流失的强度明显减弱，流失面积也在逐年减少（范琳，2019）。在天然林保护工程的推进过程中，借助原有地区的丰富资源，并顺应市场趋势的引导，众多林农的生产经营观念实现了显著转变。林农开始探索多元化的产业发展路径。当地将采集、养殖、种植、加工及生态旅游等环节有机整合，形成了一个综合性、复合型的生产体系，彻底摒弃了过去单一依赖林业生产的模式（韩登媛，2021）。当前，林区正以日益加速的步伐推进产业结构的优化调整，这一举措有效推动了林区经济的快速增长。在中国的天然林保护工程执行过程中，乱砍滥伐行为已被成功抑制，针对破坏天然林资源的非法犯罪活动也遭受了坚决打击。由此，各地的林业案件发生频率持续下降，林区管理状态显著改善，林区的社会环境保持了基本稳定（赖河生，2019）。

　　例如，经过 20 年的天然林保护工程实施，云南昆明的森林面积在 2008～2020 年间增加了 230 万亩，森林蓄积量增加了 2000 多万立方米。森林资源不仅从过度消耗转向恢复性增长，还在修复自然景观、增强生态功能的过程中显著提升了经济价值。这一变化不仅表现在植被的恢复与扩展上，更是在实践中探索并验证了一条以重点工程推动绿色创新与可持续发展的有效路径。昆明市天然林保护已施行了 20 年，投资总额将近 24 亿元。在过去 20 年中，通过对天然林的管护采取、财政补贴，以及 "停、减、管、造" 的措施和政策扶持，生态环境不断改善，当地林农的生计方式和理念变得更加可持续化。目前正强化林产品加工业、林下种植和经济林的发展，旨在拓宽社会就业机会，提升农民收入水平，从而全面展现森林的生态、经济与社会多重价值（尹彩云，2023）。

2.2.2　国内生态保护修复的制度与政策梳理

　　随着中国生态系统退化问题的日益凸显，近十年来中国的生态保护修复事业也有了跨越式的发展，以生态文明建设为战略平台，环境保护领域的污染修复治理和农、林、水、自然保护等领域的生态工程建设都逐渐从理论走向实践，并取得了一定的实际成效。近年来，我国出台了一定数量的政策文件来支持生态保护修复行业发展（表 2-1）。

表 2-1　生态保护修复规划性政策文件梳理

时间	政策名称	重点内容
2020.11	《国家生态文明试验区改革举措和经验做法推广清单》	推广国家生态文明试验区改革举措和经验做法共 90 项，包括自然资源资产产权、国土空间开发保护、环境治理体系、生活垃圾分类与治理、水资源水环境综合整治等
2020.6	《全国重要生态系统保护和修复重大工程总体规划（2021—2035 年）》	到 2035 年，通过大力实施重要生态系统保护和修复重大工程，全面加强生态保护和修复工作，全国森林、草原、荒漠、河湖、湿地、海洋等自然生态系统状况实现根本好转，生态系统质量明显改善，优质生态产品供给能力基本满足人民群众需求，人与自然和谐共生的美丽画卷基本绘就
2020.3	《关于构建现代环境治理体系的指导意见》	到 2035 年，建立健全环境治理的领导责任体系、企业责任体系、全民行动体系、监管体系、市场体系、信用体系、法律法规政策体系，形成导向清晰、决策科学、执行有力、激励有效、多元参与、良性互动的环境治理体系
2020.2	《2020 年河湖管理工作要点》	以推动河长制 "有名" "有实" 为主线，强化河长湖长履职尽责，抓好河湖 "清四乱" 常态化规范化，河道采砂综合整治，突出长江大保护、黄河治理与保护
2020.2	《关于印发 2020 年水土保持工作要点的通知》	突出水土保持监管，抓好水土流失治理，完善水土保持体制机制，提升水土保持基础支撑能力，加强队伍建设和作风建设

续表

时间	政策名称	重点内容
2020.1	《省级国土空间规划编制指南》（试行）	落实国家确定的生态修复和国土综合整治的重点区域、重大工程。将生态单元作为修复和整治的范围，结合山水林田湖草沙系统修复、国土综合整治、矿山生态修复和海洋生态修复等类型，提出修复和整治目标、重点区域、重大工程
2019.5	《鼓励外商投资产业目录（2019年版）》	鼓励外商投资矿山生态恢复技术的综合应用产业
2018.12	《长江保护修复攻坚战行动计划》	到2020年底，长江流域水质优良（达到或优于Ⅲ类）的国控断面比例达到85%以上，丧失使用功能（劣于Ⅴ类）的国控断面比例低于2%；长江经济带地级及以上城市建成区黑臭水体控制比例达90%以上；地级及以上城市集中式饮用水水源水质达到或优于Ⅲ类比例高于97%
2018.6	《中共中央国务院关于全面加强生态环境保护坚决打好污染防治攻坚战的意见》	到2020年，生态环境质量总体改善，主要污染物排放总量大幅减少，环境风险得到有效管控，生态环境保护水平同全面建成小康社会目标相适应
2017.3	《关于划定并严守生态保护红线的若干意见》	加强生态保护与修复，实施生态保护红线保护与修复，作为山水林田湖生态保护和修复工程的重要内容
2017.12	《生态环境损害赔偿制度改革方案》	通过全国试行，不断提高生态环境损害赔偿和修复的效率，将有效破解"企业污染、群众受害、政府买单"的困局，积极促进生态环境损害鉴定评估、生态环境修复等相关产业发展，有力保护生态环境和人民环境权益
2017.9	《关于开展"湾长制"试点工作的指导意见》	切实落实好管控陆海污染物排放、强化海洋资源空间管控和景观治理、加强海洋生态保护与修复等任务
2017.1	《全国国土规划纲要（2016—2030年）》	开展水和土壤污染协同治理，综合防治农业面源污染和生产生活用水污染。健全矿产资源节约与综合利用调查和监测评价制度，强化矿产资源节约与综合利用激励约束机制，完善资源配置、经济激励等引导政策，促进资源持续利用。制定矿产资源勘查、矿产资源储备保护、矿山生态保护和恢复治理等支持政策等

2.2.2.1 生态补偿制度与政策

1. 重点生态工程与生态功能区补偿制度

生态补偿政策的历史可以追溯至1990年发布的《国务院关于进一步加强环境保护工作的决定》，这份文件首次提出了"谁开发谁保护、谁破坏谁恢复、谁利用谁补偿"这一基本原则，并在后续发布的各类文件中不断得到强化与明确，逐渐形成了一个系统而清晰的政策框架。在撰写《中华人民共和国国民经济和社会发展第十一个五年规划纲要》时，为了促进资源的有效利用和环境保护，应遵循"谁开发谁保护、谁受益谁补偿"的原则，建立健全生态补偿机制。自生态文明体制改革的八大政策制度发布以来，生态补偿政策呈现出加速发展的态势。作为里程碑式的文件，2016年国务院办公厅发布的《国务院办公厅关于健全生态保护补偿机制的意见》全面规划了生态补偿政策，创新性地提出"领域补偿与区域补偿并重"的双轨模式。这一模式涵盖森林在内的七大重点领域，包括但不限于重点生态功能区、生态保护红线等关键生态屏障；积极倡导建立受益地区与承担生态保护任务地区的横向补偿机制，旨在通过经济手段促进生态保护与可持续发展之间的良性互动。

1998 年特大洪水发生之后，基于补偿理念实施的退耕还林还草、天然林保护等政策性生态保护修复工程，既提升了生态系统质量，又显著提升了生态保护意识并推动了生态补偿政策的发展，这些也是领域补偿的成功实践。在区域补偿方面，2007 年国家环境保护总局印发的《关于开展生态补偿试点工作的指导意见》，开展了自然保护区和重要生态功能区等区域、矿产资源开发和流域水环境保护等领域的生态补偿试点。自 2008 年起，中央财政在均衡性转移支付项下设立国家重点生态功能区转移支付，对属于国家重点生态功能区的区（县）给予均衡性转移支付，中央财政通过一般性转移支付政策试点开展国家重点生态功能区和禁止开发区域的生态补偿。2009 年，财政部正式印发《国家重点生态功能区转移支付（试点）办法》，明确了国家重点生态功能区转移支付的范围、资金分配办法、监督考评、激励约束措施等，正式建立国家重点生态功能区转移支付机制。2011 年，财政部编制印发了《国家重点生态功能区转移支付办法》，进行了多次补充完善，持续开展区域性生态补偿。在 2022 年刚修订发布的《中央对地方重点生态功能区转移支付办法》中，明确将国家重点生态功能区、国家级禁止开发区、国家生态文明试验区、国家公园体制试点地区等作为主要范围，重点生态功能区是重点补助对象，禁止开发区补偿向国家自然保护区和国家森林公园有所倾斜，生态补偿资金达到 648.89 亿元，中西部和东北地区等国家重要生态安全屏障区的补偿资金占到 86.03%。

20 世纪 80 年代中后期以来，我国在国家和区域层面上开展了生态补偿政策和法律的探索活动。尽管在我国现行的环境与资源保护法律体系中，有关生态补偿的法律术语并不多见，相关的专门法更为缺乏，但是并不能否认我国重视生态补偿制度的现实重要性和实际存在性。实际上，我国现有的生态补偿性质的政策法律制度早已分布在环境与资源保护政策、法律和法规之中，并作为我国环境与资源保护政策法律体系的重要内容，在自然生态和环境保护实践中得到了不同程度的贯彻和执行。从我国环境与资源保护法的调整对象和调整手段来看，现行的相关政策法律都强调各社会主体在自然资源的开发、利用过程中维护自然生态系统安全的法律义务，所有涉及保护自然生态的法律、法规和重大政策无不强调经济手段在自然生态环境建设和保护工作中的重要性。然而，到目前为止，国内还没有人系统地将这些政策法律制度进行规范化和系统化整理，这制约了生态补偿政策法律制度框架的设计水平（潘丹等，2020）。

依据《生态文明体制改革总体方案》的指导原则，我国采取了激励与约束双轨并行的战略，旨在构建一个能推动绿色、循环、低碳经济发展的激励机制，同时可通过源头控制、过程监管、违法重罚以及责任追究等措施形成对各类市场参与主体的严格约束体系。在试点阶段，中央财政实施了"先行先补、多建多奖"的激励政策，对在生态补偿机制建设中表现优异的省份给予奖励。这一举措旨在激励地方政府尽早建立并拓展生态补偿机制，从而激发其在生态环境保护及促进经济高质量发展方面的积极性与参与度。通过这种奖励机制，不仅能够加速生态补偿机制的构建进程，还能有效提升整体的环境保护意识和行动力，进而推动生态补偿机制建设达到新的高度。对于推进机制建设不足的省份，从实施第二年和第三年开始，逐步减少补偿资金，并将这部分资金用于表彰表现优秀的地区，以此加强引导作用，确保奖惩分明的政策得以贯彻（史歌，2023；戴胜利和李筱雅，2022；王甲山等，2017）。2020 年 4 月，《支持引导黄河全流域建立横向生态补偿机制试点实施方案》提出，在试点阶段，由中央财政专门拨款，旨在通过促进黄河流域生态环境质量的持续改善与水资源的有效管理，推动各地区加速构建横向生态补偿机制。这一举措于 2024 年得到了深化，国务院将生态保护补偿制度明确为生态文明建设体系中的关键环节，界定了生态保护补偿的概念，还提出了遵循的基本原则，并强调了建立健全工作体系、规范财政纵向补偿流程、完善地区间的横向补偿机制、鼓励探索市场机制下的补偿方式以及加强保障与监督的重要性。生态保护修复的补偿政策梳理，见表 2-2。

表 2-2　生态保护修复的补偿政策梳理

日期	政策名称	重点内容
2024.4	《生态保护补偿条例》	将党中央、国务院关于生态保护补偿的规定和要求以及行之有效的经验做法，以综合性、基础性行政法规予以巩固和拓展，确立了生态保护补偿基本制度规则，以充分发挥法治固根本、稳预期、利长远的作用
2020.4	《支持引导黄河全流域建立横向生态补偿机制试点实施方案》	中央财政专门安排黄河全流域横向生态补偿激励政策，紧紧围绕促进黄河流域生态环境质量持续改善和推进水资源节约集约利用两个核心，支持引导各地区加快建立横向生态补偿机制
2020.1	《土壤污染防治基金管理办法》	规范土壤污染防治基金的资金筹集、管理和使用，发挥引导带动和杠杆效应，引导社会各类资本投资土壤污染防治，支持土壤修复治理产业发展的政府投资基金
2019.11	《生态综合补偿试点方案》	到 2020 年，生态综合补偿试点工作取得阶段性进展，资金使用效益有效提升，生态保护地区造血能力得到增强，生态保护主动参与度明显提升，与地方经济发展水平相应的生态保护补偿机制基本建立
2022.4	《土壤污染防治专项资金管理办法》	加强土壤污染防治资金使用管理
2018.2	《长江经济带绿色发展专项中央预算内投资管理暂行办法》	从生态系统整体性和长江流域系统性着眼，统筹山水林田湖草沙等生态要素，充分发挥中央预算内投资引领带动作用，实施好生态保护修复和环境保护工程，推动长江经济带共抓大保护取得实效

2. 生态公益林补偿政策

公益林在保护和维护生态环境、维持生态平衡、保护人类生存环境的物质多样性、满足人类社会生存与发展等方面发挥着重要作用（徐珂等，2022）。公益林补偿政策通过给予相应补偿以弥补农户林业经营损失，同时达到生态效益的提升。自 2001 年开始，中国逐步建立和完善了公益林生态效益补偿机制，旨在通过政府资金支持，确保公益林的生态功能和农民的生产生活利益相结合。财政部和国家林业局印发《中央森林生态效益补偿基金管理办法》，明确了补偿对象、标准及资金来源。中央财政 2004 年正式实施森林生态效益补偿政策，逐步加大支持力度、提高补助标准。2010 年，非国有国家级公益林补偿补助标准由 5 元/(亩·年)提高到 10 元/(亩·年)，2013 年提高到 15 元/(亩·年)，2019 年进一步提高到 16 元/(亩·年)；2015 年，国有国家级公益林补偿补助标准由 5 元/(亩·年)提高到 6 元/(亩·年)，2016 年提高到 8 元/(亩·年)，2017 年进一步提高到 10 元/(亩·年)。同时，为支持天然商品林全面停伐，中央财政同步提高了天然商品林停伐管护补助标准，将国有天然商品林停伐管护补助标准提高到 10 元/(亩·年)，非国有天然商品林停伐管护补助标准提高到 16 元/(亩·年)。目前，我国公益林补偿政策主要通过中央和地方财政共同承担，财政部联合国家林草局印发的《林业草原改革发展资金管理办法》明确，中央和地方财政分别安排资金，用于公益林的营造、抚育、保护管理和非国有公益林权利人的经济补偿等。在实施过程中，补偿方式多样化，包括直接现金补贴、生产性补偿以及技术培训等综合手段。补偿的重点不仅包括经济补偿，还涵盖对林农的技能培训、技术指导，以及以生态产业为基础的扶持措施，以促进区域的绿色发展。公益林补偿政策的实施显著提高了林农的生态保护积极性，农户在享受补偿的基础上更多地投入到生态修复工作中来。此外，公益林补偿政策也有效减少了森林资源的破坏，增强了森林碳汇能力，为中国的碳中和目标作出了重要贡献。许多地区通过结合生态旅游、林下经济等模式，将公益林的保护与区域经济发展结合起来，实现了生态效益与经济效益的双赢。例如，江西、湖南等地通过发展林下经济，将公益林保护和中药材种植、林下养殖等相结合，显著提高了林农收入，改善了当地群众的生活水平。总体来看，公益林补偿政策在保护生态环境的同时，也推动了生态经济的可持续发展，有效提升了农村居民的幸福感和获得感。这一政策的实践表明，生态保护和经济发展并不矛盾，而是可以相辅相成、共同推进的。根据《浙江省财政厅关于完善绿色发展财政奖补机制的通知》，浙江省省级以上公益林最低补偿标准提高至 36 元/(亩·年)，主要干流和重要支流源头县、淳安县等山区 26 县的国家级和省级自然保护区的公益林补偿标准为 43 元/(亩·年)，国家公园和省级以上自然保护区中实施租赁的非国有公益林补偿标准为 55 元/(亩·年)。全省天然林管护与省级以上公益林补偿政策一致。完善补偿制度、扩大补偿效用是公益林补偿政策持续改善过程中的重要着力点（王恩慧等，2022）。

现有研究揭示，公益林的界定及维护与林区居民的生活方式紧密相连。在实施对集体林区的公益林保护策略时，必须同步考虑林农的生活状况及其经济收益的变化。在公益林生态补偿政策实施后，林农的林权受限，导致林业收入有所下降。然而，通过调整其生计策略，林农得以增加非林领域的工资性收入和经营性收入。这种转变有效地补充了补偿收入的减少，确保林农即便不再完全依赖于补偿款，其家庭总收入依然能够实现增长。鉴于公益林保护工作的持续深化，亟须进一步优化相关政策支持体系，以有效促进林农的深度参与，共同推进保护事业。

3. 草原奖补政策

在国家对 8 个重要牧区实施奖补机制 1 年后，新疆维吾尔自治区全面实施草原奖补政策，并出台了《新疆维吾尔自治区草原生态保护补助奖励政策实施方案》，落实草原奖补政策对全面保护新疆的生态安全有着重大的意义。实施这一政策最重要的目的是为草原生态安全奠定良好的基础，通过禁牧政策使得原本严重退化的草地得以休养生息，通过草畜平衡的政策来缓解过度放牧的现状，从而更好地保护草原，恢复生态。奖补的基本内容包含天然草原禁牧补贴、草畜平衡补贴、牧户生产资料及牧草良种的补助。政策执行后，自治区草原奖补总面积为 4600 万 hm^2，其中禁牧 1010 万 hm^2，草畜平衡 3590 万 hm^2；获取生产性资料的补助农户达到 27 万多户。每年补助总额共 190 705 万元，其中禁牧补助额共90 000 万元，占补助总额的 47.19%；草畜平衡补助额为 80 775 万元，占补助总额的 42.36%；牧草良种的补助额为 5780 万元，占补助总额的 3.03%；生产资料补助额为 13 753.20 万元，占补助总额的 7.21%；待分配补助额为 396.80 万元，占补助总额的 0.21%。

4. 新安江流域的横向生态补偿政策

"源头活水出新安，百转千回入钱塘"，发源于安徽省黄山市休宁县境内六股尖的新安江流域，干流总长 359 km，近 2/3 在安徽境内，经黄山市歙县街口镇进入浙江境内，流经下游千岛湖、富春江，汇入钱塘江。千岛湖超过 68% 的水源来自新安江，新安江水质优劣很大程度上决定了千岛湖的水质好坏，关乎长三角生态安全。2011 年 2 月，习近平同志在全国政协《关于千岛湖水资源保护情况的调研报告》上作出重要批示："千岛湖是我国极为难得的优质水资源，加强千岛湖水资源保护意义重大，在这个问题上要避免重蹈先污染后治理的覆辙。浙江、安徽两省要着眼大局，从源头控制污染，走互利共赢之路"。为贯彻落实习近平同志重要指示精神和党中央、国务院工作部署，2011 年，财政部、原环境保护部联合印发了《新安江流域水环境补偿试点实施方案》，明确了试点工作目标、任务、保障措施等。在两部门推动下，两省分别于 2012 年 9 月、2016 年 12 月签订生态保护补偿协议，先后启动两期共 6 年试点工作，建立起跨省流域横向生态保护补偿机制。2017 年底，两轮试点结束。评估结果显示，2012～2017 年新安江上游流域水质总体为优，保持为Ⅱ类或Ⅲ类，千岛湖水质总体稳定保持为Ⅱ类，营养指数由中营养转变为贫营养，水质变差的趋势得到扭转。2018 年，安徽、浙江两省第三次签订补偿协议，逐步建立常态化补偿机制。与 2012～2017 年两轮协议相比，水质考核标准更加严格，补偿资金使用范围有所拓展，明确提出了深化补偿机制的任务要求，在健全生态保护补偿制度上进一步实现了创新和突破。

新安江补偿试点实现了流域上下游发展与保护的协调，充分表明保护生态环境就是保护生产力，改善生态环境就是发展生产力。在流域水环境质量保持为优并持续向好的同时，黄山市经济社会也得到了长足的发展，生态产业化、产业生态化特征日益明显，以生态旅游业为主导、战略性新兴产业和现代服务业为支撑、精致农业为基础的绿色产业体系基本形成，服务业增加值占比居全省首位，绿色食品、绿色软包装、新材料等产业加快发展，使绿水青山的自然财富、生态财富变成社会财富、经济财富，更好地造福人民群众。

2.2.2.2　生态保护修复的绿色金融支持政策

生态保护修复需要大量的资金投入，单纯依赖政府财政资金难以满足需求，亟须依赖市场金融工具支撑生态保护修复。根据中国人民大学《中国绿色金融发展报告（2019）》测算，2019 年中国仅在工商业场地修复、耕地土壤修复、地下水修复三个方面新增的投融资需求就达 1878.70 亿元。当前，我国绿色金融快速发展，绿色金融支持生态修复、建设生态文明的创新型产品及服务不断涌现。首先，借助绿色信贷等金融资源支持生态保护修复。截至 2017 年末，中国 21 家主要银行在自然保护、生态修复及灾害防控项目上的信贷额达到 4000 多亿元。其次，发行绿色债券支持生态保护修复项目实施。2015 年，中国人民银行发布了关于发行绿色金融债券有关事宜的公告，提出募集资金只能用于支持公告所附的《绿色债券支持项目目录（2021 年版）》所列的绿色产业项目，包括自然保护区建设工程、生态修复及植被保护工程，以及自然生态保护前提下的旅游资源开发建设运营等。2015 年 12 月，国家发展改革委印发了《绿色债券发行指引》，支持企业发行绿色债券募集资金用于生态农林业、生态文明先行示范实验等绿色循环低碳发展项目。再次，依托绿色基金支持生态保护修复项目。绿色基金是专门针对节能减排战略、低碳经济发展、环境优化改造项目而建立的专项投资基金，我国各地纷纷成立生态修复专项基金。例如，2014 年春秋集团等在中国绿色碳汇基金会设立"为地球母亲"专项基金，支持河北省康保县开展植被修复工程。最后，依托绿色股票来支持生态保护修复项目。这主要是指主营业务为资源管理、清洁技术和产品、污染管理等涉及绿色产业的上市公司发行的股票。这些绿色产业公司通过上市发行股票，为绿色产业融入社会资金。

2.2.2.3 生态保护修复的组织管理制度

2023 年 10 月 9 日，国家林业和草原局印发了《国家级自然公园管理办法（试行）》（以下简称《办法》）。《办法》适用于国家级森林公园、国家级地质公园、国家级海洋公园、国家级湿地公园、国家级沙漠（石漠）公园和国家级草原公园，但国家级风景名胜区依照《风景名胜区条例》管理。《办法》主要规定了 7 项管理制度，分别为国家级自然公园审批制度、专家评审和咨询制度、功能分区制度、开发活动管控制度、活动和设施建设征求意见制度、退出制度、监督检查制度。《办法》明确要求，国家级自然公园管理单位应当配合县级以上人民政府及其有关部门开展国家级自然公园内受损、退化自然生态系统和野生生物生境以及废弃地等的一体化保护与修复，提升生态系统稳定性、持续性和多样性；生态修复应当采取以自然恢复为主、自然恢复和人工修复相结合的措施，最大限度地保持自然景观和天然植被的原真性。需要注意的是，违反《办法》规定，造成国家级自然公园生态环境损害的，国家级自然公园管理单位可依法请求违法行为人承担修复责任、赔偿损失和有关费用。

此外，第十四届全国人民代表大会常务委员会第二次会议于 2023 年 4 月 26 日通过了《中华人民共和国青藏高原生态保护法》，对矿业权人提出了特殊要求，例如，在青藏高原从事矿产资源勘查、开采活动，探矿权人、采矿权人应当采用先进适用的工艺与设备和产品，选择环保、安全的勘探与开采技术和方法，避免或者减少对矿产资源和生态环境的破坏；禁止使用国家明令淘汰的工艺、设备和产品。在生态环境敏感区从事矿产资源勘查、开采活动，应当符合相关管控要求，采取避让、减缓和及时修复重建等保护措施，防止造成环境污染和生态破坏。又如，在青藏高原开采矿产资源，应当科学编制矿产资源开采方案和矿区生态修复方案。新建矿山应当严格按照绿色矿山建设标准规划设计、建设和运营管理。生产矿山应当实施绿色化升级改造，加强尾矿库运行管理，防范并化解环境安全风险。

2.2.2.4 生态保护修复的技术支持政策

随着人类的发展和进步，一些环境破坏如森林砍伐、水土流失、沙漠化等变得愈发严重，在此情况下，党和政府愈发重视生态环境的保护修复，而这项工作需要生态修复技术和生态保护政策提供支持。生态修复技术是指利用人工生态学和环境科学知识、技术与手段，对已经破坏或严重退化生态系统进行恢复、重建和改善的技术。生态修复技术包括森林恢复、水土保持、湿地重建、沙漠化治理等。这些技术可以在现有的自然环境中恢复被破坏的物种、改善土壤质量和水质、保持生态平衡和可持续发展，以实现生态系统的可持续发展和资源可持续利用。

例如，可以利用森林恢复技术来重新种植树木，以帮助防止森林砍伐。通过使用地形分析、土地测量、土壤改良和种植技术等方法，可以重建自然森林和人工林、提高树木生长速度并防止土壤侵蚀，同时在水灾、滑坡和崩塌等自然灾害问题中也有重要的作用。此外，湿地重建技术可以帮助维持自然湿地生态系统和恢复已经严重退化的湿地。水土保持技术可以帮助减轻水土流失和土地退化的程度。沙漠化治理技术可以把沙漠地区转化为可持续的生态系统和社会经济发展。这些技术的应用，能有效避免环境退化造成的损失。

山水林田湖草沙保护和修复工程建设所需的技术创新与推广应用需要大量的资金支持，这使得吸引社会资金成为必然。为进一步加快推进山水林田湖草沙一体化保护和修复，促进社会资本参与生态建设，2021 年 10 月政府出台了《国务院办公厅关于鼓励和支持社会资本参与生态保护修复的意见》。此外，黑龙江省于2022 年 3 月 2 日出台了《黑龙江省人民政府办公厅关于鼓励和支持社会资本参与生态保护修复的实施意见》，通过政策激励，引进国内先进的生态保护修复技术，支持可落地的先进技术在当地进行规模性示范应用，为生态保护修复产业的可持续发展提供技术支撑，以此保证生态保护修复工程实施效果。在引进生态保护修复先进技术方面，太原理工王国利生态修复技术研究院专注于极困难立地生态修复技术研究及应用，首创了碳汇造林生态修复集成技术体系，根据不同困难立地类型典型特征及生态修复难点，已形成了 40 余项专有技术的技术体系，专门针对废弃尾矿、高陡石质边坡、中重度盐碱地等极困难立地提供生态修复治理全套解决方案及工程施工，其技术在国内领先，修复案例遍布全国，修复效果显著。

2.3　国内外生态保护修复实践与政策经验借鉴

国内外生态保护政策的不断推进与完善为我国生态文明建设和美丽中国战略任务提供了经验借鉴，未来我国生态保护政策可从以下四个方面重点突破。

2.3.1　从单一部门治理转向多部门协同治理的生态保护修复

按照"整体保护、系统修复、综合治理"的思路，打破"碎片化"的治理格局，统一规划部署，自然资源部门协同财政、水利、农业和林业等部门，整合各方资源优势，协同发力、综合治理。牢固树立"一盘棋"思想，强化部门协同，注重保护和治理的系统性、整体性和协同性，因地制宜，统一规划，统筹各要素治理，解决突出生态问题。明确各类自然资源资产产权的权益边界，处理好所有权、使用权、经营权等产权之间的关系，创新产权实现形式。分类完善生态保护修复责任与自然资源资产产权挂钩的实施机制，促进生态保护修复中产权的合理有序流转。明确生态保护修复前后各类自然资源资产的产权主体，并依法依规进行确权登记，保护市场主体合法权益。

2.3.2 从政府为主推动生态保护修复转向社会多方主体共同参与生态保护修复

早期仅靠政府主导推进生态修复难以有效实现生态资源利用的最大化，因此亟待打造生态共治模式，鼓励政府、企业、个人等各类主体都参与到生态修复行动之中，最大限度地激活政策、资金、技术等要素活力，从而建立可持续的生态治理模式。加强对生态损毁责任主体的监管，促使其将生态保护修复外部成本内部化，增强对生态保护修复服务和相关生态"信用"的购买力。加强对市场主体投入生态保护修复面积和质量的监管，制定可供交易的各类"信用"额度的确认标准。探索建立绿色担保基金或担保机构，降低绿色信贷风险，创新绿色金融产品，明晰投资回报机制，调动市场主体以多元化金融手段介入生态保护修复的积极性。

2.3.3 从单一化的生态保护修复转向差异化的生态保护修复

针对不同的生态保护修复任务制定差异化的规则。有责任主体的资源开发利用活动所造成的生态损害，需要开展保护修复的，鼓励第三方专业化市场主体提供生态保护修复服务，并完善各类服务与"信用"交易市场。对于历史遗留的生态破坏或退化的保护修复，应给予更多倾斜，并依托制定空间规划为产业接续发展预留发展空间。提升国土空间品质、改善生态环境质量实施的生态保护修复，允许对空间布局和结构进行适度调整，以形成可供交易的各类"信用"。在区域或流域尺度的一体化生态保护修复工作中，建立跨行政区域、跨部门、跨权益主体的统筹协调机制。

2.3.4 生态保护修复补偿从公共财政为主转向多元化补偿机制

坚持谁受益谁补偿、稳中求进的原则，加强顶层设计，创新体制机制，实现生态保护者和受益者良性互动，让生态保护者得到实实在在的利益。同时，强化法律约束、扩展用途管制、创造市场需求，在自然资源相关法律中明确生态保护目标、损毁补偿责任和补偿方式，加强对生态保护的法治保障。此外，在空间规划中划定生态保护红线，设定生态质量底线，明确各类自然资源利用的控制性指标。扩展用途管制到整个国土空间，制定约束性专用规则，创造并有序调控对各类"信用"的市场需求。

第3章 钱塘江源头生态保护修复下流域系统发展的总体时空变化与空间溢出效应

流域作为生态系统中极其重要的一个组成部分，同时也被视为一个特殊的经济地理系统，具有较强的空间完整性和较高的区域相关性，其生态保护显得极为重要。流域生态保护与人类福祉息息相关，在国际上被普遍认为是维持自然健康、实现可持续发展的重要措施。钱塘江流域源头地区作为钱塘江流域自然资源最丰富的区域，其生态环境影响着整个流域的发展。2004年起，钱塘江源头区域开始实施环境保护政策，随着政策的不断发展，钱塘江源头发展也经历了不同的阶段。本章全面概述了钱塘江流域的基本状况及其源头生态保护与修复的演变轨迹；同时，深入探讨了该流域在经济、生态及社会系统层面的整体发展水平，并对其产生的空间溢出效应进行了细致剖析。

3.1 钱塘江流域基本情况

作为沿海经济发达省份，浙江省2021年被列入高质量发展建设共同富裕示范区。钱塘江流域是浙江省第一大水系，流域范围涉及衢州、杭州、金华、绍兴等地共20多个县（市），总面积达48 080 km²，占全省陆域面积的47%，流域所在地区生产总值占全省的40%以上。钱塘江流域多为水源涵养、生物多样性和风景名胜资源保护的重要地区，生态地位极为重要。自2004年开始，浙江省就出台并实施了一系列的钱塘江流域生态保护政策，经历了多个阶段，并在横向生态补偿制度、山水林田湖草沙系统治理等领域走在全国前列。2019年，钱塘江流域生态保护更被纳入到全国山水林田湖草沙生态保护工程试点之中。因此，选择钱塘江流域作为本书案例流域，探讨流域生态保护政策演进下的生态福利绩效水平及收敛性变化并分析其影响机理，具有一定的借鉴价值。

按照河流的发源地、支流的数量以及河流的流量进行分类（张志强等，2012），"钱江源山水工程"涉及的开化、常山、淳安、建德4个县（市）作为上游地区；富阳、桐庐、兰溪、浦江4个县（市）作为中游地区；萧山区、诸暨、绍兴、上虞4个县（市）作为下游地区，合计12个案例点。虽然流域生态保护政策早在2004年开始实施，但由于数据的可获得性，本书收集了2006~2022年共17年的数据进行分析。源头上游县（市）因其独特的生态价值导致地理区位十分重要，但因其均属浙江省加快发展县范围，面临着社会经济基础相对较弱的挑战。与此形成鲜明对比的是，流域的下游地区在社会、经济、交通方面实力相对雄厚。这种发展差异的现象在整体上展现了钱塘江流域内显著的社会经济不均衡性（朱臻等，2022）。因此，以钱塘江流域作为案例流域具有一定的典型性。同时依据前文的流域生态保护主要政策实施阶段以及数据的可获得性，采用 2006～2022 年的县域面板数据，所有数据资料来自流域各区（县、市）的社会经济统计年鉴。其中，人均数据均通过户籍人口计算而出，各县预期寿命有缺失的按照自然增长率补齐（王兆峰和王梓瑛，2021）。从表 3-1 的数据中可以发现，钱塘江流域下游地区属于长三角核心地区，无论是人口规模、人均地区生产总值还是居民收入水平，都远高于上游地区。

表 3-1　钱塘江流域上、中、下游地区社会经济概况（2006～2022 年）

指标/单位	上游地区	中游地区	下游地区
人口/万人	37.70	54.74	187.94
人均地区生产总值/美元	41 741.77	57 851.02	90 799.81
城镇居民人均可支配收入/元	34 620.78	36 419.88	46 997.12
乡村居民人均可支配收入/元	15 035.90	18 750.74	26 837.16
面积/km²	2 520.95	1 470.14	1 543.55
人均教科文卫事业费支出/元	8 903.70	13 400.85	11 574.25

数据来源：流域各区（县、市）的社会经济统计年鉴（2006～2022）

3.2　钱塘江源头生态保护修复的演进历程分析

进入 21 世纪以来，在习近平生态文明思想与建设"两美"浙江的引领下，浙江省各级政府高度重视钱塘江流域的生态保护，钱塘江流域的生态保护修复制度与政策的演进可以大致划分为三个阶段。

3.2.1　起步阶段：不唯生产总值考核下的流域生态保护政策出台

在该阶段，浙江省政府已经认识到钱塘江流域生态保护修复的重要性与经济社会发展的迫切性。钱塘江源头上游地区（如淳安、开化等县）多为浙江省社会经济发展较为落后的加快发展县，生态保护修复必然使得上游地区牺牲一部分发展的机会。因此，借助相对充裕的地方财政资源，浙江省自 2004 年开始发布实施了一系列不唯生产总值考核论的纵向财政转移为主要特征的专项补助政策。其特点在于针对钱塘江源头地区的各个县，不再将生产总值作为唯一绩效考核指标，而是制定出台生态考核办法，该办法制定了由常规性指标和动态性指标构成的指标体系。同时，在流域地区内出现了生态资源市场化交易试点的探索，如区域之间水权交易和排污权有偿使用制度。据浙江省环境状况公报，截至 2012 年底，地表水省控断面达到或优于Ⅲ类水质的比例为 64.30%，县级以上城市环境空气质量优良天数的比率为 85.00%，森林覆盖率达到 59.46%。

3.2.2　深化改革阶段：生态环境单列考核与局部流域横向补偿探索

2013 年，《中共中央关于全面深化改革若干重大问题的决定》提出建立系统完整的生态文明制度体系，实行最严格的流域保护制度、损害赔偿制度、责任追究制度，完善环境治理和生态制度，用制度保护生态环境，进一步推动了钱塘江流域的绿色可持续发展。这一阶段，《关于推进淳安等 26 县加快发展的若干意见》中明确，针对源头地区的政府绩效考核由不唯生产总值转为不考核生产总值，实行以生态为先、民生为重的单列考核政策。同时，钱塘江流域开始探索建立了局部流域横向生态补偿试点工作，在省内流域上下游县（市、区）探索实施自主协商横向生态保护补偿机制。浙江省环境状况公报显示，截至 2017 年底，地表水省控断面达到或优于Ⅲ类水质的比例为 82.40%，跨行政区域河流交接断面水质达标率为 90.30%，县级以上城市环境空气质量优良天数比率为 90.00%，森林覆盖率达到 61.00%。

3.2.3　系统治理新阶段：山水林田湖草沙系统治理新阶段

在"山水林田湖草沙是一个生命共同体"的生态系统治理思想引领下，钱塘江流域生态保护进入到资源要素系统治理、各相关政府部门协同治理、政府与市场手段相结合的山水林田湖草沙生态系统治理新阶段。2018 年 10 月，"钱江源山水工程"入选全国第三批"山水工程"试点，涉及资金 97 亿元。工程涉及矿山生态环境治理恢复、土地整治与土壤污染、生物多样性保护、流域水环境保护治理等重点内容。经过系统治理，浙江省生态环境状况公报显示，2021 年，钱塘江流域地表水省控断面均达到或优于Ⅲ类水质，跨行政区域河流交接断面水质达标率为 98.60%，县级以上城市环境空气质量优良天数的比率为 94.20%，森林覆盖率达到 61.24%。

钱塘江流域的生态保护政策从单一生态奖补转变为重大生态系统治理工程落地、从单一政府财政性转移支付转为与生态补偿市场化机制相结合、从单一部门负责到多部门协同治理，这是对习近平生态文明思想的重要实践，对推动钱塘江流域的生态保护事业和经济的高质量发展都起着至关重要的作用。

3.3 山水林田湖草沙一体化理念下的钱塘江源头生态保护修复实施现状与举措

山水林田湖草沙生态保护修复工程是贯彻落实习近平生态文明思想的重要实践，是践行"山水林田湖草沙是一个生命共同体"的重要载体，有利于推动人与自然和谐共生的现代化建设。为统筹推进钱塘江源头区域生态保护与修复，保障生态安全，做好国土空间生态保护修复工作，2018 年，浙江省财政厅会同省自然资源厅、省生态环境厅组织编写了《浙江省钱塘江源头区域山水林田湖草生态保护修复工程试点实施方案》（以下简称《实施方案》），"钱江源山水工程"成功申获国家第三批山水林田湖草沙生态保护修复工程试点。

3.3.1 钱塘江源头生态保护修复的实施概况

"钱江源山水工程"实施区域面积 10 067 km^2，涵盖杭州市的建德、淳安，以及衢州市的开化、常山 4 个县（市）。四个试点县统筹各部门均设立领导小组，较好地完成了既定目标任务，通过试点项目巩固增强了钱塘江源头区域山水林田湖草沙生态系统稳定性，提高了该区域生态系统服务价值，促进了区域生态可持续发展，总结凝练了"四大模式+八大工程"典型经验与成果，推动区域生态要素资源化利用，推进生态持续向上向好发展。

根据《实施方案》的调整稿，依据四县（市）的生态环境质量、主要生态问题和经济发展状况等条件，以钱塘江源头水源涵养修复单元为基础，以构建新安江（千岛湖）和马金溪—常山港干流及主要支流为主体，以矿山资源及规划矿区、水土流失敏感区、江河湖库、生物多样性保护等重要区域为网点的生态保护与修复工程为实施架构，综合考虑区域内各生态系统要素之间的相互关系及流域上下游、岸上岸下相互关系，系统推进流域水环境保护治理、矿山生态修复、污染与退化土地修复治理、重要生态系统保护修复、土地综合整治、生物多样性保护和其他等 7 大类建设工程（叶艳妹等，2019），实施 79 个重点项目、886 个子项目，总投资 169.26 亿元，其中，申请中央财政补助 20 亿元，省、市、县三级财政安排 81.02 亿元，其他资金 68.24 亿元。截至 2023 年 8 月，79 个重点项目均已完工，项目累计完成投资额总计 137.37 亿元，占计划总投资的 81.16%，其中中央资金执行 20 亿元，执行率 100%。各项目均按照实施方案的要求完成计划的实施内容。项目解决了实施区域内存在的主要生态问题，完成生态保护修复总面积 1945.12 km^2，森林覆盖率由 77.05%增加到 77.79%，提升了 0.74 个百分点，河道治理长度 612.76 km，废弃矿山修复治理面积 3695.74 亩，森林修复面积 98.67 万亩，新增耕地（不含建设用地复垦）1.19 万亩，建设用地复垦 3643.88 亩，建成高标准农田面积 4.53 万亩，水土流失治理面积 80.80 km²。

该试点工程分为流域水环境保护治理工程、矿山生态修复工程、土地综合整治工程、生物多样性保护工程、重要生态系统保护修复工程、污染与退化土地修复治理工程和其他共 7 个一级类工程和 14 个二级类工程。

3.3.2 钱塘江源头生态保护修复的实施举措

3.3.2.1 制定符合钱塘江源头实际需求的山水林田湖草沙生态保护修复工作方案

2016 年，财政部、原国土资源部、原环境保护部积极落实"山水林田湖草沙生命共同体"理念，设立专项在全国推进山水林田湖草沙生态保护修复工程试点工作。2018 年 10 月，浙江省入选全国第三批山水林田湖草生态保护修复工程试点。为进一步增强区域山水林田湖草沙生态系统服务功能，保障区域生态安全，落实国家山水林田湖草沙生态保护修复工程试点要求，政府出台了《浙江省钱塘江源头区域山水林田湖草生态保护修复工程试点三年行动计划（2019 -2021 年）》和《浙江省钱塘江源头区域山水林田湖草生态保护修复工程试点项目管理办法》等文件，并制定相关行动计划。主要任务分为 8 个方面、31 项具体工作任务，每项具体工作任务均明确了责任单位和具体目标。其中，8 个方面的任务分别是：①优化区域生态空间格局；②实施农村土地综合整治；③推进矿山生态环境保护与治理；④推进江河湖水环境协同治理；⑤推进污染与退化土地修复治理；⑥加强生物多样性保护；⑦协同推进重要生态系统保护修复；⑧构建跨区域生态保护修复机制体制。该工作方案结合了钱塘江源头的地理环境特征和生态修复的实际需求，重点围绕水源涵养、土壤保持、生物多样性保护等多方面内容开展具体措施。通过科学规划，明确了山水林田湖草沙系统的保护目标和实施路径，提出了生态修复、生态补偿、绿色产业协同发展的综合性措施，力求实现生态环境的整体改善和区域经济的协调发展。同时，方案强调通过多部门协作机制，整合各类资源和力量，统筹安排各项生态保护修复任务，确保各项措施的有效落地和有序推进。此外，方案特别注重社区和农户的参与，探索通过生态保护与农户收入相结合的方式，提高当地居民的积极性，实现人与自然和谐共生。

3.3.2.2 构建多部门合作为特色的"山水林田湖草沙"系统治理的管理体制

目前各地区的山水林田湖草沙生态保护修复中的管理体制主要是在县级层面

上成立专班，由县长任主任；由工程涉及县市的规划与自然资源局牵头，组织生态保护修复项目的落实，负责主要日常管理和检查验收、与其他部门的工作协调配合和资金的预算协调。建立包括工程涉及县市的财政局、发改委、规划与自然资源局、生态环境局、水利局、林业局、城市管理局、住建局、农业农村局等部门共同参与的试点工作联席会议制度，加强机构建设和人员配置，各司其职，协同推进试点工作目标任务顺利完成。以开化县为例，由县长挂帅任组长，县委常委任常务副组长，县委常委常务副县长、副县长、钱江源国家公园管理委员会副主任任副组长，县职能部门主要领导为成员，强化政府责任主体，建立工作协调机制，实行领导负责制、责任追究制。下设领导小组办公室，负责督导调度工程项目实施，协调解决实施过程中的重大事项，建立完善相关规章制度，组织绩效评价，开展工程监督检查等。构建了政府统一领导、部门协同推进的工作格局，协调解决重大问题，定期召开专题工作例会，交流试点工作推进情况，每两个月召开一次专题工作分析会，研究、交办、攻坚试点工作推进过程遇到的难点问题和政策瓶颈。打通部门行业间壁垒，合力推进试点工作。把生态修复试点工作纳入经济社会发展评价体系和领导干部政绩考核体系，并与县委的年终考核结合起来，落实"一票否决制"，实行"一月一通报、一季一督查、一年度一考核"，从县级层面统筹部署、强力推进。同时，要求强化政策支持，研究制定生态文明建设、土地、财政、金融等配套政策，形成保障有力的政策体系，提高山水林田湖草沙生态保护修复综合成效。

3.3.2.3 以项目负责制为抓手落实钱塘江源头山水林田湖草沙生态保护修复

建立严格规范的项目管理机制，制定试点项目管理办法，强化项目规范管理，确保投资绩效。对每个项目明确责任领导、责任单位和责任人，落实好项目法人制。制定专项资金使用管理办法，加强资金管理，规范资金使用。内部管理岗位设置实行监管分离，不同岗位相对独立，管核分离，确保中央资金规范使用，提高资金使用绩效。

在实施过程中，将山水林田湖草沙生态保护修复实施方案确定的建设工程，包括流域水生态环境质量提升、矿山生态环境修复、水土流失防治、森林质量改善、土地整治与土壤污染修复和生物多样性保护，6类86个重点项目分解落实到责任单位、责任人和具体时间。投资主管部门负责指导业主单位开展可行性研究报告、评审、招投标、推进实施等具体工作；做好山水林田湖草沙生态保护修复项目预算和变更的监督管理，对项目业主单位的具体实施项目过程加强监管，包括招标方案、招标文件内容、工程图纸、招标预算、招标程序、合同签订等。山水林田湖草沙生态保护修复工作推进情况由专人定期向主管部门汇报。项目业主单位应指定专人加强项目档案管理，将各类资料分类收集、整理、归档、保管，保持档案的真实性、连续性和完整性。对列入本方案的重点项目，要强化实施效果的跟踪监测与评估，重点对区域山水林田湖草沙生态保护修复关键性项目加大检查、评估和督查服务力度。

3.3.2.4　构建钱塘江源头生态保护修复动态监管机制

对"钱江源山水工程"实施方案建立动态合理化调整机制。由于受到 2020 年新冠疫情及相关政策调整等因素影响，对原《实施方案》进行相应动态调整。

在"钱江源山水工程"实施过程以及项目完成后进行全面的动态考核监督。①在各试点地区强化督办考核工作，将试点工作列入政府年度重点工作，与年度综合评优评先考核结果挂钩。建立工作推进情况监测、评估、考核和通报机制，加强试点项目的动态监管，确保工程实施、内容、过程、结果可控，实行"每月一通报、每季一督查、年度一考核"制度。明确定性与定量相结合的绩效目标，实行年度绩效评价，作为年终考核的重要依据。强化责任落实，与乡镇、部门签订工作目标责任书，层层落实工作责任。②建立和完善区域生态保护与修复长效管理机制。完善生态环境管理制度，统一行使全民所有自然资源资产所有者职责，统一行使全民所有国土空间生态保护修复职责，统一行使监管城乡各类污染排放和行政执法职责，开展山水林田湖草沙生态保护修复治理体系建设研究。

3.3.2.5　建立钱塘江源头山水林田湖草沙生态保护修复的生态补偿制度

1. 财政转移性支付的生态补偿制度

我国已全面实施自然资源有偿使用政策，通过征收有偿使用费及自然资源税费，形成了生态补偿资金的核心组成部分。这些资金被专门划拨为生态环境保护补偿专项资金，旨在对那些保护自然资源及其生态环境价值的行为，以及采取保护措施以维持自然资源健康状态的行为提供财政支持。

（1）生态公益林补偿基金制度。生态公益林补偿作为生态补偿的重要形式之一，是对森林发挥生态服务功能的价值补偿。自 2004 年起，浙江省开始全面实施森林生态效益补偿基金制度，根据浙江省林业局统计，20 年来，浙江省各级财政已累计投入补偿资金 220 余亿元，有效保障了全省 4445 万亩公益林、277 万亩停伐管护天然商品林的生态效益补偿工作开展。浙江省自 2004 年实施森林生态效益补偿制度以来，已 12 次提高省级以上公益林补偿标准，补偿标准从 2004 年的 8 元/(亩·年)提高到目前的最低 36 元/(亩·年)（补偿标准趋势变化参见图 3-1）。在不同的生态功能区，生态补偿的标准也有所区别，对主要干流和重要支流源头县、淳安县等山区的 26 个县、国家公园、省级以上自然保护区的公益林，按照 43 元/(亩·年)的标准进行补偿；对国家公园和省级以上自然保护区中实施公益林集体林租赁的非国有公益林，按照 55 元/(亩·年)的标准进行补偿。实行 43 元/(亩·年)和 55 元/(亩·年)补偿标准的面积达 3331 万亩，占总面积的 70%。开化县有省级以上生态公益林 138.73 万亩，占林地总面积的 48.40%，2023 年度森林生态效益补偿资金 788.55 万元（其中，省级资金 639.34 万元，县级资金 149.21 万元）。

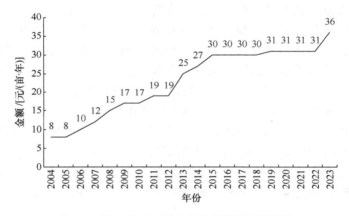

图 3-1　浙江省省级以上公益林补偿标准趋势

（2）地役权改革补偿制度。在"钱江源山水工程"的核心区——钱江源国家公园体制试点内，针对钱江源国家公园体制试点区集体林地占比较大的问题，提出了集体林地地役权改革补偿，在不改变林地权属的基础上，参照地役权的法律概念，构建政府部门和社区之间的权利义务关系，建立科学合理的地役权补偿机制和社区共管机制，推进国家公园范围内自然资源的统一高效管理。现行林地地役权补偿标准为每年 48.20 元/亩，其中，地役权补偿金为 43.20 元/亩，公告管护和管理费用为 5 元/亩，同时，集体林地地役权改革后，原有的生态公益林补助政策不再重复享受，参照浙江省生态公益林补助标准的提高额度同步提高。同样，除了钱江源国家公园体制试点内的集体林地，2020 年，钱江源国家公园管理局对基本农田也开始实行农田承包土地地役权改革。钱江源国家公园管理局与浙江省开化县苏庄镇毛坦村股份经济合作社为代表的合作社及村民签订了《钱江源国家公园农村承包土地地役权改革合同》，此次合同涉及试点区内近 300 亩农田。村集体和经营主体租赁土地，作为主要生产端进行生产。在禁止使用农药化肥、禁止焚烧秸秆、禁止引入植物外来物种、禁止干扰野生动物等前提下，生产主体可享受 200 元/(亩·年)的补贴，一年一付。同时，经营主体（开化县两山投资集团有限公司，后简称"两山"公司）以不低于 5.5 元/斤的价格收购稻谷，钱江源国家公园管理局给予"两山"公司每斤 2 元的销售补贴，大米销售价一般不低于 10 元/斤。除此之外，经营主体经允许可使用钱江源国家公园相关商标或标识。2021～2022 年，试点面积从 300 亩农田逐步增加到了 700 亩。2023 年，钱江源国家公园管理局启动新一轮农村承包土地地役权改革签约。此次《钱江源国家公园农村承包土地地役权改革合同》的签订，标志着钱江源国家公园在生态补偿方面又迈出了重要一步。钱江源国家公园内近 1200 亩农田被纳入地役权补偿范围，在做到禁止使用农药化肥、禁止焚烧秸秆、不得伤害进入耕地的野生动物、允许朱鹮等保护动物觅食等前提下，生产主体将享受 800 元/(亩·年)的补贴，一年一付。同时不再指定稻米种子，且取消了保底收购条款，需要由生产端自行销售。

（3）社会投资主体资源开发的损失性补偿制度。社会投资主体补偿主要是指政府对破坏生态环境、危害生态保护的投资项目采取强制措施而实施的价值补偿。在"钱江源山水工程"内部，存在小水电开发经营活动，干扰了流域生态环境，破坏了自然生态系统的原真性。为妥善处理水电开发与流域生态保护问题，钱江源国家公园对其规划范围内的 9 座水电站（其中涉及生态保育区的有 4 座，涉及游憩展示区的有 5 座）采取强制退出和整改行动，在实施国家公园最严格保护的前提下，对因强制措施造成的经济损失给予补偿，保护水电站业主合法权益。针对不同的水电站，管理当局实行"一站一策"，逐站制定退出整改方案，根据各水电站的发电功率（千瓦数）、投资金额、经济收益等确定补偿形式和补偿金额，签订退出整改协议。协议签订之初，预付资产评估价值 50%的补偿金，对规定时间内完成退出整改的电站再给予资产评估价值 5%的奖励金，剩余款项在电站移交后付清。目前已有 6 座水电站退出整改成功。

（4）野生动物破坏带来的损失性赔付制度。在"钱江源山水工程"内部，严格的生态保护带来生态环境的改善，在工程的核心区——钱江源国家公园，生态系统的保护致使野生动物增多，越来越多的野生动物活动直接导致农户农业经营的损失。为弥补对农户资源经营的损失，政府和保险公司作为承保单位，与农户签订野生动物肇事保险协议，承担生态修复和保护区域内受到野生动物伤害导致的财产损失（人工种植的农作物），依据国家或地方有关法律规定应承担的赔偿责任，按保险合同约定负责赔偿。自 2020 年 3 月野生动物肇事保险制度实施以来，累计收到理赔申诉超过 20 起，最高理赔金额达 8100 元，有效维护了农户利益，为农户经济利益损失赔偿提供了重要补充。

2. 提供就业生计的生态补偿方式

除了财政性转移支付外，就业生计方式补偿也是一种重要的生态补偿形式。在钱江源国家公园重点生态修复和保护工程区内，政府对依赖自然资源生计的农户提供生态就业岗位，协调生态保护与农户生计之间的矛盾，具体包括以下两类。

（1）提供生态巡护相关就业岗位。在国家公园涉及的 21 个行政村中，根据各行政村的林地面积、自然村个数、管护难易程度等，配置不同数量的专职和兼职生态巡护员。生态巡护员以聘用当地居民为主，保护站与巡护员签订聘用协议，规定巡护员的职责范围和工资报酬，现共聘用 95 名专兼职生态巡护员。调查数据显示，生态巡护岗位每年可以带来 10 000～15 000 元的增收，对农户参与生态资源巡查保护具有激励作用，也是对周边农户保护生态资源的重要补偿。

（2）提供科研工作助理岗位。科研教育也是保证国家公园公益性的一项基本功能，国家公园建设需要开展的科研活动种类繁多，像野生动植物监测、生态系统监测、林分质量监测等，这些野外科研活动需要大量的民工，而当地社区居民对当地的地形地貌、野外环境、资源分布等具有丰富的认知和实践经历。为促进生态保护的社区参与，管理局对社区居民进行专业知识培训，提供相应的科研工作助理岗位，像动物识别、植物识别、红外相机安装、日常监测管理等，让社区居民成为科研工作的重要助手，这也间接给社区居民带来一笔额外收入，成为协调资源保护和社区发展的重要方式。

3. 省域间横向生态补偿机制

流域的生态修复与保护本身就是一个跨区域的协同保护工程，涉及不同行政区，为保证自然资源和生态系统的完整性，生态补偿也要考虑不同区域之间的横向补偿。生态修复与保护工程核心区——钱江源国家公园与安徽省休宁县、江西省婺源县相毗邻，这些区域与试点区生态植被、自然资源相近相通，构成一个完整的生态系统。浙江、安徽和江西三省人民政府签订"跨省生态保护与可持续发展战略合作协议"，并建立"国家公园毗连区跨省生态保护与可持续发展合作联席会议制度"。开化、休宁和婺源三县以初步划定的 159 km² 协同保育区林地进行确权登记，参照《钱江源国家公园集体林地地役权改革实施方案》，开展协同保育区地役权改革，开化县给予钱江源国家公园每个毗邻村每年 3 万元的生态补偿资金，实现协同保育区内自然资源统一管理。除此之外，毗邻村之间签订了生态保护和可持续发展合作协议，根据跨区域现状和双方协商，雇佣当地人参与生态巡护，并参照《钱江源国家公园专（兼）职生态巡护员管理办法》管理，提供同等就业形式补偿，具体相关政策见表 3-2。

表 3-2　开化、常山、淳安、建德四县"钱江源山水工程"相关项目与政策

地区	日期	政策名称	重点内容
开化县	2022	关于下达开化县 2019 年度废弃矿山（井）治理项目第四批补助资金的通知	组织并完成了全县 200 余处废弃矿井等生态修复治理工程的实施和验收。加强资金监管，及时完成资金拨付，确保专款专用，充分发挥资金使用效益
	2021	关于华村区块矿山土地整治修复工程初步设计的批复	矿山土地整治修复方案制定、锚杆、排水工程、蓄水池、集水井、防护栏、环境保护及水土保持等工作
	2020	关于开化县山水林田湖草生态修复工程试点-森林质量精准提升工程实施方案的批复	建设以阔叶树种、彩色树种、珍贵树种为主题的珍贵彩色森林
	2020	关于印发《钱塘江源头区域（开化）山水林田湖草生态保护修复试点工程三年行动计划（2019～2021 年）》的通知	制定开化县山水林田湖草生态保护修复试点工程三年行动计划
	2020	关于下达钱塘江源头区域（开化）山水林田湖草生态保护修复工程试点资金（第二批）的通知	加快项目实施和资金拨付，确保开化县山水林田湖草生态保护修复治理工程及早取得实效，按时、按质、按量完成实施方案确定的目标任务
	2020	关于下达开化县 2019 年废弃矿山（井）治理项目第一批补助资金的通知	强化资金监管，确保专款专用，充分发挥资金使用效益
	2020	关于钱江源亚热带森林植物园建设项目（一期）——2019 年开化县常绿阔叶林种质资源库建设建议书的批复	打造高起点生态空间、高质量推进生态修复、高水平开展示范建设，促进生态系统服务功能、区域生态保护与修复以及生态安全保障
	2020	关于钱江源国家公园珍稀植物园（一期）工程初步设计的批复	一期建设范围为科普馆周边，其内容包括科普广场、木兰山茶园、壳斗园、茜草百合园、野花园及停车场，占地约 5.22 万 m²
	2020	关于开化县池淮溪流域综合治理工程可行性研究报告的批复	解决池淮溪流域河道现在存在的问题，提升流域总体防汛和护岸防冲刷能力，改善流域水生态
	2020	关于开化县龙山溪流域综合治理工程可行性研究报告的批复	解决龙山溪流域河道现在存在的问题，提升流域总体防汛和护岸防冲刷能力，改善流域水生态
	2019	关于成立"钱塘江源头区域（开化）山水林田湖草生态保护修复治理工程试点"工作领导小组的通知	推动山水林田湖草生态保护修复治理工程试点工作，建立部门协同推进、资金统筹整合，综合治理修复的工作格局，促进生态环境恢复和改善
	2017	关于开化县马金溪流域综合治理工程项目可研报告的批复	通过综合治理与生态修复措施，提高马金溪两岸防洪能力，修复水生态、改善水环境
	2017	开化县农业局开化县财政局关于下达《马金区域性现代生态循环农业示范项目》建设计划的通知	确保项目在建设期内保质保量完成项目计划任务并通过验收。
	2017	关于钱江源国家公园科普馆项目可研报告的批复	该项目地块红线面积 22.74 亩，科普馆项目占地面积 10 亩，建筑面积 5710 m²；建设内容包括序厅、3 个展示厅及布展、库房、宣教中心及公共服务设施等
常山县	2021	关于调整钱塘江源头区域（常山）山水林田湖草生态保护修复工程部分项目中央资金安排的公示	按照项目实例交涉情况，调整常山区域部分项目中央资金安排

续表

地区	日期	政策名称	重点内容
常山县	2020	关于印发《常山县钱塘江源头区域山水林田湖草生态保护修复工程试点三年行动计划（2019～2021年）》和《常山县钱塘江源头区域山水林田湖草生态保护修复工程试点项目管理办法》的通知	制定常山县山水林田湖草生态保护修复试点工程三年行动计划
	2018	关于常山县垦造耕地项目的批复	新增水田2000亩，新增旱地400亩，新增旱改水1500亩
	2018	常山县农村土地综合治理项目（2018年）（通过验收）	农村建设用地拆旧、复垦，增减挂钩700亩
	2018	同弓全域整治（一期、二期）	提高项目农田的农业生产条件、改善农村生活环境
	2017	关于常山县龙绕溪流域综合治理工程的批复	治理龙绕溪干流14.547 km，治理范围为九都村至金川源村。治理环龙溪和常周溪2条支流
	2017	关于常山县工业园区污水处理厂的批复	污水处理厂日处理污水总量2万t，其中一期日处理污水总量1万t
	2017	关于常山县国土资源局废弃矿山（井）修复项目的批复	对遗留未完全治理到位的废弃矿山及裸露山体进行修坡工程、护坡工程、封土覆绿、矿尾水收集和治理等生态修复
	2017	关于常山钱塘江治理常山县常山港治理二期工程的批复	新建何家堤、胡家淤堤、阁底堤、象湖堤、汪家淤堤、鲁士堤、大溪沿堤及琚家护岸、新站护岸、西塘边护岸等，治理岸线总长35.75 km
	2017	关于常山国际慢城-渣濑湾花谷建设的批复	引入高经济价值花卉植物，同时建设配套景观盒、观赏平台、渣濑湾风景道、渣濑湾主入口等，并进行渣濑湾溪水生态治理
淳安县	2020	关于下达2020年度淳安县农业面源污染治理项目的通知	加强对淳安县各村农业面源污染治理
	2020	浙江千岛湖珍稀植物园实施方案	规划形成"一心（旅游集散中心）、两带（南北滨湖景观飘带）、三群（三大主题群岛）"的格局，用于旅游、休闲、观光
	2019	关于印发《淳安县钱塘江源头区域山水林田湖草生态保护修复工程试点实施方案》的通知	制定淳安县山水林田湖草生态保护修复试点工程三年行动计划
	2019	《特别生态功能区建设三年行动计划（2019～2021）》	制定淳安县特别生态功能区建设三年行动计划
	2018	淳安县农业局 淳安县发展和改革局 淳安县财政局 淳安县林业局 淳安千岛湖建设集团有限公司关于印发《淳安县农业面源污染治理（世行贷款）项目管理办法（试行）》的通知	按照项目管理要求，将农业面源污染治理（世行贷款）项目分为项目管理及非项目管理两大类
	2018	关于"浙江千岛湖及新安江流域水资源与生态环境保护项目（世行贷款）"建设的实施意见	淳安县世行贷款项目总投资15.8亿元，分6年实施
	2018	《淳安县垃圾分类工作专项考核办法（试行）》	明确城区实行"两定四分"的垃圾分类模式，农村实行"户分类、村收集、乡镇转运、县镇分类处理"的分类模式
建德市	2021	关于印发建德市钱塘江源头区域山水林田湖草生态保护修复工程试点项目管理办法（暂行）的通知	制定建德市山水林田湖草沙生态保护修复试点工程三年行动计划

续表

地区	日期	政策名称	重点内容
建德市	2020	关于印发建德市政府投资项目管理办法的通知	为规范建德市政府投资项目管理，健全科学、民主的政府投资项目决策和实施程序，优化投资结构，提高投资效益，加强政府投资全过程监管
	2019	关于完善建德市钱塘江源头区域山水林田湖草生态保护修复工程工作职责的通知	为保质保量完成试点实施，快速有效推进工程子项目进度，现将工作职责进行明确
	2019	关于成立建德市钱塘江源头区域山水林田湖草生态保护修复工程领导小组通知	统一设立山水林田湖草生态保护修复工程办公室，对项目进行直接领导
	2019	关于下达 2019 年建德市政府投资重点项目年度计划的通知	该通知对整个 2019 年的所有重点项目作出了统筹规划
	2019	2019 年建德市土地整治项目	2021 年预计垦造水田 10 000 亩；旱改水 3000 亩；建设用地复垦 200 亩
	2019	建德市矿山生态环境治理项目	建德市寿昌镇童家西坞页岩矿山等 8 个矿山生态环境治理；建德市大同镇洞山矿区绿色矿业示范区建设
	2019	建德林业有害生物防控项目	对松材线虫、松褐天牛、松毛虫、松叶蜂等突发性林业有害生物进行防治
	2019	建德市珍贵及彩色森林培育工程	珍贵果材兼用树种造林、珍贵树种苗木培育、森林抚育、大径材培育、新安江彩色森林建设、珍贵树种培育
	2019	关于建德市钱塘江源头区域山水林田湖草生态保护修复工程专项资金管理暂行办法（试行）	加强和规范建德市钱塘江源头区域山水林田湖草生态保护修复资金管理，提高资金使用效益
	2018	建德梅城垃圾填埋场一期 扩容工程	增加库区库容 52.05 万 m^3；新增处理渗滤液进水 150 t/d；填埋垃圾 450 t/d
	2017	建德市新安江综合保护工程	湿地改造 1.5 m^3，坡地改造 2.4 万 m^3，边坡治理 4.6 万 m^3
	2017	建德市千岛湖及新安江流域水资源与生态环境保护项目	对建德市各个乡镇溪流及其干流流经地区进行综合整治

3.3.3　钱塘江源头生态保护修复的效果评价

根据《财政部关于开展 2021 年度中央对地方转移支付预算执行情况绩效自评工作的通知》的要求，"钱江源山水工程"组织完成试点 2021 年度项目绩效自评工作。自评结果显示：截至 2021 年底，79 个项目均已开工，通过大力推进山体生态修复、加强水环境综合治理、强化湿地生态保护、加大森林保护与建设、改善农田生态环境、推进生物多样性保护等措施，水系源头、重要湿地、河谷等生态敏感区的生态保护与建设取得明显进展，区域水体环境、森林质量、生物多样性得到进一步提高，山水林田湖草沙生态系统的稳定性明显加强，生态系统服务功能显著增强，区域生态安全更有保障。

根据《财政部关于提前下达 2021 年重点生态保护修复治理资金预算（第一批）的通知》（以下简称"资金下达文件"），财政部针对试点项目共下达 17 项绩效指标，根据浙江省《实施方案》的调整稿，试点项目通过大力推进山体生态修复、加强水环境综合治理、强化湿地生态保护、加大森林保护与建设、改善农田生态环境、推进生物多样性保护等措施，使区域生态敏感区生态环境保护取得实质性进展，山水林田湖草沙生态系统服务功能进一步增强。"钱江源山水工程"促使浙江省钱塘江源头区域生态环境稳定性得到明显改善，生态环境质量进一步巩固和提升，生态系统服务功能显著增强，生态系统保护、修复和管理的体制机制日趋健全，进而打造国家级山水林田湖草沙生态保护修复示范区域，为我国推进山水林田湖草沙生态保护修复积累经验，为打造美丽中国"浙江样板"作出积极贡献。

到 2022 年，试点区域内生产矿山纳入全国绿色矿山名录国家库入库率达到100%，废弃矿山全部得到有效治理，国控断面水质均达到Ⅱ类，湿地保有量稳定在 89.90 万亩，林地保有量达到 1220.50 万亩，森林覆盖率维持在 77.05%。截至2022 年底，财政部"资金下达文件"中的 17 项绩效指标均已完成，《实施方案》调整稿中的绩效指标均已完成。

工程区范围内林地保有量由 2017 年本底值 1200 万亩增加到 1263.07 万亩，增加了 63.07 万亩；湿地保有量由 89.90 万亩增加到 96.82 万亩，增加了 6.92 万亩；林木蓄积量由 4712.81 万 m^3 增加到 6005.18 万 m^3，增加了 1292.37 万 m^3；耕地保有量由 122.97 万亩增加到 123.44 万亩，增加了 0.47 万亩；计划建成高标准农田面积 4.38 万亩，实际建成 4.53 万亩，增加了 0.15 万亩。

废弃矿山治理率由 50%提升至 100%；森林覆盖率由 77.05%提升至 77.79%；城镇生活污水处理率由 94.50%提升至 98.27%；农村生活污水集中处理率由70.00%提升至 81.30%；工业废水处理率保持 100%；城乡生活垃圾分类收集覆盖率由 38.00%提升至 100%。

生产矿山纳入全国绿色矿山名录国家库入库率由 70%提升至 100%；矿山粉尘防治达标率保持 100%；省级以上控制断面水质达到Ⅱ类比例保持 100%。其中，淳安县地质灾害隐患治理工程不涉及水土流失治理面积的指标；开化县两个项目分别完成水土流失综合治理面积 43.33 km² 和 37.47 km²，共计 80.80 km²。暂且使用开化县两个项目的治理面积模拟计算水土流失面积占土地总面积比例绩效指标。开化小流域水土流失综合治理（2019～2020 年项目）涉及开化县叶溪小流域等 14 条小流域，开化小流域水土流失综合治理（2021～2022 年度项目）涉及开化县霞湖等 25 条小流域，两个项目涉及流域面积共计 650.89 km²，治理前水土流失总面积 86.08 km²，占流域面积 13.22%；水土流失治理面积总计 80.80 km²，治理后水土流失面积为 5.28 km²，占流域面积 0.81%；水土流失面积占流域总面积由治理前的 13.22%下降到 0.81%，低于目标值 6.00%。林地保有量指标说明：资金下达文件中该指标数值以森林资源"一张图"数据为准；根据浙江省林业局的工作部署，四县（市）每年开展森林资源年度监测，2022 年根据省林业局的要求，四县（市）森林资源"一张图"与第三次全国国土调查（简称"国土三调"）数据相融合，融合后林地保有量为 1222.89 万亩，无法达到原计划目标值，原因是国土三调的林地划分标准与森林资源"一张图"不一致，"国土三调"把所有的经济林都划入园地，导致两者融合后的林地面积减少；本报告按照目标值上报时的口径计算，林地保有量合计为 1263.07 万亩，目标值为 1230.52 万亩。

跨区域联动机制促进自然资源长效保护。积极依托跨省域合作保护机制，促进工程区范围内的自然资源得到长效保护。一是构建了"全覆盖"省际毗邻镇（村）合作保护模式。开化县及钱江源国家公园已与毗邻的江西、安徽所辖三镇七村，以及安徽休宁岭南省级自然保护区签订合作保护协议，野生动物网格化监测体系已拓展至江西省、安徽省毗邻区域。二是通过依托课题合作研究成果，完善跨区域执法和监管体系。针对安徽休宁及江西婺源、德兴的植物类型分布和动物活动的半径等，钱江源国家公园管理委员会在委托上海师范大学开展大量调查摸底的基础上，初步划定了跨区域合作的范围，并探索在跨行政区背景下日常管理、综合执法、经营监管等方面的机制和措施。三是深化县级层面合作保护机制，严厉打击破坏自然资源的活动，实现资源持续增长。开化、休宁、婺源和德兴四地政法系统共同签署了《开化宣言》，建立了护航国家公园生态安全五大机制，打造生态共同体和利益共同体，推进更大尺度的生态系统保护。地役权补偿机制协调资源保护与农户权益。试点区集体林地地役权改革基本完成，显示出四大机制创新，协调了资源保护与农户权益保障。①构建保护地役权确权授权机制，实现国家公园自然资源统一管理。地役权改革涉及承包经营权的统一退出。为推进地役权改革和保障地役权权益，由钱江源国家公园管理局授权开化县自然资源与规划局登记发证工作，实现了集体林地不动产统一登记的全业务、全流程一体化。目前，开化县自然资源与规划局代钱江源-百山祖国家公园候选区共发放林地保护地役权证 2753 本，有效推进了国家公园范围内自然资源的统一高效管理，也为未来改革推进奠定了基础。②构建地役权改革补偿机制，提升社区农户收入水平。2020年，钱江源国家公园管理局先后出台《钱江源国家公园集体林地地役权改革实施方案》《钱江源国家公园农村承包土地保护地役权改革试点实施方案》，建立以社区农户土地承包经营权退出补偿为主要内容的地役权改革补偿制度。每年农户获取补偿资金 2000 多万元，人均增收 2000 元以上。③构建"管理局-社区-企业"多方合作机制，推动地役权改革相关生态产品价值增值。钱江源国家公园管理局积极引导市场主体、社区共建"品牌共用、利益共享、风险共担"的合作机制。一方面，引入外部企业以高于外部市场价收购由土地保护地役权承包经营主体生产的生态农产品——"钱江源生态大米";另一方面,支持市场主体和社区建立紧密合作关系,与农产品收购商联合 6 家生产主体组建"钱江源国家公园生态大米销售联盟",实现了统一品牌与统一销售,"生态大米"亩均年收益达到 1009 元/亩。④地役权改革赋能社区农业绿色生产机制,助推社区现代农业绿色转型。通过制定地役权改革实施方案,钱江源国家公园管理局将农业生产方式的绿色转型列入当地社区农地承包合同,将禁止使用农药化肥、禁止焚烧秸秆、建立农产品追溯体系等一系列绿色生产行为作为获取地役权改革补偿的考核标准。通过调查发现,参与地役权改革的经营主体亩均农药和化肥投入分别下降 33.2%和 51.7%,为国家公园特许经营产品体系建设和社区现代农业发展转型奠定基础。

生态产品价值实现机制推动产业发展和农民增收。借助"钱江源山水工程"的战略机遇,开化县编制生态产品价值实现机制规划,从生态资源中发掘生态产品,将资源优势转化为产品品质优势,积极探索县域生态产品价值实现新模式和适合县域生态产品价值实现的技术路径。目前,开化县依托优良的生态环境条件,由中心辐射周边,基本形成了一套特色鲜明、品质上乘的生态产业体系:一是以钱江源头环境为依托的齐溪龙顶茶和乡村旅游产业,二是以古田山生态油茶林为基础的油茶产业,三是依赖国家公园优质环境而打造的何田清水鱼和长虹休闲旅游业及位于国家公园外围带的池淮现代生态农业等。2019 年,开化 351 国道项目部向何田乡龙坑村认购了 3000 kg 清水鱼,龙坑村每年向买方提供清水鱼,村集体增收 30 万元。2020 年,重庆衢州商会向何田乡人民政府认购了农特产品期权100 万元,包含年份鱼、有机米、高山蜜、高山蔬菜、有机茶叶等农特产品。这种生态产品价值实现模式的建立,有利于提升农产品附加值,同时有效地重塑了市场对农产品的信心,也解决了农产品的销路之困,提振种养殖户信心,吸收一批在外人员返乡创业就业,带动村集体经济发展和农户增收致富。

"政府+社区+农户"生态修复保护机制提升公众参与意识。钱江源国家公园一直强调"生态保护第一",通过社区共管、共建路径,打造利益共同体,提升公众遵循自然、保护环境的参与意识。一是依托村规民约和公益岗位,实现社区共管。主要是通过制定和完善村规民约、提供公益性岗位、设立举报电话和奖励办法等方式,充分发挥群众主人翁意识。2018 年,钱江源国家公园从当地社区居民中招聘了 95 名专兼职生态巡护员;2019 年,钱江源国家公园管理局又出台了《野生动物保护举报救助奖励暂行办法》;2020 年,成立了钱江源国家公园绿色发展协会,加强业内监管和行业自律。在出台相关政策时,充分征求当地百姓意见,让群众参与国家公园建设和管理。二是以人本化、生态化、数字化为重点,实现社区共建。坚持以人本化、生态化、数字化为重点,推进乡村"生态、形态、文态、业态"高度融合,着力推进国家公园"未来乡村"建设,以清洁能源、绿色建筑、自然环境、环境教育、森林康养、游憩体验、低碳交通、绿色消费、有机食品九大场景为重点，致力打造生态修复核心区内面向"长三角"的自然教育和休闲康养高地，让社区参与营造山水林田湖草沙的生命共同体。

3.4　钱塘江源头生态保护修复政策演进视角下的流域系统发展水平分析

上一节主要介绍了在系统治理新阶段钱塘江源头依托"山水工程"实施本身所取得的重要生态保护修复成效，这一节主要基于钱塘江源头生态保护修复政策"三阶段"演进的视角，运用生态-经济-社会（ecological-economic-social，EES）指标体系，评估钱塘江流域系统发展水平，重点了解生态保护修复不同阶段对流域整体发展所带来的效果，为后续出台合理的生态补偿政策提供决策依据。

3.4.1　钱塘江流域生态-经济-社会系统评价指标构建

本书参考以往学者所构建的体系及数据的可得性，最终选取 24 个指标构建了三个层次的 EES 指标体系。

生态系统指标体系用于衡量研究地区的生态环境状况。根据压力-状态-响应理论（pressure-state-response），简称 PSR 理论，生态基础、压力、响应等三个方面较为精确地体现了人类经济活动与生态环境的交互作用。生态基础反映流域环境状况，流域绿色质量直接关系到居民的生活质量和心理健康（Sun et al.，2022），因此选取人均水资源拥有量、人均绿地面积、建成区绿化覆盖率三个指标表征生态基础。生态压力反映人类经济与社会活动对环境造成的压力，它不仅仅会对生态系统造成不良的影响，同时也对居民的生活、消费等行为造成不利影响，高密度的第二产业与交通工具的高普及率是空气污染和环境破坏的主要原因，因此选取人均工业废水排放量、人均工业 SO_2 排放量、人均工业烟尘排放量三个指标表征生态压力。生态响应反映人类如何减轻自身行为所造成的负面影响，积极保护环境是人类可持续发展的基础，因此选取工业固体废物综合利用率和生活垃圾无害化处理率两个指标表征生态响应。

经济系统指标体系由经济发展水平、经济发展结构、经济发展潜力三个一级指标来反映。经济发展水平反映了区域的整体经济基础水平，区域经济基础水平是区域环境治理与社会发展的基础，因此选取人均地区生产总值、人均工业总产值、城镇居民人均可支配收入、在岗职工平均工资水平四个指标对其进行表征；经济发展结构反映区域的产业结构，第三产业是衡量区域经济可持续发展的重要指标，也是绿色经济增长的关键因素（Wei et al.，2022），因此用第一产业产值占国内生产总值比重、第二产业产值占国内生产总值比重、第三产业产值占国内生产总值比重三个指标表征经济发展结构；经济发展潜力反映区域经济驱动力，因此用地区生产总值增长率、人均固定资产投资总额、人均教科文卫事业费支出三个指标表征（唐磊，2023）。

社会系统指标体系由社会保障、社会服务、社会基础三个一级指标来反映。社会保障反映地区的基础医疗设施情况、粮食水平等，医疗是城市可持续发展的重要组成部分，保障粮食安全是推进区域发展的重要保障（何林和陈欣，2011），因此用每 100 人拥有床位数、人均粮食产量两个指标表征社会保障。社会服务反映区域文化、教育、公共服务等，良好的社会服务可为居民提供更好的生活条件，因此用人均预期寿命、人均受教育水平两个指标表征社会服务。社会基础反映城镇化发展情况，用人均建成区面积、人均一般公共预算支出两个指标来表征。

各个子系统的指标运用熵值法计算权重。首先按照指标的正负属性对原始数据进行标准化，对于标准化后为 0 的观察值，本研究对其进行平移，加上一个无穷小以确保有意义；然后计算出不同地区各指标的比重；之后利用比重求出各指标的信息熵和差异性系数；最后求出各个指标的权重，具体指标信息见表 3-3。

表 3-3　EES 系统协调发展评价指标体系

子系统	一级指标	二级指标	权重	属性
生态系统	生态基础	人均水资源拥有量/m^3	0.27	+
		人均绿地面积/m^2	0.38	+
		建成区绿化覆盖率/%	0.19	+
	生态压力	人均工业废水排放量/t	0.05	−
		人均工业 SO_2 排放量/t	0.01	−
		人均工业烟尘排放量/t	0.03	−
	生态响应	工业固体废物综合利用率/%	0.04	+
		生活垃圾无害化处理率/%	0.03	+
经济系统	经济发展水平	人均地区生产总值/万元	0.06	+
		人均工业总产值/万元	0.07	+
		城镇居民人均可支配收入/元	0.06	+
		在岗职工平均工资/元	0.06	+
	经济发展结构	第一产业占国内生产总值比重/%	0.05	+
		第二产业占国内生产总值比重/%	0.01	+
		第三产业占国内生产总值比重/%	0.07	+
	经济发展潜力	地区生产总值增长率/%	0.01	+
		人均固定资产投资总额/元	0.24	+
		人均教科文卫事业费支出/元	0.37	+

续表

子系统	一级指标	二级指标	权重	属性
社会系统	社会保障	每 100 人拥有床位数/张	0.18	+
		人均粮食产量/t	0.19	+
	社会服务	人均预期寿命/年	0.07	+
		人均受教育水平/年	0.08	+
	社会基础	人均建成区面积/km^2	0.20	+
		人均一般公共预算支出/元	0.28	+

数据来源：流域各区（县、市）的社会经济统计年鉴（2006～2022）。

3.4.2　钱塘江源头生态保护修复演进视角下流域发展的时空变化评价

3.4.2.1　起步阶段

起步阶段（2006～2012 年），钱塘江流域生态、经济、社会三个子系统的指数变动趋势如图 3-2～图 3-4 所示。钱塘江流域的整体生态系统指数从 0.30 增长至 0.38，增长了 26.67%，其中，下游地区生态系统指数最高，中游地区次之，上游地区最低；整体经济系统指数从 0.06 增长至 0.14，增长了 133.33%，其中下游地区经济系统指数最高，上游地区次之，中游地区最低；整体社会系统指数从 0.27 增长至 0.35，增长了 29.63%，各地区之间差异不明显。综上所述，经过起步阶段生态保护政策的实施，三大系统指数均呈现增长的趋势，表明了起步阶段钱塘江流域生态保护政策具有正向的促进作用。分地区来看，下游地区的生态和经济系统指数最高，钱塘江流域的整体指数处于下游地区和中、上游地区之间。各个地区的社会系统指数差距不大，且都呈现出相同的增长趋势。总的来说，上游地区在起步阶段仍然处于较不发达的状态。

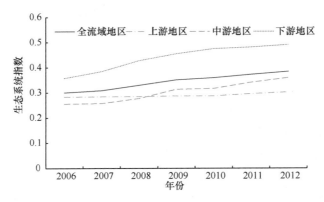

图 3-2　钱塘江全流域及上、中、下游地区 2006～2012 年生态系统指数变动趋势

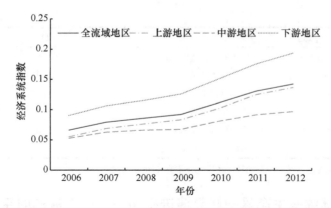

图 3-3　钱塘江全流域及上、中、下游地区 2006～2012 年经济系统指数变动趋势

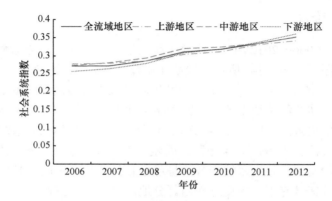

图 3-4　钱塘江全流域及上、中、下游地区 2006～2012 年社会系统指数变动趋势

3.4.2.2　深化改革阶段

深化改革阶段（2013～2017 年），钱塘江流域生态、经济、社会三个子系统的指数变动趋势如图 3-5～图 3-7 所示。流域整体的生态系统指数从 0.40 增长至 0.46，增长了 15%，其中，下游地区生态系统指数最高，中游地区次之，上游地区最低；整体经济系统指数从 0.16 增长至 0.21，增长了 31.25%，其中下游地区生态系统指数最高，中游地区次之，上游地区最低；整体社会系统指数从 0.36 增长至 0.43，增长了 19.44%，各地区之间差异不明显。该阶段的生态、经济和社会系统指数的增长率均小于起步阶段，其原因可能是在深化改革阶段，在钱塘江流域实行的局部横向生态补偿工作主要针对的是源头地区，使得中下游地区存在一定的福利损失，从而导致深化改革阶段钱塘江流域整体经济-生态-社会系统增长率下降。分地区来看，各个地区的生态系统指数变化趋势不明显，但流域各地区的社会、经济系统指数均呈现明显的增长趋势，其中下游地区的生态和社会指数均

最高，而各个地区的社会指数基本相同。

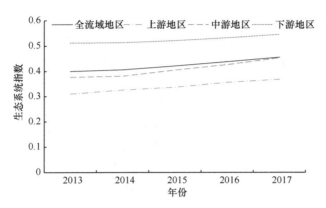

图 3-5　钱塘江全流域及上、中、下游地区 2013～2017 年生态系统指数变动趋势

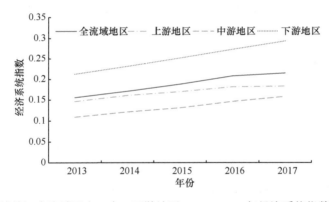

图 3-6　钱塘江全流域及上、中、下游地区 2013～2017 年经济系统指数变动趋势

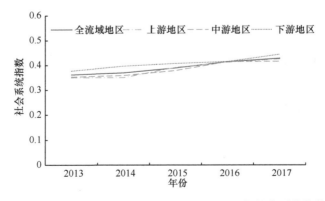

图 3-7　钱塘江全流域及上、中、下游地区 2013～2017 年社会系统指数变动趋势

3.4.2.3 系统治理新阶段

系统治理阶段（2018～2022 年），钱塘江流域生态、经济、社会三个子系统的指数变动趋势如图 3-8～图 3-10 所示。其中，流域整体的生态系统指数从 0.44 增长至 0.47，增长了 6.54%，各个地区之间的差距相较于前两个阶段显著变小；整体经济系统指数从 0.22 增长至 0.26，增长了 15.32%；社会系统指数从 0.49 下降至 0.46，下降了 5.93%。该阶段的生态、经济增长率进一步下降，社会系统指数有所降低，但各个系统之间的差异逐渐变小，趋于平衡，说明在系统治理新阶段的钱塘江流域生态保护政策使得钱塘江流域整体生态-经济-社会系统趋向于协调发展。流域各个地区则呈现不同的变化趋势，下游地区的生态系统指数、上游地区的经济系统指数、上游地区的社会系统指数呈现明显的增长趋势。

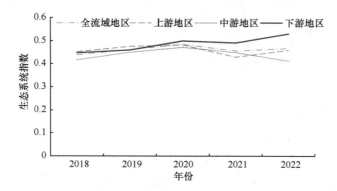

图 3-8　钱塘江全流域及上、中、下游地区 2018～2022 年生态系统指数变动趋势

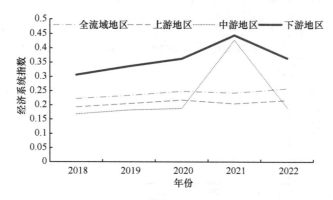

图 3-9　钱塘江全流域及上、中、下游地区 2018～2022 年经济系统指数变动趋势

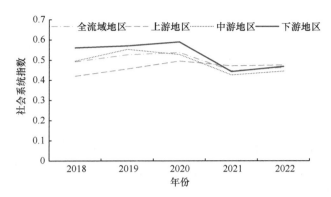

图 3-10　钱塘江全流域及上、中、下游地区 2018～2022 年社会系统指数变动趋势

3.5　钱塘江源头生态保护修复对流域协调发展水平影响及其空间溢出效应

上一节重点了解钱塘江源头生态保护修复不同阶段对流域整体发展所带来的效果，这一节主要探讨钱塘江源头生态保护修复政策演进视角下的流域"生态-经济-社会"协调发展水平以及所带来的空间溢出效应，为后续钱塘江源头生态保护补偿制度的优化提供决策依据。

3.5.1　研究方法

3.5.1.1　协调度水平测算模型

1. 耦合指数

为了有效测度钱塘江流域整体系统的协调度水平，利用前文计算的流域生态指数 $f(x)$、经济指数 $f(y)$、社会指数 $f(z)$，基于耦合度概念构建耦合指数。该指数值越大，代表耦合度越大，也表明系统间相互作用越强（丛晓男，2019）。

$$C = \left\{ f(x) * f(y) * f(z) / \left((f(x) + f(y) + f(z))/3 \right)^3 \right\}^{1/3} \tag{3.1}$$

其中，$C \in [0, 1]$，耦合度和 C 值的大小成正比。当 $C=0$ 时，表示两个子系统之间没有关联性，不存在耦合关系；当 $C=1$ 时，表示两个子系统之间存在良好共振耦合，达到最优耦合状态。

2. 耦合协调度指数

研究认为，计算中仅仅依靠发展度、耦合度等单一评价指标进行评判容易产生误差，难以全面反映二者之间的整体协调程度及动态趋势，因此本研究引入耦合协调度对整体的协调程度进行度量（Ord and Getis，2010）。耦合协调度 D 用于测算生态、经济、社会三个系统彼此互相影响的程度，它弥补了耦合度 C 和发展度 T 的不足，具有较高稳定性，其表达式为：

$$D = \sqrt{C \times T} \tag{3.2}$$

其中，耦合协调度 D 的取值范围为[0，1]，在一定的社会、经济发展水平和生态环境状况下，生态环境与社会、经济水平的复合效益越大，说明系统整体的发展越协调，因而 D 越接近 1，说明系统整体的耦合协调程度越高，反之，说明系统耦合协调程度低。

借鉴以往学者对耦合协调度的划分，将耦合协调度划分为 6 个等级（Xu et al.，2021），综合反映浙江省钱塘江流域社会、经济与生态的耦合协调类型特征（表 3-4）。

表 3-4 耦合协调度（D）等级划分

范围	协调类型
0.00～0.20	重度失调
0.20～0.40	中度失调
0.40～0.50	勉强协调
0.50～0.60	初级协调
0.60～0.80	良好协调
0.80～1.00	高度协调

3. 探索性空间数据分析模型

探索性空间数据分析（exploring spatial data analysis，ESDA）是以空间自相关测度为核心的空间统计分析法，是指基于地理信息系统（geographic information system，GIS）空间分析技术，利用统计学原理和图表相结合，对空间信息的性质进行分析、鉴别，揭示事物空间相互作用关系（Xu et al.，2018）。ESDA 模型中常用的指数为 Moran's I 指数、LISA 指数及 Getis-Ord 指数。Moran's I 指数常用于衡量地理单元在全局空间上的相关关系，LISA 指数和 Getis-Ord 指数弥补了 Moran's I 指数检验结果过于笼统的缺点，具体反映各区域局部空间集聚程度。近年来，学者们利用 ESDA 在地区、流域、生态保护区等的生态经济社会耦合协调方面进行了有益探讨，较好地描绘了区域的空间关联格局。

（1）Moran's I 指数

Moran's I 指数的取值范围为 [–1，1]，用于描述所有的空间单元在整个区域上与周边地区的平均关联程度，值为正表示正相关，值为负表示负相关，值为 0

表示不存在相关关系，且取值越大说明总体差异性越小（Xu et al.，2018），具体公式如下：

$$I = \frac{n\sum_{i=1}^{n}\sum_{j=1}^{n}w_{ij}(x_i-\bar{x})(x_j-\bar{x})}{\sum_{i=1}^{n}\sum_{j=1}^{n}w_{ij}(x_i-\bar{x})} \tag{3.3}$$

其中，n 表示样本数量；x_i 和 x_j 分别表示区域内对象 i 和 j 的耦合协调度。w_{ij} 是基于研究区域的邻接权重矩阵，即相邻区域取 1，不相邻区域取 0。

（2）LISA 指数

根据 LISA 指数可以将研究区域分为 4 种类型：①H-H 型（高效型），区域自身与邻域协调度均较高，空间表现为成片高值集聚区；②H-L 型（极化型），区域自身协调度高但邻域协调度低，空间表现为中心高、四周低；③L-H 型（空心型），区域自身协调度低但邻域协调度较高，空间呈现为中心低、四周高；④L-L（低效型），区域自身及邻域协调度均较低，空间表现为成片低值集聚区。具体公式如下（Xu et al.，2021）：

$$I_i = \frac{n(x_i-\bar{x})}{\sum_{i=1}^{n}(x_i-\bar{x})^2}\sum_{j=1,\,j\neq i}^{n}w_{ij}(x_j-\bar{x}) \tag{3.4}$$

其中，n 表示样本数量；x_i 和 x_j 分别表示区域内对象 i 和 j 的耦合协调度。w_{ij} 是基于研究区域的邻接权重矩阵，即相邻区域取 1，不相邻区域取 0。

（3）Getis-Ord G_i^* 指数

Getis-Ord G_i^* 指数（Ord and Getis，2010）通常用于反映地理单元在空间上的"热点"与"冷点"，通过分析每个区域自身耦合协调度及其邻域耦合协调度与研究地区所有区域的耦合协调度均值的关系，进而计算每个区域的 Getis-Ord G_i^* 值：Getis-Ord G_i^* 值为正时，值越大，表明区域高耦合协调度类型空间集聚度越明显，即为热点；Getis-Ord G_i^* 值为负时，值越小，表明区域低耦合协调度类型空间集聚度越明显，即为冷点；Getis-Ord G_i^* 值趋近于 0 且不具有统计显著性，则空间集聚性不明显，表现为随机分布，具体公式如下：

$$G_i^* = \frac{\sum_{j=1}^{n}W_{ij}x_j - \bar{x}\sum_{j=1}^{n}W_{ij}}{S\sqrt{\frac{n\sum_{j=1}^{n}W_{ij}^2-\left(\sum_{j=1}^{n}W_{ij}\right)^2}{n-1}}} \tag{3.5}$$

其中，n 为样本数；x_j 是区域内对象 j 的耦合协调度；W_{ij} 是基于研究区域的邻接权重矩阵，即相邻区域取 1，不相邻区域取 0。

3.5.1.2 空间杜宾模型

源头地区的生态保护修复所带来的空间溢出效应是构建流域生态保护补偿机制的依据与基础。为进一步探讨钱塘江源头生态保护修复对流域整体所带来的空间溢出效应，本书选取空间杜宾模型，该模型是空间自回归模型和空间误差模型的组合扩展形式，可通过对空间自回归模型和空间误差模型增加相应的约束条件设立。本书的空间杜宾模型如下：

$$
\ln Y_{it} = \rho W \ln Y_{it} + \alpha_0 + \sum_{k=1}^{7} \alpha_k \ln x k_{it} + \sum_{k=1}^{7} \gamma_k W \ln x k_{it}
$$
$$
+ \sum_{l=1}^{3} \beta_l \text{policy} l_{it} + \sum_{l=1}^{3} \delta_l W \text{policy} l_{it} + \sigma_{it} + \mu_{it} + \varepsilon_{it}
\tag{3.6}
$$

其中，i 表示钱塘江流域所涉及的不同县；t 表示不同的年份；Y 为被解释变量即钱塘江流域的耦合协调度；α_0 为共同截距项；α_k 是控制变量的主回归系数；γ_k 是控制变量的滞后项回归系数；policy 根据前文提到的钱塘江源头生态保护修复的三个阶段，分别表示是否执行第一阶段政策、是否执行第二阶段政策、是否执行第三阶段政策；β_l 表示政策变量的主回归系数；δ_l 表示政策变量的滞后项回归系数；ε_{it} 表示随机误差项；σ_{it} 表示个体固定效应；μ_{it} 表示时间固定效应；W 表示空间权重矩阵，此处本书选择地理距离权重矩阵，即距离越近，权重越大。对（3.6）式右边的控制变量 xk 及其度量指标选取的说明如下，具体见表 3-5。

表 3-5　变量定义

变量	标准差	平均值	最大值	最小值
是否执行第一阶段政策（是=1，否=0）	0.34	0.14	1	0
是否执行第二阶段政策（是=1，否=0）	0.30	0.10	1	0
是否执行第三阶段政策（是=1，否=0） （以不实施生态保护政策为基准组）	0.30	0.10	1	0
有效灌溉耕地面积/10^3hm^2	13.47	23.00	56.59	8.76
人均生产总值/万元	3.20	6.09	14.24	1.10
产业结构（第三产业生产总值/第二产业生产总值）	0.35	0.85	2.24	0.43
人均教科文卫事业费支出/万元	31.14	13.14	180.28	0.15
城乡收入比（城市生产总值/乡村生产总值）	0.28	2.04	3.07	1.65
人口密度/（人/平方千米）	1104.18	736.19	4306.44	74.32

数据来源：流域各区（县、市）的社会经济统计年鉴（2006～2022）

（1）有效灌溉耕地面积。一般情况下，耕地灌溉面积应等于灌溉工程或设备已经配套，能够进行正常灌溉的水田和水浇地面积之和。有效灌溉耕地面积是反映农村基础设施建设水平的一个重要指标，代表了一个地区农业技术现代化水平，农业技术现代化水平的提高不仅会降低农业生产带来的水体污染，还会提高农业的产出，因此本书选取有效灌溉耕地面积来反映农业现代技术对流域协调发展的影响。

（2）人均国内生产总值。人均国内生产总值更能真实地反映经济的经济发展水平，经济发展水平是影响流域协调发展的重要因素，借鉴 Song 等（2023）的做法，本书使用人均生产总值来反映经济发展水平对流域协调发展的影响。

（3）产业结构。产业结构既是资源配置的桥梁，也是环境保护和经济发展的关键支点，在经济增长中起着不可替代的作用。产业结构优化能够促进社会资源配置效率不断提升，引导产业结构向资源节约化调整，这将更多地涉及发展绿色、环保、高附加值的产业，实现对资源的高效利用和对环境的有效保护，通过调整推动技术创新、提高劳动力素质和改善生态环境等，间接提高生产效率和绿色生产水平。来自第二产业的污染物是造成环境破坏的重要原因，第三产业在能源消耗、环境污染等方面都优于第二产业（Xing et al.，2021），因此本书选取第三产业产值与第二产业产值的比值来反映产业结构对流域协调发展的影响。

（4）人均教科文卫事业费支出。人均教科文卫事业费支出是一个重要的社会经济指标，它反映了一个地区在教育、科技、文化和卫生领域的投入水平。这些领域的发展直接关系到人民的综合素质和福祉。首先，科技作为第一生产力，在当代社会中发挥着至关重要的作用。科技的进步和创新对经济发展具有不可替代的推动作用，它能够推动生产力的提升、优化产业结构、增强企业的竞争力和创新能力。人均教科文卫事业费支出的增加，意味着对科技研发、创新能力和技术人才的投入增加，这无疑将为流域内的科技创新和产业升级提供有力支持，以促进流域经济整体水平的提升。其次，教育是科技进步和创新的源泉。通过提高教育水平和质量，可以培养出更多具备创新意识、创造能力和实践能力的人才。人均教科文卫事业费支出的增加将充实教育资源，提升教育质量，促进流域的教育事业发展。在一个优质教育有保障的环境中，人们的创新意识和科学素养得以培养，为科技进步和流域的协调发展注入源源不断的动力。此外，卫生和文化事业的发展直接关系到人民的身心健康和社会福利。人均教科文卫事业费支出的增加表明对卫生和文化事业的重视程度增加。充分发展卫生事业可以提高人民的生活质量和健康水平，减少疾病发病率和死亡率，促进社会和谐发展。文化事业的繁荣使人们能够接触到更丰富多样的艺术形式和文化体验，不仅丰富了人们的精神生活，也促进了社会的共同进步。因此用人均教科文卫事业费支出来衡量社会经济发展潜力对流域协调发展的影响。

（5）城乡收入比。城乡收入比衡量了地区的贫富差距，作为衡量地区贫富差距的重要指标，反映了城乡居民收入水平和贫富分配的不平等程度。城镇化、经济发展和各种政策因素都对城乡收入比产生影响，一个地区的贫富差距是由城镇化、经济发展、政策多重因素影响的，与协调发展紧密相关，因此本书选取城乡收入比来反映贫富差距对流域协调发展的影响。

（6）人口密度。考虑到各个地区的行政面积与人口规划有一定的差距，直接选取人口绝对数不具有科学的对比性，而选取人口密度即单位面积的人口数量更为科学。首先，人口密度的增加反映了流域内人口规模的变化和分布的集中程度。高人口密度地区常常伴随着密集的经济活动和优越的基础设施，这有助于推动流域快速发展。人口密度的增加带来了更多的就业机会和市场需求，这自然推动了经济增长和区域产业结构的调整。然而，高人口密度也会对环境造成影响，包括土地资源的过度利用、生态环境的破坏、资源消耗和污染排放的增加等（Fu et al.，2020）。其次，人口密度对流域协调发展的影响还体现在社会因素方面。高人口密度地区往往拥有丰富的人力资本和充分的社会资源，反映了社会经济的繁荣和文化创新的强度。人口密度大的地区容易形成商业和文化中心，具备更丰富的社会活动和文化交流，进一步促进流域内各领域的协调发展。此外，高人口密度地区也有利于构建更加完善的社会保障和公共服务体系，为居民提供更好的条件和机遇，进一步提升社会公平和居民幸福指数。因此，本书选取人口密度来反映人口对流域协调发展的影响。

3.5.2 钱塘江流域协调发展水平变化及空间溢出效应的实证检验

3.5.2.1 钱塘江流域系统耦合协调水平分析与差异比较

从时间演变（表3-6）来看，各县（市、区）的耦合协调度整体呈上升趋势，耦合协调度年均值由2006年的0.41上升为2022年的0.52，这说明随着钱塘江流域生态保护政策的演进，EES系统更加协调，钱塘江流域各子系统协调发展程度不断提高。分阶段来看，第一阶段政策（2006~2012年）、第二阶段政策（2013~2017年）、第三阶段政策（2018~2022年）的耦合协调度均值分别为0.46、0.55和0.61，三个阶段的增长率分别为22.40%、15.00%、4.80%，可以看出三个阶段生态保护政策的实施都有效地提高了钱塘江流域的协调发展水平，其中第一阶段的增长幅度最大。从空间角度（表3-7）来看，源头（上游）、中游、下游地区的耦合协调度均值存在一定的差异，但是总体仍然呈现增长趋势。第一阶段政策（2006~2012年）上中下游地区的耦合协调度均值基本相同，差异不明显；第二阶段政策（2013~2017年）与第三阶段政策（2018~2022年）下游地区的耦合协调度均值开始明显高于源头（上游）地区和中游地区。这说明横向生态补偿政策与系统治理新阶段的政策实施，使得下游地区享受到了生态环境改善所带来的福利，并且下游地区不用承担源头（上游）地区生态保护压力，从而使得下游地区生态、经济、社会的发展更为协调。

表 3-6　2006～2022 年钱塘江流域耦合协调度均值

阶段	时间	均值
第一阶段	2006	0.41
	2007	0.43
	2008	0.44
	2009	0.46
	2010	0.47
	2011	0.49
	2012	0.51
第二阶段	2013	0.52
	2014	0.53
	2015	0.55
	2016	0.57
	2017	0.58
第三阶段	2018	0.59
	2019	0.61
	2020	0.62
	2021	0.62
	2022	0.52

数据来源：流域各区（县、市）的社会经济统计年鉴（2006～2022）。

表 3-7　2006～2022 年钱塘江源头生态保护修复不同阶段下的流域 EES 系统耦合协调度均值变化

阶段	源头（上游）地区	中游地区	下游地区	流域整体
第一阶段	0.44	0.43	0.44	0.44
第二阶段	0.53	0.52	0.60	0.55
第三阶段	0.58	0.59	0.66	0.61

数据来源：流域各区（县、市）的社会经济统计年鉴（2006～2022）。

本研究选取第一阶段政策（2006～2012 年）EES、第二阶段政策（2013～2017 年）、第三阶段政策（2018～2022 年）的 EES 系统耦合协调度均值，分析其耦合协调发展类型的空间演变趋势。第一阶段政策（2006～2012 年），无论是上、中、下游地区，耦合协调发展类型多为强耦合协调类型，全流域耦合协调水平不高、部分地区存在失衡现象。第二阶段政策（2013～2017 年），上、中游地区大部分县（市、区）为初级耦合协调类型，但下游地区大部分县（市、区）已经进入到良好耦合协调类型，说明第二阶段政策（2013～2017年）耦合协调发展类型在源头（上游）地区与中游地区差异不大，下游地区明显高于源头（上游）地区和中游地区，源头（上游）地区的生态保护对下游地区的生态环境改善有很大帮助，从而进一步促进了下游地区社会经济与生态的协调发展。第三阶段政策（2018～2022年），耦合协调发展类型在源头（上游）地区大部分县（市、区）仍为初级耦合协调类型，但中游地区有一半县（市、区）进入了初级耦合协调类型，下游地区全部县（市、区）都是良好耦合协调，说明此阶段流域上中下游协调发展差距明显，下游地区协调发展水平最高，中游地区次之，源头（上游）地区最低。通过对三个阶段政策演进的分析，可以看出钱塘江源头生态保护修复政策的实施对于流域的协调发展有着积极的作用，然而地区间差异仍然明显，"钱江源山水工程"应继续完善流域横向生态补偿政策，带动源头（上游）地区协调发展。

3.5.2.2　钱塘江流域系统协调发展空间关联格局

2006～2022年EES系统协调全局自相关Moran's I指数均在1%水平上呈显著正相关，且总体呈现递增的趋势（表3-8），说明钱塘江流域生态、经济、社会三系统总体耦合协调程度具有明显的正向空间集聚性，且集聚程度有逐年上升趋势。分阶段来看，第一阶段政策（2006～2012年）的Moran's I指数呈上升趋势（从0.22提升到0.34，提升了58%），说明第一阶段政策将生态价值纳入源头地区的国内生产总值（GDP）考核，对源头地区经济社会和生态的协调发展有着促进作用，从而有效提高了流域整体的耦合协调度。第二阶段政策（2013～2017年）的Moran's I指数呈下降趋势（从0.35下降到0.26，下降了26%），这可能是第二阶段政策实施了最严格的保护政策，对上游地区的经济、社会因素造成了一定的影响，使得流域上中下游之间的集聚程度下降了。第三阶段政策（2018～2022年）的Moran's I指数相比于第二阶段政策（2013～2017年）提高了（从0.26提高到0.42，提高了59%），说明在多部门协同治理下，此阶段流域生态、经济、社会三系统的发展势态良好，区域之间协作程度高，集聚度有所提升。

表 3-8　2006～2022 年 EES 系统协调发展 Moran's I 指数

年份	2006	2007	2008	2009	2010	2011	2012	2013	2014
Moran's I 指数	0.22	0.34	0.43	0.44	0.39	0.36	0.34	0.35	0.34
P 值	0.036	0.008	0.002	0.002	0.006	0.008	0.010	0.010	0.023

年份	2015	2016	2017	2018	2019	2020	2021	2022	
Moran's I 指数	0.28	0.27	0.26	0.45	0.45	0.37	0.39	0.42	
P 值	0.026	0.033	0.002	0.002	0.002	0.007	0.005	0.004	

本研究选取第一阶段政策（2006～2012 年）、第二阶段政策（2013～2017 年）、第三阶段政策（2018～2022 年）的 EES 系统耦合协调度均值，求出各个阶段的 LISA 指数和 Getis-Ord 指数，并分析 2006～2022 年钱塘江流域 EES 系统协调发展的集聚及冷热点演变趋势。第一阶段政策（2006～2012 年），源头（上游）地区存在 L-L 型（低效型）区域以及冷点区域，中游地区存在 L-H 型（空心型）区域，下游地区存在 H-H 型（高效型）区域以及热点区域，说明此阶段流域保护政策的实施使得下游地区享受到了生态福利，且由于下游地区社会经济条件等本身优于上、中游地区，形成了协调发展的热点区域，源头（上游）地区由于流域生态保护政策的实施，经济、生态发展冲突，导致了源头（上游）地区与中游地区相邻处出现了冷点区域。第二阶段政策（2013～2017 年），源头（上游）地区情况并未发生改变，存在 L-L（低效型）型区域以及冷点区域，中游地区 L-H 型（空心型）区域消失，下游地区热点区域增加，说明此阶段流域保护政策的实施使得下游地区进一步享受生态福利，热点区域扩散，进而开始影响到邻近的中游地区。第三阶段政策（2018～2022 年），源头（上游）地区、中游地区冷点区域消失，下游地区的热点区域更加显著，说明此阶段多部门参与生态保护修复治理，对源头（上游）地区生态、经济、社会各个方面都有着正面的影响，中游地区与源头（上游）地区相邻的区域也受到同样的影响。

整体来说，钱塘江流域正向集聚程度提高，冷热点分布规律性较强，热点区域始终存在于下游地区，这些区域拥有优越的地理区位，经济发展基础较好，区域合作机制完善，技术、资金、人才等发展要素流动频繁且城市间溢出效应明显。冷点区域主要出现于源头（上游）地区和中游地区的邻接区域，这些区域生态环境基础较差且敏感度较高，经济发展情况不如下游地区。

3.5.2.3　钱塘江源头生态保护修复的空间溢出效应分析

为了比较三个政策阶段的实施效果，本文将总数据分为三个不同的样本，分别对应政策实施阶段，即第一阶段（2006～2012 年）、第二阶段（2013～2017 年）和第三阶段（2018～2022 年）。无论是在第一、第二还是第三阶段，上游地区都是实施生态保护政策的地区，而中下游地区则不是实施生态保护的地区。在研究空间溢出效应之前，必须确定合适的分析模型。首先，本书进行了 LM 测试来评估模型的适用性。结果表明，空间误差的 LM 检验统计和空间滞后模型均通过了10% 的显著性检验，这表明空间杜宾模型更合适。其次，采用 LR 检验来确定空间杜宾模型是否可以退化为空间误差或空间滞后模型。对于所有三个样本，空间误差和空间滞后模型的 LR 检验值也通过了 10% 的显著性水平，即空间杜宾模型仍然优于其他两个模型。因此，本书采用空间杜宾模型进行分析。

表 3-9 显示了空间杜宾模型的主效应回归结果。从结果来看，空间杜宾模型

中是否执行第一阶段政策、是否执行第二阶段政策、是否执行第三阶段政策的主效应的估计系数显著为正，其中是否执行第三阶段政策系数最大，而是否执行第一阶段政策和是否执行第二阶段政策的系数相似。这表明，与没有实施政策相比，每个阶段的政策实施都具有明显的正向空间溢出效应。值得注意的是，第三阶段（2018～2022 年）政策系数最大，这归因于大量的政府投资和多部门管理协调，共同修复了河流、矿山、土地和森林等生态系统，从而改善了整体生态系统。

表 3-9　钱塘江源头生态保护修复政策演进下的空间溢出主效应的估计结果

变量	第一阶段	第二阶段	第三阶段
是否执行第一阶段政策（是=1，否=0）	0.21***		
	(0.04)		
是否执行第二阶段政策（是=1，否=0）		0.20***	
		(0.03)	
是否执行第三阶段政策（是=1，否=0）			0.27***
			(0.03)
有效灌溉耕地面积/10^3hm²	−0.25***	−0.28***	0.02
	(0.04)	(0.06)	(0.04)
人均生产总值/元	0.51***	0.27***	0.20***
	(0.06)	(0.05)	(0.06)
产业结构（第三产业生产总值/第二产业生产总值）	0.34***	0.09**	0.06*
	(0.04)	(0.04)	(0.04)
人均教科文卫事业费支出/元	−0.10*	−0.21***	−0.15
	(0.06)	(0.06)	(0.11)
城乡收入比（城市生产总值/乡村生产总值）	0.45***	0.38***	0.13***
	(0.05)	(0.05)	(0.05)
人口密度/（人/平方千米）	−0.25***	−0.28***	0.02
	(0.04)	(0.06)	(0.04)

注：① *P<0.10，**P<0.05，***P<0.01；②括号内为标准误。
数据来源：流域各区（县、市）的社会经济统计年鉴（2006～2022 年）。

空间杜宾模型的估计结果并不能直接反映政策变量的边际效应，因为该模型结合了具有空间滞后的解释变量和被解释变量。因此，有必要分解间接效应、直接效应和总效应（表 3-10），以分析每个影响因素的溢出传递机制。从政策变量空间效应的分解结果来看，三个阶段的政策变量在间接效应方面都显著正相关，即与没有实施生态保护政策相比，在上游地区实施三个政策阶段都对促进邻近地区协调发展有积极影响。一方面，生态保护政策的实施改善了上游地区的生态环境；另一方面，它为上游地区的社会和经济发展提供了良好的基础，为上游地区的社会和经济发展吸引更多投资和技术人才，间接促进周边地区的协调发展，从而为区域经济繁荣作出贡献。

表 3-10 钱塘江流域 EES 系统空间杜宾模型效应分解

变量	间接效应			直接效应			总效应		
	第一阶段	第二阶段	第三阶段	第一阶段	第二阶段	第三阶段	第一阶段	第二阶段	第三阶段
是否执行第一阶段政策（是=1,否=0）	0.76***			0.01			0.78***		
	(0.16)			(0.05)			(0.18)		
是否执行第二阶段政策（是=1,否=0）		0.61***			0.09*			0.70***	
		(0.13)			(0.04)			(0.15)	
是否执行第三阶段政策（是=1,否=0）			0.66**			0.20***			0.86***
			(0.26)			(0.05)			(0.30)
有效灌溉耕地面积/$10^3\mathrm{hm}^2$	0.08	−0.18	0.18**	−0.28***	−0.26***	−0.01	−0.20**	−0.44**	0.18*
	(0.10)	(0.16)	(0.09)	(0.03)	(0.04)	(0.04)	(0.09)	(0.19)	(0.11)
人均生产总值/元	0.17	0.21*	0.68**	0.48***	0.23***	0.14**	0.64***	0.44***	0.82**
	(0.13)	(0.12)	(0.34)	(0.06)	(0.05)	(0.07)	(0.14)	(0.13)	(0.36)
产业结构（第三产业产值/第二产业产值）	0.01	0.07	0.25	0.34***	0.07	0.04	0.35***	0.14*	0.28
	(0.17)	(0.11)	(0.17)	(0.07)	(0.05)	(0.03)	(0.12)	(0.08)	(0.19)
人均教科文卫事业费支出/元	−0.31***	−0.32***	0.03	0.03	0.02	−0.01	−0.28***	−0.30***	0.03
	(0.07)	(0.09)	(0.06)	(0.02)	(0.02)	(0.01)	(0.08)	(0.10)	(0.06)
城乡收入比（城市生产总值/乡村生产总值）	−0.22	−0.97*	0.52	−0.04	−0.02	−0.19	−0.26	−0.98**	0.33
	(0.24)	(0.51)	(0.54)	(0.06)	(0.12)	(0.12)	(0.19)	(0.43)	(0.57)
人口密度/(人/千平方米)	0.56***	0.69***	0.31*	0.31***	0.26***	0.10**	0.87***	0.95***	0.41**
	(0.14)	(0.19)	(0.16)	(0.04)	(0.05)	(0.04)	(0.17)	(0.24)	(0.19)

注：①*$P<0.10$，**$P<0.05$，***$P<0.01$；②括号内为标准误。
数据来源：流域各区（县、市）的社会经济统计年鉴（2006~2022）。

就直接效应而言，虽然是否执行第二阶段政策、是否执行第二阶段政策的系数显著为正，但直接效应系数明显小于间接效应。是否执行第二阶段政策的直接效应显著，可能源于在第二阶段上游地区国内生产总值评估的重点转向生态保护和生态经济等因素而不是仅仅关注国内生产总值，这种转变可防止上游地区为了国内生产总值而盲目地增长经济。此外，这一阶段的横向生态补偿政策使上游地区能够从下游地区获得生态保护的经济补偿，从而对其自身的协调发展产生积极影响。与是否执行第二阶段政策相比，是否执行第三阶段政策的系数更大，这是因为"钱江源山水工程"通过综合治理方法显著改善了当地的生态系统。相反，是否执行第一阶段政策的系数不显著源于其在第一阶段主要关注生态环境恢复，牺牲了上游地区的社会和经济发展。

总体而言，上游地区三个政策阶段的实施对邻近地区的协调发展都产生了积极影响，这说明了流域生态系统具有整体性。此外，随着政策的演变，生态保护政策对上游地区的协调发展水平产生了积极影响，导致整个钱塘江流域的协调发展程度不断提高。

在控制变量方面，作者发现人均国内生产总值和人口密度两个变量的直接效应、间接效应都有显著的正向影响，这意味着经济水平的提高和人口密度的增加对当地的协调发展、邻近地区的溢出效应都有积极作用。在第一和第二阶段，人均教科文卫事业费支出的直接效应系数显著为负，而在第三阶段，间接效应系数不显著。这一结果表明，教育、科学、文化和医疗保健支出的增加可能会增加该地区的社会福利，吸引邻近地区的居民寻求相关的就业机会，从而产生类似于"虹吸"的现象。在第一和第二阶段，产业结构的总效应系数显著为正。这一发现表明，优化产业结构是实现协调发展的有效途径。

本书还进行了稳健性分析，验证结果的可靠性。仅仅使用地理距离权重矩阵可能忽视了各个地区的经济发展水平。为了解决这个问题，作者使用人均国内生产总值的平均值计算出一个经济距离权重矩阵；此外，还使用邻接矩阵进行回归分析。表 3-11 显示了稳健性检验的结果。经济距离权重矩阵回归的结果表明，三个阶段的关键解释变量系数都显著为正，这与使用地理距离矩阵进行回归的结果相似。此外，邻接矩阵回归的结果显示，第一阶段政策变量的系数不显著，第二、第三阶段政策变量的系数均显著为正。这表明，随着上游地区生态保护政策的演变，其对流域协调发展的影响越来越明显。因此，通过替换权重矩阵获得的稳健性测试结果证实了上述发现的可靠性。

表 3-11　稳健性检验

变量	经济距离权重矩阵			邻接矩阵		
	第一阶段	第二阶段	第三阶段	第一阶段	第二阶段	第三阶段
是否执行第一阶段政策（是=1，否=0）	0.10***			0.05		
	(0.02)			(0.04)		
是否执行第二阶段政策（是=1，否=0）		0.14***			0.13**	
		(0.02)			(0.05)	
是否执行第三阶段政策（是=1，否=0）			0.03*			0.11***
			(0.02)			(0.02)
控制变量	已控制	已控制	已控制	已控制	已控制	已控制

3.6　本章小结

本章第一部分概括了钱塘江流域的基本情况；第二部分梳理了"钱江源山水

工程"的进程,包括起步阶段、深化阶段、系统治理新阶段的政策实施情况;第三部分总结了"钱江源山水工程"的实施和概况;第四部分基于统计年鉴数据,构建了生态-经济-社会的指标系统,运用熵值法测算出钱塘江流域的生态指数、经济指数和社会指数,同时比较了三个阶段的生态保护修复政策期间的生态指数、经济指数和社会指数的变化,分析三个阶段生态保护修复政策间生态、经济、社会发展情况;第五部分系统分析了钱塘江流域整体和上中下游地区 EES 系统协调发展水平的空间关联格局,以及政策演进的空间溢出效应。具体结论如下。

第一,起步阶段三大系统指数呈现增长趋势,各地区之间差异不大;深化改革阶段三大系统指数中生态指数变化不明显,而经济指数、社会指数呈现明显增长趋势;系统治理阶段三大系统指数之间的差异开始变小,流域整体发展趋于平衡,说明钱塘江源流域生态保护政策的实施提高了流域的协调发展,并且随着以"钱江源山水工程"为标志的系统治理阶段的推进,上、中、下游的发展差距在不断缩小,流域不同区域呈现平衡发展态势。

第二,"钱江源山水工程"在经济效益方面使农户生计水平有效提升、家庭收入结构有所改善、农户经济收益受到损失、生态产业蓬勃发展;在社会效益方面使基础设施不断完善、就业结构不断优化的效应;在生态效应方面使生态环境质量提高、生物多样性明显增加、农户生态认知显著提高。

第三,各县(市、区)的耦合协调度整体呈上升趋势,且各个政策阶段的耦合协调度均值都显著地增加,三个阶段生态保护修复政策的实施都有效地提高了钱塘江流域的协调发展水平。此外,第二阶段(2013~2017 年)、第三阶段(2018~2022 年)耦合协调度均值明显高于上游地区和中游地区。

第四,钱塘江流域生态、经济、社会三系统总体耦合协调程度具有明显的正向空间集聚性,且集聚程度有逐年上升趋势。此外,第三阶段政策与生态、经济、社会三系统的区域之间协作程度最高。同时,上游地区随着生态保护修复政策的演进空间溢出效应最明显。

第五,钱塘江流域的生态保护修复政策具有明显的空间溢出效应,产业结构的优化和人口密度的提升具有明显的正向溢出效应,农业技术进步的溢出效应以积极溢出效应占主导,人均国内生产总值没有明显的溢出效应。

第4章　钱塘江源头生态保护修复的生态福利绩效变化及其影响因素

进入 21 世纪以来，流域生态保护政策出台，成为强化流域生态系统保护治理、体现山水林田湖草沙一体化治理思维、促进流域高质量发展的重要手段。从现有大量的研究与实践来看，生态系统治理与保护具有一定的外部性，一方面，源头生态保护会为流域中下游地区带来重要的生态福利；另一方面，严格的生态保护政策会给流域共同富裕带来巨大的挑战。本章将重点运用钱塘江源头地区及流域其他地区的社会经济统计调查数据，基于源头生态保护修复政策演进视角运用计量模型，系统揭示钱塘江源头生态保护修复政策对流域带来的生态福利绩效变化及其影响因素。

4.1　钱塘江源头生态保护修复的生态效益评价

4.1.1　生态环境质量提高

4.1.1.1　森林覆盖率稳步增长

森林覆盖率是实现低碳化的重要物质基础。森林是陆地上最大的碳储库，减少森林损毁、增加森林资源、提高森林覆盖率是应对"碳中和""碳达峰"的有效途径。"钱江源山水工程"的实施，大力推进了工程区域内生态修复和保护。调查数据显示，工程区域内森林覆盖率逐年上升，从 2015 年的 80.7%增长到 2020 年的 88.05%，这表明，工程的实施在保护和恢复工程区域内的森林资源方面取得了显著成效。项目通过大规模植树造林，有效地将荒山荒地转变为有林地，提高了森林覆盖率。通过引入科学的造林技术和管理方法，政府鼓励农民将山坡上的耕地改种为生态林或经济林，从而提高森林面积和多样性。这样的措施不仅增加了森林的覆盖面积，还提高了生态公益林的质量和保护效果。此外，工程区域内被遗弃的森林也得到了重新的经营和管理。这种综合利用和恢复森林资源的方式，不仅提高了森林的持续利用率，还促进了生态修复和保护工作的深入进行。

4.1.1.2　空气质量保持优良

自山水林田湖草沙生态保护修复以来，源头流域空气质量呈现继续向好的发展态势。2015~2020 年，开化县、淳安县、常山县、建德市环境空气质量优良率均保持在 80% 以上，优良率总体呈上升趋势，上升趋势相对较为平稳，2020 年工程区空气质量指数（AQI）优良率保持在 98% 以上，为历年最高水平，体现了工程区对于保护和发展良好生态环境的重视力度（表 4-1）。

表 4-1　2020 年工程区生态环境情况

指标	开化	建德	常山	淳安
出境水 I、II 类水占比/%	98.90	98.00	100.00	100.00
空气质量指数/%	99.70	98.10	99.70	98.00
PM$_{2.5}$ 浓度/（μg/m³）	21.00	24.20	27.00	21.00

数据来源：政府工作报告、调研数据。

4.1.1.3　生物多样性明显增加

生物多样性是人类社会赖以生存和发展的基石。中国是全球生物多样性最为丰富的国家之一，作为国家级生态文明示范县的开化县，是浙江省重点林区和全国重点林业县，其境内生物多样性资源丰富，80.30% 的县域面积作为生态保护空间，是我国 17 个具有全球意义生物多样性保护的关键地区之一，是华东地区重要的生态屏障。开化县自开展"钱江源山水工程"以来，其生物多样性丰富度明显增加，由表 4-2 可知，与 2015 年相比，开化县野生动植物物种明显增加，2020 年全县共有植物 2244 种，相比 2015 年增加了 253 种，增长近 12.71%；高等动物由 2015 年的 372 种增长至 2020 年的 414 种，增长了 11.29%；国家重点保护动物由 2015 年的 39 种增至 2020 年 61 种，增长率高达 56.41%。作为钱塘江流域源头地区的开化县，经过 5 年的生态保护政策的实施，其生物多样性得到了长足的发展，生物多样性明显增加。

表 4-2　开化县生物多样性现状分析（种）

生物多样性现状	2015 年	2020 年	增长率/%
植物丰富度	1991	2244	12.71
高等动物丰富度	372	414	11.29
国家重点保护动物种数	39	61	56.41

数据来源：2020 年开化县生物多样性现状调查

4.1.2　农户生态认知提升

当前，"钱江源山水工程"仍处于实施阶段，工程项目的专业性与复杂性一定程度上会造成农户对生态修复与保护的认知偏差，但同时生态系统修复与保护工程的覆盖范围和宣传力度相对较广，对提升农户生态修复与保护工程的认识有一定的促进作用。从调研情况来看，62.30%的农户在不同程度上了解生态修复相关政策，但农户了解程度存在差异。一般了解生态修复相关政策的农户最多，占比 32.60%，比较理解的农户占比 23.80%，很了解的农户占比 5.90%，说明生态修复相关政策的宣传取得了一定成就，农户对相关政策有一定的认知，同时也有 37.5%的农户处于不了解或不太了解生态修复相关政策，随着山水林田湖草沙项目的不断推进，提高农户生态认知仍然是重中之重，详细数据情况见图 4-1。

同时，从图 4-2 可以看出，比较满意及以上农户占比达到 70.34%，即整体上农户对生态修复保护政策比较满意，原因是大多数农户比较认同生态修复保护相

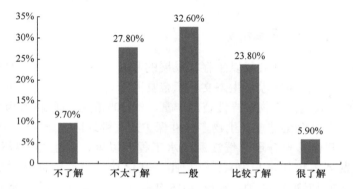

图 4-1　农户对生态修复与保护相关政策了解情况

数据来源：实地调查

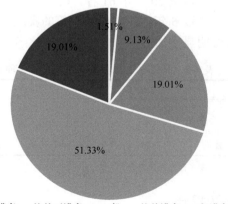

图 4-2　农户对生态修复与保护政策实施效果满意度

数据来源：实地调查

关政策的实施保护了当地的生态环境、保护了野生动植物、改善了森林资源，并在一定程度上促进了当地经济发展。

4.1.3　生态环境效益释放

"钱江源山水工程"的施行，实现了工程区域内社会经济效益与生态环境效益的协调发展和良性循环，资源利用方式的转变、高污染企业的关停以及企业的转型发展使得生态环境效益得到进一步释放，具体表现在以下几个方面。

4.1.3.1　常山县企业产业升级

历史上，由于矿产开采活动的进行，常山县形成了众多的关闭（废弃）矿山，而这些矿山导致的生态破坏问题（包括植被减少、景观破坏、土地退化等）一直未得到有效的治理。此外，该区域矿山主要以中小型矿山为主，矿山企业经营者的素质和管理方式也存在差异，部分矿山企业的经营方式较为粗放，矿产资源开发利用水平有待提高。由于历史和政策原因，矿山地质环境的保护和恢复治理滞后，亟需采取行动加快本地生态环境的恢复。为此，常山县政府开始全面整治，在划定区域禁采区、开采区和限采区的基础上，优先治理其中的"四边"废弃矿山（井）等重点矿山。该措施主要聚焦于立即治理存在严重环境问题的矿山点，着重加强对大量无所属尾矿库和已废闭尾矿库的监管。通过这些整治措施，大量重污染和高耗能的碳酸钙企业被迫关停。与此同时，当地政府积极引导企业进行转型，鼓励企业发展以高技术和低耗能为特点的新兴产业，以提升企业的可持续发展水平。这些转型企业在规模化、机械化、集约化和综合利用等方面取得了显著进展，实现了重要的创新与突破。通过以上的整治措施和政策引导，常山县在矿山及相关企业的治理过程中取得了重要的成果，让原本存在着重大环境问题的废弃矿山得到了有效的整治和管理。同时，通过引导新兴产业的发展和转型，常山县的矿山企业走上了一个新的台阶，实现了规模化、机械化、集约化和综合利用的新模式，为区域的生态环境保护和经济发展作出了积极的贡献。

4.1.3.2　开化县小水电企业退出

在"钱江源山水工程"区域内，存在小水电开发经营活动，干扰了流域生态环境，破坏了自然生态系统的原真性。为妥善处理水电开发与流域生态保护问题，钱江源国家公园管理局对国家公园规划范围内的 9 座水电站（其中，涉及生态保育区的有 4 座，涉及游憩展示区的有 5 座）进行强制退出和整改行动，在实施国家公园最严格保护的前提下，对因强制措施造成的经济损失给予补偿，保护水电站业主合法权益。针对不同的水电站，管理当局实行"一站一策"，逐站制订退出整改方案，根据各水电站的发电功率（千瓦数）、投资金额、经济收益等确定补偿形式和补偿金额，签订退出整改协议。协议签订之初，预付资产评估价值 50% 的补偿金，对规定时间内完成退出整改的电站再给予资产评估价值 5% 的奖励金，剩余款项在电站移交后付清。目前已有 6 座水电站成功退出整改。

4.2 钱塘江流域的生态福利绩效分析

4.2.1 生态福利绩效测算模型与变量选取

生态福利绩效通过计算单位自然消耗所带来的福利水平的提升来评估各国的可持续发展状况（Daly，2005），并将其表示为服务与通量的比值，其中"服务"为人类从生态系统中获得的效用，通量为人类从生态系统中得到的低熵能源和物质以及最终向生态系统排放的高熵废弃物的总和。在 Daly 的研究基础上，国内学者提出了生态福利绩效的概念，并将生态福利绩效定义为自然消耗转化为福利效用水平的效率，用来衡量国家或地区的可持续发展能力（肖黎明和肖沁霖，2021）。

从具体指标来看，生态福利绩效是福利的价值量和生态资源消耗实物量的比值，反映了单位资源投入所带来的福利提高程度（赵玉山和朱桂香，2008）。针对生态保护的特点，本书对传统的生态福利绩效指标进行了进一步修正。从投入消耗而言，流域生态资源消耗包括了传统流域社会经济发展中的各类资源要素消耗与环境污染，在钱塘江流域生态保护政策实施的不同阶段，其资源要素消耗与环境污染等投入要素会呈现不同的变化。①流域社会经济发展中的各类能源、土地与水资源投入消耗，借鉴前期研究（王军锋等，2011），分别以人均能源消费量（标准煤）、人均用水量和人均建成区面积度量。②环境污染涉及废水、废气和固体废弃物，借鉴前期研究，分别以人均废水排放量、人均废气排放量、人均工业固体废弃物产生量进行度量（He et al.，2015）。

流域生态保护的投入消耗还包括了在生态保护活动中带来的各种资源要素消耗。①由于生态保护带来的各类资金投入。由于政府在流域生态保护中的主导性以及数据的可获得性，选取"环境保护财政投入"指标来衡量。②由于生态保护所带来的人力资本要素投入变化，选取"水利、环境与公共设施管理业从业人数"作为指标。从产出而言，根据现有文献（Zhang et al.，2022），期望产出主要由流域地区的福利水平表示。参照由联合国开发计划署（UNDP）发布的人类发展指数（HDI）所采用的经济、教育和健康三个维度指标对福利水平进行量化评估。

具体包括流域地区的人口平均预期寿命、人均受教育年限、人均生产总值。又由于流域生态保护的重点在于水环境的系统治理（马军旗和乐章，2021），因此衡量流域福利水平的指标还需要综合考虑水流量、水生态、水灾害等因素。现有文献采用水环境质量综合指数来衡量水环境系统治理的水平（陈军等，2022），因此本书将水环境质量综合指数纳入到生态福利绩效测算产出指标中，以衡量钱塘江流域生态保护所带来的流域生态福利水平改善，具体指标体系见表 4-3。

本书根据国外学者提出的 Super-SBM 模型（改进的 DEA 模型）来进行效率测算（Brereton et al.，2008）。数据包络分析（data envelopment analysis，DEA）是一种常用的测算效率方法（Charnes et al.，1978）。由于普通 DEA 模型测算出的效率值具有不确定性的问题，Tone 于 2002 年提出 Super-SBM 模型。Super-SBM 模型考虑了松弛变量，解决了所有投入产出以同比例变化，导致出现测算结果过高的问题。

$$
\begin{cases}
\mathrm{Min}\rho_{SE} = \dfrac{\dfrac{1}{m}\sum_{i=1}^{m}\overline{x_i}/x_{ik}}{\dfrac{1}{s}\sum_{r=1}^{s}\overline{y_r}/y_{rk}} \\[4mm]
s.t.\ \sum_{j=1,\ j\neq k}^{n}x_j\lambda_j \leq \overline{x};\ \sum_{j=1,\ j\neq k}^{n}x_j\lambda_j \geq \overline{y} \\[4mm]
\sum_{j=1,\ j\neq k}^{n}x_{lj}\lambda_j + s_i^- = x_{ik},\ i=1,2,\cdots,\ m \\[4mm]
\sum_{j=1,\ j\neq k}^{n}x_{rj}\lambda_j - s_r^+ = y_{rk},\ r=1,2,\cdots,\ s \\[4mm]
\sum_{j=1,\ j\neq k}^{n}\lambda_j = 1,\ \overline{x}\geq x_k,\ \overline{y}\leq y_k,\ j=1,2,\cdots,\ n(j\neq k) \\[4mm]
\overline{y}\geq 0,\ \lambda\geq 0,\ s_i^-\geq 0,\ s_r^+\leq 0
\end{cases}
\tag{4.1}
$$

其中，ρ_{SE} 为相对效率值；x、y 分别为输入和输出变量；$(x,\ y)$ 为决策变量的参考点；m、s 分别为投入、产出指标个数；s_i^-、s_r^+ 分别为投入、产出的松弛量；λ_j 为权重向量。当 $\rho_{SE}\geq 1$ 时，效率值为有效；当 $\rho_{SE}<1$ 时，效率值无效。ρ_{SE} 值越高，生态福利绩效水平越高。

表 4-3　流域生态福利绩效的指标评价体系

类别	一级变量	二级变量
投入	资源消耗	人均消费标准煤/t
		人均建成区面积/m

类别	一级变量	二级变量
投入	资源消耗	人均用水量/m
		水利环境和公共设施管理业就业人数/人
		人均环境保护财政投入/元
非期望产出	环境污染	人均废气排放量/t
		人均废水排放量/t
		人均固体废弃物排放量/t
期望产出	福利水平	平均预期寿命/a
		人均受教育年限/a
		人均生产总值/元
		水环境质量综合指数

4.2.2 生态福利绩效的地区差异性：σ 收敛与 β 收敛

为了考察流域生态保护政策演进带来的生态福利绩效在地区之间是否具备收敛性，作者采用 σ 收敛与 β 收敛指标进行衡量（邓远建等，2021）。σ 收敛是指不同地区生态福利绩效随时间的推移偏离平均值的幅度逐渐减小的趋势，反映随着钱塘江流域生态保护政策的深入推进，不同地区的生态福利绩效是否体现趋同性的趋势，进而可以反映流域能否实现"生态共富"的目标。用变异系数来测度 σ 收敛已被广泛应用于生态福利绩效的收敛性相关研究中，其计算公式为：

$$\sigma_j = \frac{\sqrt{\frac{1}{N_j}\sum_{i=1}^{N_i}\left(\mathrm{EWP}_{ji} - \overline{\mathrm{EWP}_j}\right)^2}}{\overline{\mathrm{EWP}_j}} \tag{4.2}$$

其中，EWP_{ji} 表示研究区域 j 内第 i 个县的生态福利绩效水平值；$\overline{\mathrm{EWP}_j}$ 表示区域 j 内各县的生态福利绩效水平均值；N_j 表示区域 j 内县个数。

β 收敛是从增长率的角度考察不同地区生态福利绩效的变化趋势。如果存在 β 收敛，主要表现为生态福利绩效低水平地区的增长率高于高水平地区，从而导致低水平地区逐渐赶上高水平地区，反映的是随着钱塘江流域生态保护政策的推进，后发地区的生态福利绩效是否可以逐渐赶上原来高水平地区以及所需时间，从而呈现"生态共富"态势。若 β 收敛考虑到不同地区的异质性并以一些控制变量的存在为条件，则称之为条件 β 收敛；否则称之为绝对 β 收敛。

4.2.3   钱塘江流域生态福利绩效水平及变化描述性统计分析

依据 Super-SBM 模型可以测算得到钱塘江流域各个地区 2006～2022 年的生态福利绩效水平情况（图 4-3）。钱塘江流域的生态福利绩效随着钱塘江流域生态保护政策的不同阶段而表现出不同的变化。

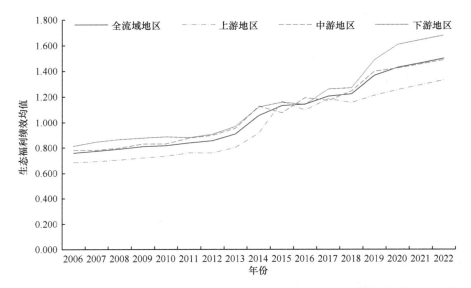

图 4-3   钱塘江全流域及上、中、下游地区 2006～2022 年生态福利绩效均值变动趋势

首先，总体来看，各个县（市、区）的生态福利绩效在 2006～2022 年呈现出不断变大的趋势，生态福利绩效值均值从 0.76 增加到 1.50。

其次，分阶段来看，在起步阶段（2006～2012 年），钱塘江流域的整体生态福利绩效增长较慢，生态福利绩效值从 0.76 上升到 0.85；在深化改革阶段（2013～2017 年），钱塘江流域整体生态福利绩效水平开始呈现较快的增长趋势，这一时期的流域生态补偿政策开始显现出效果，生态福利绩效值从 0.91 上升到 1.21；在系统治理新阶段（2018～2022 年），钱塘江流域开展了生态系统治理工程，钱塘江流域的生态福利绩效水平仍呈现出不断增长的趋势，表明这一系列的流域生态保护政策有效促进了钱塘江流域整体的生态福利绩效持续提升，生态福利绩效值从 1.22 上升到 1.50，尤其使得钱塘江流域整体水环境质量综合指数从 2006 年的 4.13 缩小到了 2022 年的 3.15，水环境质量得到明显改善。

再次，从不同流域地区比较来看，生态福利绩效值也呈现不断变大的趋势。钱塘江流域上游县、中游县、下游县的生态福利绩效均值分别为 0.95、1.08 和 1.14，生态福利绩效值上下游之间存在一定的差距。钱塘江流域上游地区尤其在源头生态保护政策的影响下导致经济性产出指标增长速度明显放缓，而下游地区在生态保护溢出效应的影响下实现了综合福利水平的提升，下游平均人均生产总值增加了236.62%，尤其是流域生态保护促使水资源质量指数平均增加了23.28%。从年份变化来看，2006～2022年钱塘江流域的上、中、下游生态福利绩效值增加幅度分别为94.30%、90.60%、100.06%，上游地区的增加幅度最小，下游地区的增加幅度最大，其原因可能是上游地区不断出台和实施生态保护政策，给下游地区所带来的溢出效应所致。

最后，从不同县（市）来看（表4-4），中下游县市如兰溪（1.02）、浦江（1.06）、桐庐（1.12）、富阳（1.11）、萧山（1.14）、诸暨（1.15）、上虞（1.16）、绍兴（1.12）的生态福利绩效均值超过1，生态福利绩效处于效率前沿；数值靠后的为开化（0.98）、建德（0.96）、常山（0.95）、淳安（0.92），主要位于钱塘江流域源头县（市）。因此，在现有流域尤其是源头生态保护政策的推进下，建立横向的流域生态补偿机制显得尤为重要。

表 4-4　2006～2022 年钱塘江流域各县（市）生态福利绩效值

政策阶段	年份	常山	开化	淳安	建德	兰溪	桐庐	富阳	浦江	萧山	诸暨	上虞	绍兴
起步阶段	2006	0.66	0.69	0.70	0.69	0.70	0.90	0.76	0.76	0.79	0.89	0.78	0.79
	2007	0.65	0.69	0.73	0.70	0.72	0.88	0.78	0.74	0.88	0.90	0.80	0.81
	2008	0.69	0.74	0.67	0.72	0.73	0.91	0.80	0.75	0.89	0.93	0.81	0.83
	2009	0.70	0.78	0.66	0.74	0.76	0.91	0.87	0.77	0.85	0.95	0.86	0.84
	2010	0.71	0.79	0.68	0.75	0.77	0.92	0.88	0.75	0.87	0.97	0.88	0.82
	2011	0.72	0.87	0.69	0.76	0.79	0.97	0.92	0.82	0.85	0.95	0.89	0.82
	2012	0.72	0.79	0.75	0.77	0.80	0.97	0.98	0.83	0.87	0.99	0.91	0.85
深化改革阶段	2013	0.74	0.88	0.76	0.82	0.89	0.98	0.97	0.96	0.98	1.06	0.92	0.91
	2014	1.04	0.89	0.90	0.82	1.13	1.10	1.12	1.16	1.11	1.04	1.15	1.19
	2015	1.19	1.15	1.21	1.11	1.12	1.02	1.12	1.02	1.06	1.05	1.24	1.28
	2016	1.00	0.98	1.19	1.22	1.17	1.16	1.19	1.25	1.15	1.10	1.18	1.13
系统治理新阶段	2017	1.13	1.19	1.26	1.16	1.22	1.14	1.21	1.11	1.24	1.21	1.35	1.25
	2018	1.08	1.13	1.18	1.22	1.21	1.27	1.28	1.22	1.36	1.14	1.34	1.24
	2019	1.24	1.21	1.14	1.26	1.34	1.36	1.48	1.41	1.46	1.45	1.57	1.47
	2020	1.28	1.25	1.25	1.25	1.29	1.48	1.49	1.42	1.60	1.59	1.65	1.58
	2021	1.30	1.29	1.30	1.29	1.33	1.50	1.50	1.49	1.64	1.62	1.70	1.60
	2022	1.33	1.33	1.34	1.33	1.37	1.51	1.51	1.55	1.68	1.66	1.76	1.61
	均值	0.95	0.98	0.92	0.96	1.02	1.12	1.11	1.06	1.14	1.15	1.16	1.12

数据来源：流域各区（县、市）的社会经济统计年鉴（2006～2022）。

4.2.4　钱塘江流域生态福利绩效的收敛性检验分析

图 4-4 所示为钱塘江流域及上、中、下游区域生态福利绩效 σ 收敛的演变趋势，总体呈现整体流域和上、中、下游区域内部的生态福利绩效差异都较为明显的态势。就 σ 系数的演进过程来看，其随着钱塘江流域生态保护经历不同阶段而表现出不同的情况。首先，2006～2022 年，全流域以及上、中、下游区域的系数存在一定的波动性，呈现逐渐上升的趋势，说明钱塘江流域内部各地区之间的生态福利绩效变化很明显。其次，分阶段来看，在流域生态保护政策实施起步阶段（2006～2012 年），钱塘江流域的 σ 系数总体变化幅度不大，说明起步阶段上下游地区的生态福利绩效的差异较为稳定，在起步阶段钱塘江流域的生态保护政策多为单一的生态指标绩效考核制，缺乏系统性的治理；在深化改革阶段（2013～2017年），σ 系数呈明显增长态势，在该阶段，钱塘江流域的生态保护政策开始由单一指标考核往部门协同治理发展；2018～2022 年为系统治理新阶段，系数波动性较小，总体呈现上下游差异缩小趋势，钱塘江流域生态保护从单一部门负责到多部门协同治理发挥了显著的作用。最后，分上、中、下游区域来看，σ 系数分别增大了 0.28、0.33、0.40，增幅分别为 202%、123%、353%，下游地区的增长率最大。通过钱塘江流域生态保护，使得水环境质量整体得到显著改善，上下游之间水环境质量指数的差距从 1.41 缩小到了 1.14。

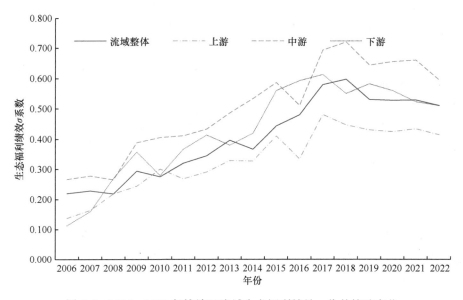

图 4-4　2006～2022 年钱塘江流域生态福利绩效 σ 收敛检验变化

4.3 钱塘江源头生态保护修复对流域整体生态福利绩效的影响

4.3.1 模型设计与变量选择

本节重点考察了钱塘江流域生态保护政策演进对其生态福利绩效的影响。根据上文分析，可以发现在不同流域生态保护阶段中，制度与政策的演进在生态产品的供给与生态福利的改善中扮演着重要的角色。因此用虚拟变量来表征钱塘江流域生态保护的不同阶段政策的差异。其他影响生态福利绩效的控制变量因素还包括经济发展水平、对外开放程度、产业结构和技术水平等四个方面。①流域地区经济发展水平。已有研究认为区域经济增长提高了居民的可支配收入，再加上生态环境改善带来的外溢性，会促使区域生态福利绩效的提高（何林和陈欣，2011）。因此，流域地区经济发展水平与生态福利绩效存在着显著的关系，本书用人均生产总值表示流域地区经济发展水平，并取对数处理（徐维祥等，2021）。②对外开放程度。对外开放过程中，一方面可能会带来大量的经济福利，另一方面也会因为大量出口带来环境资源的消耗，进而影响到生态福利的绩效（龙亮军，2019）。结合相关研究，以进出口贸易总额占地区生产总值的比重表示对外开放程度。③产业结构。已有研究表明，产业结构与生态福利绩效呈现显著的相关性，即随着产业结构优化与升级，加快发展第三产业、淘汰落后的产能与高污染产业必然会带来更高的生态福利绩效，因此以第二产业产值占地区生产总值的比重表示产业结构。④技术水平。流域生态保护规制的加强会促使产业进行技术创新与转型升级，从而带动全资源利用效率的提升，借鉴相关研究，以科学技术财政投入总额占地区生产总值的比重表示技术水平（Law，2009）（详见表4-5）。基于上述分析构建的生态福利绩效水平及其差异的影响因素分析模型如下。

（1）生态福利绩效水平的影响因素分析：面板模型回归。

$$\text{EWP}_{i,t} = C + \beta_1 x_1 + \beta_2 x_2 + \sum_{k=3}^{6} \beta_k x_{i,t,k} + \mu_{i,t} \qquad (4.3)$$

其中，$\text{EWP}_{i,t}$ 为第 i 个地区在第 t 年的生态福利绩效水平值；x_1 和 x_2 分别为关键变量，主要是钱塘江流域生态保护的不同阶段政策虚拟变量；β_k 为不同变量的系数值；$x_{i,t,k}$ 为控制变量；$\mu_{i,t}$ 为误差项。

（2）生态福利绩效差异的影响因素分析：经典 β 收敛模型。

$$\ln\left(\frac{\mathrm{EWP}_{i,t+1}}{\mathrm{EWP}_{i,t}}\right) = \alpha + \beta\ln\mathrm{EWP}_{i,t} + \theta_1 X_1 + \theta_2 X_2 + \sum_{k=1}^{n}\theta_k X_{k,i,t} + \varepsilon_{i,t} \tag{4.4}$$

其中，$\mathrm{EWP}_{i,t}$ 是第 i 个地区在第 t 年的生态福利绩效水平值；$\ln\left(\dfrac{\mathrm{EWP}_{i,t+1}}{\mathrm{EWP}_{i,t}}\right)$ 是地区 i 在时期 t 到 $t+1$ 的生态福利绩效增长率；X_1 与 X_2 为关键变量，主要是钱塘江流域生态保护的不同阶段政策虚拟变量；$X_{k,i,t}$ 是一系列变量；α 是常数项；$\varepsilon_{i,t}$ 是随机误差项；β 是收敛系数，当 $\beta<0$ 时，意味着生态福利绩效存在收敛趋势，当 $\beta>0$ 时，意味着生态福利绩效是发散的，根据 β 可算出收敛率 s，$s = -\dfrac{\ln(1+\beta)}{T}$，本研究数据时间跨度从 2006~2022 年合计年份为 17 年，因此 T=17。进而，可计算出生态福利绩效低水平地区追赶上高水平地区的时间（即半生命周期）t，$t = \dfrac{\ln(2)}{s}$。θ_k 为控制变量回归系数，当 θ_k 取值不为 0 时，式（4.4）为条件 β 收敛模型；当 θ_k 取值为 0 时，为绝对 β 收敛模型。

表 4-5　变量的描述性统计

变量	样本量	均值	标准差	最小值	最大值
人均地区生产总值/元	204	10.97	0.61	9.28	12.92
进出口贸易总额占地区生产总值比例/%	204	0.35	0.16	0.02	0.73
第二产业产值占地区生产总值比例/%	204	0.53	0.12	0.06	0.79
科学技术财政支出占地区生产总值比例/%	204	0.01	0.01	0.00	0.04

数据来源：流域各区（县、市）的社会经济统计年鉴（2006~2022）。

4.3.2　钱塘江流域生态保护福利绩效变化及其影响因素的分析

表 4-6 反映了钱塘江流域生态福利绩效水平影响因素的模型估计结果，包括了流域整体与流域不同地区。从流域整体模型来看，不同阶段的生态保护政策演进对流域整体生态福利绩效水平没有显著影响。从控制变量来看，经济发展水平、技术水平、产业结构和对外开放程度等变量均通过了 1%和 5%的显著性检验，其中经济发展水平的系数为正，表明随着经济发展水平的提高，地区生态福利绩效水平不断提高，经济发展水平每提高 1%，地区生态福利绩效提高 263%，其原因可能是经济水平高的地区能显著地提高地区的福利水平。技术水平的系数为正，技术水平每提高 1%，生态福利绩效提高 2.50%，这是因为技术水平增加会提高企

业的生产效率, 对于绿色发展效率和可持续发展具有重要意义。产业结构的系数为负值, 其原因可能是城市化发展主要还是以工业化为主, 浙江省统计年鉴数据显示, 2022 年该流域第二产业占生产总值比重为 41.80%, 其能源消耗占全部能源消耗总量的 70% 左右, 因此流域第二产业的比重提升显然不利于生态福利绩效水平的提升。对外开放程度的系数为正值, 表明对外开放程度每增加 1%, 生态福利绩效会增加 10.60%, 已有研究表明提高对外开放程度, 能够带来更多的投资, 从而有利于促进地区的市场化程度, 提高资源的配置效率, 促使社会资源的流动性加强, 对生态福利绩效的提高起着关键作用。

从钱塘江流域不同地区模型来看, 只有下游地区在系统治理阶段相对于起步期而言生态福利绩效水平显著提升。其原因主要是, 随着钱塘江流域生态保护从单一部门负责到多部门协同治理, 下游地区充分享受到了源头地区一系列生态保护的溢出效应。而从控制变量来看, 经济发展水平在钱塘江流域上下游各地区之间均通过 1% 水平的显著性检验, 说明经济发展水平能够显著地提高地区的生态福利绩效。近年来, 以浙江省 "大花园" 建设为契机, 钱塘江流域通过大力发展旅游服务业等第三产业, 有效提升了当地生态福利绩效水平。旅游服务业收入从 2006 年的 790 亿元增加到了 2022 年的 6170 亿元, 占比从 32.36% 增加到了 43.00%。产业结构和对外开放程度均在中游和下游地区通过了显著性检验。钱塘江流域进出口贸易总额占比从 2006 年的 25.63% 增加到了 2022 年的 40.27%, 有效推进了生态福利绩效的提升。

表 4-6　钱塘江流域生态福利绩效水平影响因素的面板回归结果

变量	钱塘江流域	上游	中游	下游
人均地区生产总值/元	2.74***	1.55***	2.08***	2.18***
	(12.98)	(3.32)	(4.18)	(4.77)
科学技术财政支出占地区生产总值比/%	0.03***	−0.01	0.04	0.01
	(10.87)	(−0.52)	(1.33)	(0.81)
第二产业产值占地区生产总值比例/%	−0.10**	0.04	−0.63***	−0.43**
	(−1.97)	(0.62)	(−3.45)	(−2.12)
进出口贸易总额占地区生产总值比例/%	0.10*	0.15	0.68***	0.36**
	(1.90)	(0.88)	(3.63)	(2.43)
政策阶段				
深化改革阶段	0.02	0.02	−0.01	0.02
	(0.82)	(0.63)	(−0.23)	(0.79)
系统治理阶段	0.03	−0.00	0.02	0.07**
(基准组: 起步阶段)	(1.29)	(−0.03)	(0.42)	(2.10)
R-squared	0.78	0.53	0.56	0.59

注: ①*$P<0.10$, **$P<0.05$, ***$P<0.01$; ②括号内为 t 值。

数据来源: 流域各区 (县、市) 的社会经济统计年鉴 (2006~2022)。

4.3.3　钱塘江流域生态福利绩效差异的影响因素分析

依据 Hausman 检验，选择面板数据的随机效应模型作为条件 β 收敛检验模型，并同时考虑赤池信息量准则（Akaike information criterion，AIC）、R^2 以及 Sigma^2。AIC 又称为赤池信息准则，是进行模型解释力与简洁性权衡的重要依据，其值越小，表明模型越优。R^2 及 Sigma^2 是对模型拟合优度的度量，R^2 以及 Sigma^2 值越小，模型拟合优度越高。

表 4-7 是钱塘江流域生态福利绩效差异影响因素的回归结果与 β 收敛检验结果。钱塘江流域的 ln$EWP_{i,t}$ 的系数为负值，表明钱塘江流域的生态福利绩效水平存在收敛的趋势，收敛率为 0.02；生命周期为 54.18，表明在该收敛率下，钱塘江流域生态福利绩效低水平的地区，还需要 54 年才能追上生态福利绩效高水平的地区。从全流域整体的回归模型来看，钱塘江流域生态保护的深化改革与系统治理阶段政策制度相对于起步阶段而言，对于缩小钱塘江流域内部生态福利绩效水平差异有显著影响，均通过了 1% 的显著性检验。表明 2013 年以来在钱塘江流域地区实施的一系列生态保护工程和政策以及浙江"大花园"建设的战略部署，相对于初期的改革起步阶段而言有显著的作用。从控制变量来看，经济发展水平（人均地区生产总值）的回归系数为正，通过了 5% 水平下的显著性检验。流域整体经济发展水平的提升对于缩小钱塘江流域内部生态福利绩效水平的差异有积极作用。而对外开放程度（进出口贸易总额占地区生产总值比例）、产业结构（第二产业产值占地区生产总值比例）均未通过显著性检验，说明对外开放程度、产业结构与技术水平的提升并未有效减少流域整体的生态福利绩效差异。这也说明了现阶段钱塘江流域不同地区在上述三个方面发展的不平衡态势。

从钱塘江流域不同地区模型来看，上游和中游地区的 ln$EWP_{i,t}$ 系数为负值，表明上、中游地区内部的生态福利绩效水平呈现收敛的趋势，收敛的系数分别为 0.03 与 0.05，半生命周期分别为 25.54、17.22，表明上游地区内部的生态福利绩效低水平县要花 25 年才能追上高水平的县，中游地区内部的生态福利绩效低水平县要花 17 年才能追上高水平的县，下游地区不存在收敛的趋势，其原因可能是下游地区之间生态福利绩效水平的差异本就不明显。同时，对于上、中、下游三个地区来说，经济发展水平（人均地区生产总值）的回归系数为正，且分别通过了 1%、10%、5% 水平下的显著性检验，这表明经济发展水平的提升对于缩小钱塘江上、中、下游不同地区内部的生态福利绩效水平差异都有积极作用。而对外开放程度（进出口贸易总额占地区生产总值比例）、产业结构（第二产业产值占地区生产总值比例）与技术水平（科学技术财政支出占地区生产总值比例）变量在不同地区内部对缩小生态福利绩效差距有一定的促进作用。

表 4-7 钱塘江流域上、中、下游地区生态福利绩效条件 β 收敛检验结果

变量	全流域	上游	中游	下游
$\ln \text{EWP}_{i,t}$	−0.17***	−0.33**	−0.47***	−0.06
	(−3.62)	(−2.32)	(−5.88)	(−1.10)
人均地区生产总值/元	0.56***	1.19***	0.99*	1.14**
	(2.86)	(2.81)	(1.74)	(2.39)
进出口贸易总额占地区生产总值比例/%	0.04	−0.48*	−0.18	0.01
	(1.36)	(−1.72)	(−1.01)	(0.27)
第二产业产值占地区生产总值比例/%	−0.04	0.11	−0.01	0.02
	(−1.08)	(0.42)	(−0.10)	(0.33)
科学技术财政支出占地区生产总值比例/%	0.00	0.01	0.04***	−0.00
	(0.98)	(1.04)	(2.98)	(−1.02)
深化改革期 基准组：起步阶段	0.09*** (3.38)	—	—	—
系统治理期 基准组：起步阶段	0.07*** (2.95)	—	—	—
收敛率	0.02	0.03	0.05	—
半生命周期	54.18	25.54	17.22	—
R-squared	0.21	0.25	0.48	0.31

注：① *P<0.10，**P<0.05，***P<0.01；②括号内为 t 值。
数据来源：流域各区（县、市）的社会经济统计年鉴（2006～2022 年）。

4.4 本 章 小 结

本章通过 SUPER-SBM 模型测算了钱塘江流域 12 县（市、区）2006～2022 年的生态福利绩效，在此基础上进行了生态福利绩效水平和差异性的影响因素分析。

首先，自 2006 年钱塘江流域生态保护政策推进以来，流域整体的生态福利绩效呈现不断上升趋势，且水环境质量综合指数逐年提升。对钱塘江流域及其上、中、下游的生态福利绩效进行 σ 收敛检验，发现生态福利绩效差异较为明显。其原因可能是源头地区的生态保护修复政策导致上游地区牺牲了一部分经济发展的机会，其经济等相关产出绩效指标相对于下游地区落后明显。

其次，钱塘江流域生态保护修复政策演进对于流域整体生态福利绩效水平没有显著影响，但对于缩小流域生态福利绩效之间的差距有一定促进作用，进一步

证明流域生态保护政策的优化对于浙江省高质量建设共同富裕示范区有一定推进作用。同时，钱塘江流域经济发展水平对流域生态绩效水平提升与差距缩小均有促进带动作用。

最后，钱塘江流域的生态福利绩效的水平和差异性两个方面都存在不同的影响因素，经济发展水平的提升对于缩小钱塘江上、中、下游不同地区内部的生态福利绩效水平差异有积极作用，提高对外开放程度则对生态福利绩效水平的提高起着关键作用。

第 5 章 钱塘江源头生态保护修复对农户经济福利水平的影响分析

钱塘江源头生态保护修复可以优化资源配置和提高政策一致性,从而促进自然生态系统质量的整体改善。在这种生态保护修复下,能否兼顾源头地区农户经济福利、促进区域整体生态福利与地方经济福利协同发展值得进一步研究。本章根据县域经济发展统计数据和农户调查数据,首先分析了生态保护修复对钱塘江流域上下游地区经济发展差距变化的影响;其次,运用计量模型,分析了钱塘江源头山水林田湖草沙生态保护修复对于当地经济效益以及农户经济福利所带来的影响;最后,基于不同资源禀赋条件的农户对于生态补偿方案具有差异化的需求,设计出不同生态补偿产品方案并分析受偿主体的选择行为,明确符合当地受偿主体现实需求的生态补偿方案,以期为构建完善的钱塘江源头生态保护修复的补偿机制与政策提供依据。

5.1 钱塘江源头山水林田湖草沙生态保护修复的效益评价

5.1.1 区域层面经济效益分析

5.1.1.1 生态产业蓬勃发展

推进区域山水林田湖草沙一体化的生态保护修复,不仅有利于保护生态环境,还能推动经济发展方式的转变。通过实施"钱江源山水工程",可以改善生态系统的健康状况,提高生物多样性,提升土地的生产力和可持续利用能力。首先,通过山水林田湖草沙一体化的生态保护修复,能够创造更多的就业机会。工程需要大量的人力资源,包括工程师、技术人员、农民等,这些人群可以参与到工程中,从而增加就业机会,改善当地居民的生活状况。其次,"钱江源山水工程"可以推动生态旅游的发展。随着生态环境的改善,越来越多的游客愿意前往修复区域欣赏美丽的山水景色和丰富的生物资源。这不仅可以为当地带来旅游收入,还可以促进相关产业的发展,如餐饮、住宿、交通等,推动经济的多元化发展。此外,"钱江源山水工程"还可以促进农业的可持续发展。通过修复湖泊、河流、湿地等水域,可以提供更多的水资源,解决农田灌溉的问题,增加农作物的产量。同时,

"钱江源山水工程"还可以改善土壤质量，提供更好的耕地条件，促进农业的发展。农民可以通过种植有机农产品、养殖生态畜禽等方式，增加农业收入，提高农民的生活质量。另外，"钱江源山水工程"还可以提供更多的生态产品，例如，通过修复山林、湿地等生态系统，可以提供更多的木材、草药、水果等生态产品，满足市场需求，这不仅可以促进当地产业的发展，还可以提高农民的收入水平，改善其生活条件。综上所述，通过推进"钱江源山水工程"，工程区在生态经济方面取得了富有成效的进展。

开化县在产业体系方面进行了深刻变革，取得了显著的成果。首先，三次产业结构得到了调整，从原来的 12.1∶39.6∶48.3 调整为 9.4∶35.1∶55.5，这意味着工业和服务业在经济中的比重得到了提升，农业的比重有所下降。其次，工业方面取得了重要突破。工业"3+1"主导产业确立，工业平台建成面积扩大 73%，达 48.59 km^2，国家级高新技术企业增加 17 家。同时，开化县依托优良的生态环境条件，由中心辐射周边，基本形成了一套特色鲜明、品质上乘的生态产业体系，包括以钱塘江源头环境为依托的齐溪龙顶茶和乡村旅游产业、以古田山生态油茶林为基础的油茶产业、依赖国家公园优质环境而打造的何田清水鱼和长虹休闲旅游业，以及位于国家公园外围带的池淮现代生态农业等，这些产业的发展不仅为当地经济增加了新的增长点，还为生态环境的保护和可持续发展提供了重要支撑。在旅游业方面，开化县创建成为省首批全域旅游示范区，旅游人次突破千万大关，根缘小镇成为全市首个命名的省级特色小镇，为当地提供了更多的就业机会和经济增长点。同时，服务业增加值增长 54.40%，网络零售总额实现翻番增长。在农业方面，开化县的"两茶两中一鱼"农业优势主导产业蓬勃发展，龙顶茶产值年均增长 12.20%，中蜂养殖量位居全省首位。

淳安县在推进经济发展方面采取了多项举措，取得了显著成效。一方面，建立农发集团，负责实现生态产品的市场化。目前已经在开展闲置资源的转化、整理统筹招商引资项目，以及开发古村落、加强绿道建设、转化闲置村集体基础设施、整治低效开发的土地等工作。这些措施有助于提高农产品的附加值和市场竞争力，推动农业产业的发展。另一方面，服务经济彰显韧劲。在全国首推"景区安全官"，承办旅游消费活动启动仪式，抢抓省内疗休养市场，旅游产业在复工复产中率先突围，2022 年接待游客 1928.52 万人次，实现旅游经济总收入 232.04 亿元，较去年同期均略有增长。此外，淳安县还举办了千岛湖铁人三项赛、环千岛湖自行车赛等大型赛事，并成功将千岛湖马拉松晋升为全国金牌赛事，成功入选中国体育旅游目的地。县政府还创新推出了在线消费、健康消费等新型消费模式，并推出了 15.57 万份旅游电子消费券，促进了旅游业的发展和消费升级。

建德市文旅产业蓄势发力，建设了建德博物馆、千鹤妇女精神教育基地，成功举办第十六届杭州·浙西旅游合作峰会、第十九届新安江旅游节、"夏日冬泳"

百城挑战赛、"建德 17℃新安江"马拉松等大型活动。2022 年接待游客 1319.40 万人次，实现旅游总收入 137.70 亿元。此外，在现代农业方面，建德市提升了农业的质量和效益，2022 年实现全年农林牧渔业增加值 37.90 亿元，增长 1.60%，增速在杭州各区（县、市）中最高。粮食稳产保供成绩显著，生猪存栏增长 219.30%，获评省"粮食五优联动示范县"。

常山县成立两山银行，涉及的业务范围较广。其中，林权交易是指将林地的使用权进行交易，以便更好地进行林业经营和保护，这项业务有助于优化林地资源的配置，提高林业经济的效益；块石资源交易是指将用地开发过程中产生的石料等资源进行交易，以满足建筑和工程等领域的需求，这有助于推动建筑行业的发展，同时也能够有效利用资源，降低环境影响。此外，两山银行还涉及小水库承包经营权、闲置宅基地、古村落开发利用等业务。这些业务的开展有助于推动农业和乡村发展，提高农民的收入和生活质量。除了以上业务，两山银行还涉及常山石产业、胡柚产业、田园综合示范区、龙绕溪景观、苗木产业、果园种植、荷虾共养、龟养殖产业等。

5.1.1.2　就业结构不断优化

山水林田湖草沙生态保护修复项目成功的关键，不仅取决于项目本身的生态修复效果，还取决于农村劳动力就业结构转型。在山水林田湖草沙生态保护修复项目的实施过程中，受生态红线政策影响，致使工程区内耕地面积大幅度减少，从而间接导致剩余劳动力向第二、三产业发生转移，一部分劳动力直接参与生态保护工作。在目前的生态保护修复项目中，主要采用岗位类生态补偿方式，如生态巡护员、山水建设工程工人、景区员工等岗位类生态补偿。这些岗位不仅提供了就业机会，还培养和激发了农民对生态的保护意识，使其成为生态修复的积极参与者。这些就业岗位的提供不仅为劳动力转型提供了一个机会，同时也为保护、恢复和管理生态系统提供了必要的人力资源。还有一部分农村劳动力选择外出寻找其他的就业机会。根据调查数据分析，从样本县的 480 份农户调查数据看，非农劳动力占总劳动力的比例为 70.56%，主要从事运输、餐饮业和建筑业等行业。外出务工为农村劳动力提供了更广阔的发展空间和更丰富的就业机会，同时也为实现经济收入的增长和生活水平的改善创造了条件。在这个过程中，政府需要加大对劳动力转型的支持力度，为农村劳动力提供培训机会和创业支持，以提升其的就业竞争力和创造力。

5.1.2　农户层面经济效益分析

本部分所使用的数据来源于课题组 2023 年 7 月对"钱江源山水工程"所涉及

4 个县/市（淳安县、建德市、开化县、常山县）的农户调查数据。为确保实验结果的准确性，遵循分层抽样的原则选取样本村与农户。根据当地乡镇农民人均可支配收入指标，在每个县分别选取代表农民人均可支配收入高中低三组的各 1 个乡镇，并在每个乡镇分别选取代表农民人均支配收入高低水平的 2 个村。每个村根据等距抽样选取 20 户农户作为样本户进行问卷调查。调查样本最终包括 4 个县（市）中的 12 个乡镇、24 个村、487 户农户，有效问卷为 480 份，有效问卷率为 98.56%，其中工程区内和工程区外的农户组分别为 320 户和 160 户，工程区主要是指工程覆盖的村落，非工程区主要是指非工程覆盖村落。调查均以调查员与农户一对一访谈形式完成，同时为保证数据的时效性和真实性，于 2022 年 11 月通过电话回访形式对部分农户进行补充调研，并对部分原始数据进行补充和更新。调查问卷主要收集了样本户在 2015 年（"山水"工程实施前）和 2020 年（"山水"工程实施后）这两年的家庭基本情况、收支情况、土地情况、山水工程生态保护参与情况以及工程认知评价等。

5.1.2.1　农户生计水平有效提升

　　"钱江源山水工程"的经济效益可以通过农户生计水平体现。图 5-1 是工程实施前的年份（2015 年）和工程实施后的年份（2022 年）农户家庭人均总收入变化统计图，从图中可以看出，工程区内的农户家庭人均总收入从 2015 年的 57 831 元上升到了 2022 年的 62 197 元，增长了大约 8%，而工程区外农户家庭人均总收入则呈现下降的趋势，从 2015 年的 58 316 元下降到了 55 501 元。以上结果可以看出，工程区内农户家庭人均收入增长率明显高于非工程区内，可以说明"钱江源山水工程"可以在一定程度上提高农户生计水平，具备一定的经济效益。

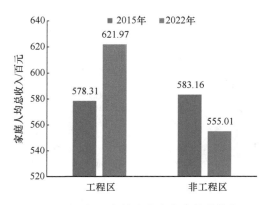

图 5-1　工程区内外农户家庭人均总收入

5.1.2.2 家庭收入结构有所改善

图 5-2 显示了所调查的工程区内外 2015 年和 2022 年农户家庭各项人均收入情况。工程区内农户家庭收入显示，2015 年农户家庭人均的工资性收入、经营性收入分别占农户家庭人均总收入的 27%和 31%，而在 2022 年，农户家庭人均的工资性收入、经营性收入分别占农户家庭人均总收入的 24%和 33%，成为农户的主要收入来源。相比 2015 年，家庭人均工资性收入下降了 3 个百分点，家庭人均经营性收入增加了 2 个百分点。就农业收入和营林收入而言，工程区内农业收入由 2015 年的 7%上升到了 2022 年的 11%，工程区内营林收入由 2015 年的 31%下降到了 28%，其中农业收入有所上升，营林收入有所下降。2022 年家庭人均转移性收入与 2015 年相比增加了 1 个百分点，达到了 3%，并且绝对数值也增加了1589 元，主要是由于工程区的农户的林地由原先的公益林补偿改为地役权补偿，补偿金额提高到 48.20 元/亩，该政策让农户的转移性收入增加明显。总体来说，工程区内农户的收入有所增加，2022 年家庭人均总收入比 2015 年增长约 8%，绝对数值增加了 4366 元，增幅明显。

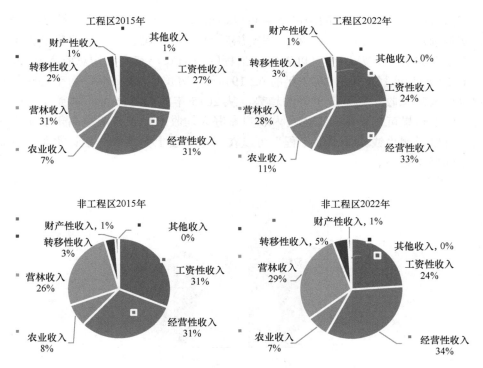

图 5-2　工程区内外的农户家庭人均收入的变化

非工程区农户家庭收入显示，2022 年农户家庭人均的经营性收入、工资性收入分别占农户家庭人均收入的 34% 和 24%，相比于 2015 年，家庭人均工资性收入的占比下降了 7 个百分点，家庭人均经营性收入的占比上升了 3 个百分点，其中农业收入有所下降，营林收入有所上升。2022 年家庭人均转移性收入与 2015 年相比占比上升了 2 个百分点，达到了 5%，绝对数值增加了 5621 元，相比于工程区的农户来说，家庭人均转移性收入增加非常明显，占家庭人均总收入的比重也更高。总体来说，农户的收入有所下降，2022 年家庭人均总收入比 2015 年下降约 5%。

5.1.2.3　农户经济收益受到损失

良好的生态环境和人为保护因素为野生动物的繁衍栖息提供了生存空间，使其种群数量明显增加。然而，野猪、黄麂、野兔等野生动物数量增多虽是生态幸事，但它们频频侵入人类居住领地，对保护区内社会经济发展造成了一定程度的影响。在"钱江源山水工程"区域内，开化、常山、淳安等典型山区是浙江省加快发展县市的重点区域，当地农户的生计仍然依赖于自然资源和生态产品经营。然而，受制于野生动物保护的约束，区域内农户的农林业生产投入受到一定程度的影响。根据调研数据显示，调研的 24 个村落中有 18 个村遭受野生动物的侵害，破坏方式主要为破坏农作物和经济林，农作物受灾面积达到 246.01 亩，农作物损失金额达到了 418 793 元，经济林受灾面积大幅上升，由野生动物受保护前的 248.50 亩上升到了 2022 年的 1270 亩，经济林损失金额达到了 559 847 元，农户不得不调整种植结构，增加相应的生产成本。尤其是居住在野生动物保护区周边的农户，自身农林业生产发展频繁遭受到野生动物破坏，损失惨重。因此，虽然野生动物保护是应有之义，但必须客观地指出野生动物保护对生态保护区域内农户经济发展造成的负面影响。在保护野生动物的同时，也应该寻找解决方案，以平衡生态保护和农户经济发展的关系，例如，加强对野生动物的监测和管理，及时掌握它们的活动范围和数量，鼓励农户采取一些防护措施来减少野生动物对农作物的破坏，加强公众的教育和意识提升，提高人们对野生动物保护的重要性的认识。

5.2　钱塘江源头山水林田湖草沙生态保护修复的农户经济福利变化

5.2.1　理论机制与研究假说

山水林田湖草沙一体化治理理念来源于协同理论。该理论首次于 1976 年由著名物理学家哈肯提出，其定义为各组成部分相互之间合作而产生的集体效应或整体效应。作为一种广泛应用于多学科领域的理论框架，协同理论强调不同实体之间的协同合作，以达到实现共同目标或创造更大价值的目的。这种理论框架适用于多个领域。流域是一个典型的山水林田湖草沙生态资源要素集合体。"钱江源山水工程"秉承山水林田湖草沙系统治理理念，其特点是多部门协同治理。"钱江源山水工程"正是落实山水林田湖草沙一体化理念的重要举措，对于流域生态系统治理显得尤为必要。

理论上看，"钱江源山水工程"会带来短期福利和长期福利两个方面的效应。从长期福利效应而言，无论是"钱江源山水工程"所涉及的多部门协同，还是以往传统的单部门治理模式，流域生态治理必然带来流域整体生态系统福利的改善，但是对于短期经济福利而言，可能会形成相应差异。

源头地区农户作为"理性人"角色，相对于长期生态福利而言，其关注的更多是流域生态保护治理所带来的短期经济福利变化。而源头地区的流域生态保护治理往往会带来机会成本的产生，导致源头地区农户往往是流域生态保护治理的短期利益受损方，这时候提供短期最优的生态补偿或者替代生计方案减少其福利损失、提供帕累托改进显得尤为必要。"钱江源山水工程"的最大特征是多部门的协同生态治理。其一方面最大化地兼容各部门的治理需求与目标，避免了流域生态治理项目之间的冲突性，降低由此带来的潜在福利损失；另一方面，通过整合政府各部门的资源，可以提升流域生态治理项目对地方的"反哺"力度，从而对源头地区农户的经济福利产生积极影响。主要体现在以下几个方面。

（1）"钱江源山水工程"可以有效整合各类生态治理资金，扩大当地就业机会，从而帮助农户提高收入来提升经济福利。依托整合各部门生态治理资金可以提升反哺农户生态补偿或经济激励政策的执行标准，这些政策包括土地经营权退出补偿、造林补贴和各类生态补偿等，而政府转移支付力度的提升可以帮助源头农户实现转移性收入的有效增长，从而带来短期福利效应的改善。此外，"钱江源山水工程"的一大优势在于实施流域生态治理项目的多样性[①]。该类流域生态治理项目工程量大，需要长期的人力投入[②]，农户可以就地参与此类项目获取一定短期收入，这改善了劳动力资源配置与效率，使得农户在不离开家的情况下获得替代生计路径，有助于短期经济福利的改善。

（2）"钱江源山水工程"在提升农户收入的基础上必然提高农户家庭消费水平，进而提升农户经济福利。一般而言，收入与家庭预算约束成正比，当家庭可支配

---

① 以钱塘江源头"钱江源山水工程"为例，这些项目不仅包括了生态环境保护等子项目，如水利工程、植树造林工程、基础设施建设等，还涵盖了农业发展项目、新兴产业发展项目、教育培训项目等多种产业扶持项目。

② 钱塘江源头"钱江源山水工程"劳务输出形式包括生态公益性劳务输出（生态护林员、农村管水员、乡村保洁员、巡河员、护路员等）和经济型劳务输出（各项工程建设与维护、生态旅游、生态产品开发与销售等）。

收入实现增长,预算线向外移动会导致家庭整体消费水平的提升(柳建平等,2018)。同时,收入的提升也会带来消费结构的转变。高收入家庭往往会倾向于增加其在非必需品、娱乐和文化活动上的消费。

(3)"钱江源山水工程"提高了农户经济效用感知,进而提升农户经济福利。纵向与横向的效用感知比较会影响农户的经济福利。源头地区涉及的农户群体往往会将该工程与之前传统生态保护治理模式下的项目比较,从而产生不同的效用感知;源头地区农户群体也会与流域其他地区的农户群体比较其参与生态系统治理的获得感,源头政策的倾斜和项目的集聚会促使其效用感知的提升。基于上述分析,提出以下研究假说:

H1:"钱江源山水工程"能够提高农户经济福利水平,主要体现在收入、消费与效用感知等维度上;

H2:"钱江源山水工程"可通过就业提供流域生态治理项目参与机会,有效缩短农户非农就业距离,提升农户经济福利。

除外生因素冲击外,源头地区的农户资本禀赋异质性也会影响"钱江源山水工程"的农户经济福利效果。本书将资本禀赋划分为物质资本、人力资本和社会资本三种基本类型。物质资本是最基础的资本禀赋,主要是指农户及其家庭所拥有的有形物资。拥有较大土地规模的农户,其进入流域生态治理项目中的成本低,且效益容易凸显,更容易被纳入"钱江源山水工程"中,并获取更多的经济回报。同时,资金储备和其他资产的不同也导致了不同农户之间在经济投资和风险承受能力方面的差异。受过良好教育与培训、拥有较高人力资本的农户能够更早意识到流域生态保护的重要性,从而更为主动地参与到流域生态治理项目中。此外,社会资本较高的农户更易获取流域生态治理的信息和资源的支持,也更易参与到"钱江源山水工程"中,享受其带来的经济福利机会也随之增加。基于此,本书提出以下假说:

H3:在参与"钱江源山水工程"的农户群体中,具有高人力资本和高社会资本的农户的经济福利更高。

5.2.2　模型设计与变量选取

5.2.2.1　模型设计

1. 双重差分模型

双重差分(difference-in-difference,DID)模型作为有效解决选择性偏差和内生性问题的一种方法,能有效消除个体在政策实施前后不随时间变化的异质性和随时间变化的增量影响,而剥离出政策实施冲击对个体的净效应,一般多用于公共政策或项目实施效果评估。其原理是采用了个体固定效应和时间固定效应估计，将时间虚拟变量纳入模型可以控制对被解释变量产生影响的周期性、长期性因素；将个体虚拟变量纳入模型可以控制未观测到的、对被解释变量产生影响的个体间差异和非时变差异。为了有效评价"钱江源山水工程"带来的经济福利影响，本研究基于案例点农户调查，选择"钱江源山水工程"实施前后（2015 年和 2022 年两个年份）调查数据[①]，建立实验组和对照组，运用 DID 模型分析"钱江源山水工程"对农户经济福利的影响。其中，实验组为划入"钱江源山水工程"涉及的样本户，对照组为未划入实施的样本户。同时，在模型中加入其他可能影响实证结果的控制变量，进一步控制处理组和对照组中可能存在的差异。具体模型设定如下：

$$\text{Welfare}_{it} = \alpha_0 + \alpha_1 \text{Project}_i + \alpha_2 \text{time}_t + \alpha_3 \text{Project}_i \times \text{time}_t + \alpha_4 X_{it} + \mu_i + \lambda_t + \varepsilon_{it} \quad (5.1)$$

其中，Welfare_{it} 表示农户 i 在 t 年的经济福利，用熵值赋权法所测算的农户经济福利指数表示；$\text{Project}_{it} \times \text{time}_{it}$ 为关键解释变量，主要评价"钱江源山水工程"对农户经济福利的净影响；X_{it} 表示影响农户经济福利变化的一系列其他控制变量，包括农户物质资本变量、人力资本变量、社会资本变量；μ_i 代表农户个体固定效应；λ_t 代表时间固定效应；ε_{it} 代表随机扰动项；α_1、α_2、α_3、α_4 为解释变量的估计系数。

2. 中介模型

为了验证研究假说 H2，本书借鉴温忠麟等（2004）的方法验证中介效应的存在性，建立中介效应检验模型。

第一步检验"钱江源山水工程"对农户经济福利的影响：

$$\text{Welfare}_{it} = \alpha_0 + \alpha_1 \text{Project}_i + \alpha_2 \text{time}_t + \alpha_3 \text{Project}_i \times \text{time}_t + \alpha_4 X_{it} + \mu_i + \lambda_t + \varepsilon_{it} \quad (5.2)$$

第二步检验"钱江源山水工程"对中介变量（非农就业距离）的影响：

$$\text{M}_{it} = \beta_0 + \beta_1 \text{Project}_i + \beta_2 \text{time}_t + \beta_3 \text{Project}_i \times \text{time}_t + \beta_4 X_{it} + \mu_i + \lambda_t + \varepsilon_{it} \quad (5.3)$$

第三步检验"钱江源山水工程"和中介变量对农户经济福利的影响：

$$\begin{aligned} \text{Welfare}_{it} = \gamma_0 + \gamma_1 \text{Project}_i + \gamma_2 M + \gamma_3 \text{time}_t + \gamma_4 \text{Project}_i \times \text{time}_t \\ + \gamma_5 X_{it} + \mu_i + \lambda_t + \varepsilon_{it} \end{aligned} \quad (5.4)$$

其中，Welfare_{it} 表示农户 i 在 t 年的经济福利；M_{it} 表示非农就业距离，其他与前文一致。

---

① 钱塘江源头山水项目虽于 2018 年正式入选第三批中国山水林田湖草沙流域生态保护修复工程试点，但 2016 年已开始启动各项"钱江源山水工程"，为了体现调查数据一定的变异性，本书获取了 2015 年（代表"钱江源山水工程"实施前）和 2020 年（"钱江源山水工程"实施后）相隔五年的两个年份数据构成面板数据集来反映农户经济福利及资本禀赋的相应变化。

5.2.2.2　变量选取

1. 被解释变量

被解释变量为农户经济福利指数，用于表征农户经济福利水平（表 5-1）。经济福利主要是基于经济因素对人需要的满足程度的福利，包括收入水平和结构、消费水平、物质需求及感知等方面。参考已有研究（张旭锐和高建中，2021；罗楚亮等，2021；田国强和杨立岩，2006），本书初步构建了衡量农户经济福利指标体系，涉及收入、消费和效用感知 3 个一级指标、6 个二级指标和 6 个三级指标。在此基础上，通过熵值法对经济福利指标权重赋值，合成农户经济福利指数。

表 5-1　农户经济福利指标测度

一级指标	二级指标	三级指标	工程区内		工程区外	
			2015	2022	2015	2022
农户经济福利	收入	收入水平	农户家庭人均收入	55 404.15 （8 017.70）	41 978.56 （5 582.49）	54 170.55 （9 349.63）	32 014.59 （5 321.20）
		收入结构	非农收入占比	0.27 （0.02）	0.28 （0.03）	0.28 （0.03）	0.25 （0.03）
	消费	消费水平	农户家庭人均消费开支	34 788.19 （6 128.74）	26 414.98 （4 790.21）	26 343.79 （4 943.54）	17 292.21 （2 128.49）
		消费结构	恩格尔系数	0.47 （0.01）	0.40 （0.01）	0.51 （0.018）	0.38 （0.02）
	效用感知	村人均收入对比	与村人均收入差值	40 361.17 （7 988.25）	19 135.26 （5 544.69）	38 361.18 （9 429.97）	12 145.84 （5 409.27）
		收入满意度	收入满意度（五级量表）	0.74 （0.03）	0.80 （0.02）	0.80 （0.03）	0.81 （0.03）
样本量				320	320	160	160

注：①与村人均收入差值因存在负值，故用归一化（离差标准化）进行处理；②本书的农户家庭人均收入和农户人均家庭消费开支都已进行价格指数平减处理和 Ln 处理；③括号内为标准误。

数据来源：实地调研数据。

2. 核心解释变量

核心解释变量是"是否参与'钱江源山水工程'"与"实施前后时间"两个虚拟变量所组成的交互项，用于反映"钱江源山水工程"对农户经济福利的影响。组别虚拟变量中，将"钱江源山水工程"内的农户赋值为 1，否则赋值为 0；时间虚拟变量中，将 2020 年赋值为 1，否则赋值为 0。

3. 中介变量

农户可通过参与"钱江源山水工程"就地就业，有效缩短农户非农就业距离，在获取非农收入的增长的同时，还能为家庭农业生产提供一定的劳动力支持，增加农业收入，从而提升农户经济福利。本书选择的中介变量为非农就业距离。

4. 控制变量

参考曾亿武等（2018）已有研究，本书控制了其他影响农户经济福利的因素，包括农户人力资本变量（年龄、受教育年限、是否户主、身体状况和非农就业时间）、农户社会资本变量（春节来访人数、亲友村干部数量、村干部认可度）以及农户物质资本变量（家庭房屋数量、房屋面积）。关于地区变量，本书以长虹镇作为参照，设置其他 11 个乡镇地区变量。

表 5-2 对主要变量进行了描述性统计分析。数据表明，"钱江源山水工程"区内农户的经济福利显著大于"钱江源山水工程"区外。具体来看，2015 年工程区内农户经济福利显著低于工程区外，但随着政策实施效果显现，2022 年工程区内

表 5-2 变量含义与描述性统计

变量分类	变量名称	变量含义和赋值	工程区		非工程区	
			2015均值	2022均值	2015均值	2022均值
被解释变量	经济福利	农户经济福利	0.25 (0.19)	0.28 (0.18)	0.26 (0.19)	0.26 (0.18)
核心解释变量	工程×时间	"山水林田湖草沙流域生态保护修复工程实施"与"实施前后时间"	—	—	—	—
中介变量	非农就业距离	户主非农就业地点离家距离/km	78.59 (138.34)	80.34 (133.43)	73.31 (107.59)	78.02 (117.16)
控制变量	年龄	户主实际年龄/岁	51.51 (11.85)	56.63 (11.28)	51.08 (9.28)	55.57 (10.67)
	受教育年限	户主受学校正规教育年限/年	8.10 (3.91)	7.86 (3.77)	7.60 (3.45)	8.06 (3.83)
	是否户主	是否户主：是=1，否=0	0.70 (0.46)	0.69 (0.46)	0.71 (0.45)	0.74 (0.44)
	健康	户主身体状况：健康=1，一般=2，常年生病=3	1.08 (0.31)	1.11 (0.37)	1.07 (0.32)	1.10 (0.39)
	非农就业时间	家庭人均非农就业时间/h	9.89 (3.63)	10.34 (2.99)	10.14 (3.25)	9.67 (3.95)
	家庭房屋数量	家庭房屋数量	1.21 (0.49)	1.27 (0.59)	1.27 (0.66)	1.27 (0.64)
	房屋面积	家庭房屋面积/m²	234.01 (130.09)	173.11 (110.63)	221.96 (110.38)	178.88 (116.30)
	村干部认可度	对村干部认可程度：非常认可=5，非常不认可=1	4.08 (0.81)	4.06 (0.77)	4.13 (0.49)	4.14 (0.58)
	春节来访人数	春节来访人数	17.09 (13.15)	18.14 (12.98)	14.93 (12.80)	14.23 (9.96)
	亲友村干部数量	亲朋好友中村干部数量	1.44 (2.02)	1.22 (1.84)	1.13 (1.94)	1.06 (1.76)
	样本量		320	320	160	160

注：括号内为标准误。

数据来源：实地调研数据。

农户经济福利高于工程区外农户。与 2015 年相比，2022 年"钱江源山水工程"内农户经济福利上升 3 个百分点。

5.2.3　实证结果

5.2.3.1　基准回归结果

表 5-3 为"钱江源山水工程"对农户经济福利的 DID 估计结果，回归中加入地区虚拟变量控制地区异质带来的影响。模型（1）～模型（4）为不加入控制变量的模型，模型（5）～模型（8）为加入控制变量进行回归。以上 4 个模型分别

表 5-3　"钱江源山水工程"对农户经济福利影响的 DID 估计结果

变量名称	（1）经济福利	（2）家庭人均收入	（3）家庭人均支出	（4）效用感知	（5）经济福利	（6）家庭人均收入	（7）家庭人均支出	（8）效用感知
工程×时间	0.04*** (0.02)	0.34** (0.14)	0.27** (0.13)	0.15*** (0.05)	0.05*** (0.02)	0.33* (0.18)	0.37** (0.18)	0.13** (0.06)
工程区内外	—	—	—	—	−0.01 (0.01)	−0.02 (0.14)	−0.12 (0.15)	−0.04 (0.05)
年份	—	—	—	—	0.00 (0.01)	−0.42*** (0.14)	−0.23* (0.13)	0.03 (0.05)
年龄	—	—	—	—	−0.00*** (0.00)	−0.01* (0.00)	−0.01*** (0.00)	−0.00 (0.00)
教育	—	—	—	—	−0.00 (0.00)	0.03** (0.01)	0.04*** (0.01)	0.00 (0.01)
是否户主	—	—	—	—	0.05*** (0.02)	0.13* (0.08)	0.20*** (0.08)	0.03 (0.03)
身体状况	—	—	—	—	0.02 (0.02)	−0.09 (0.10)	0.04 (0.09)	0.06* (0.03)
Ln 非农就业时间	—	—	—	—	−0.02 (0.01)	0.21*** (0.06)	0.01 (0.05)	0.03 (0.02)
春节来访人数	—	—	—	—	−0.00 (0.00)	−0.00 (0.00)	−0.00 (0.00)	−0.00 (0.00)
亲友村干部数	—	—	—	—	0.00 (0.00)	−0.01 (0.02)	−0.04** (0.02)	0.02*** (0.01)
村干部认可度	—	—	—	—	0.00 (0.00)	0.01 (0.04)	−0.07 (0.04)	−0.01 (0.02)
房屋数量	—	—	—	—	0.01** (0.01)	0.05 (0.07)	0.03 (0.06)	0.05*** (0.02)
房屋面积	—	—	—	—	0.00 (0.00)	0.00** (0.00)	0.00** (0.00)	0.00 (0.00)
常数项	0.27 (0.01)	10.26 (0.08)	9.53 (0.07)	0.80 (0.03)	0.43 (0.07)	9.51 (0.38)	9.50 (0.37)	0.65 (0.16)
样本量	960	960	960	960	960	960	960	960

注：①括号内为标准误。②***、**、*分别表示 1%、5%、10%的显著水平。
数据来源：实地调研数据。

为"钱江源山水工程"对农户经济福利、家庭人均收入、家庭人均支出、效用感知的影响。结果显示,无论是否加入控制变量,"钱江源山水工程"对农户经济福利均为显著的正向影响,且系数在1%的显著性水平上显著,能提升4.2%~4.6%单位的农户经济福利。此外,"钱江源山水工程"对农户家庭人均收入、人均支出、效用感知的系数显著为正,在10%和5%的显著性水平上显著,表明"钱江源山水工程"确实能够提升农户的收入、消费以及效用感知水平。这一结果的原因在于:一方面,"钱江源山水工程"为当地农户提供了众多的生态环境保护子项目,如基础建设项目、农业发展项目、新兴产业发展项目等,农户可以通过生态公益型和经济型劳务输出两种方式增加其转移性收入和非农就业收入的增长;另一方面,"钱江源山水工程"有助于提高农户自身经济效益认知,增加自身经济福利效用。该结果与前人研究结论基本一致(张旭锐和高建中,2021)。由此可得,本书的研究假说H1得到验证。

5.2.3.2 基于PSM-DID方法的检验

为克服系统性差异、降低双重差分法估计偏误,本书进一步利用倾向得分匹配(propensity score matching,PSM)-DID方法进行稳健性检验。运用PSM-DID方法时,通过是否为"钱江源山水工程"农户的虚拟变量,对控制变量进行logit回归,得到倾向得分值。倾向得分值最接近的农户即为"钱江源山水工程"农户的配对农户,通过这种方法可以最大限度地减少不同农户在经济福利上存在的系统性差异,从而减少DID估计偏误。在进行PSM-DID估计前,还需进行模型有效性检验。其中首先需要检验共同支撑假设,即匹配后各变量实验组和控制组是否具有显著性差异,如果不存在显著差异,则支持使用PSM-DID方法。共同支撑假设检验结果表明,从控制变量的检验结果看,匹配后多数变量不存在显著性差异,从而证明本书使用PSM-DID方法是合理的。

表5-4结果表明,利用PSM-DID方法之后,依然表明"钱江源山水工程"显

表5-4 "钱江源山水工程"与农户经济福利:PSM-DID稳健性检验

经济福利	政策前实验组与控制组的差分	政策后实验组与控制组的差分	双重差分结果
差分值	−0.03	0.06**	0.09***
标准误	0.02	0.02	0.03
T值	−1.51	2.44	2.84
P值	0.13	0.02	0.01
样本量		848	
R^2		0.01	

注:***、**、*分别表示1%、5%、10%的显著水平。

数据来源:实地调研数据。

著提高了农户经济福利，**PSM-DID** 估计的结果与前文双重差分结果并无显著差异，进一步验证了本书结论的合理性。

5.2.3.3　安慰剂检验

为验证上文所有效应未受其他同时发生的政策影响，本书采用石大千等（2018）的方法对上述 DID 方法进行安慰剂检验。其核心思想是在所有 480 户农户样本中随机抽取与本书处理组同等数量农户（320 户）作为"伪处理组"，生成伪政策虚拟变量（即模型交互项）进行回归，并重复 500 次，检验伪政策虚拟变量估计系数是否显著。如果估计系数显著，则证明原有估计结果可能存在偏差；反之则相反。从图 5-3 中可以看出，大部分估计系数集中在零点附近，且 DID 模型真实估计值（两条虚线的交点）的位置远离其他估计系数。这表明上文的估计结果不太可能受到其他政策或者随机因素的影响，证明上文 DID 回归估计结果可靠。

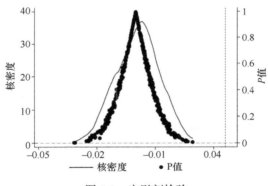

图 5-3　安慰剂检验

5.2.3.4　作用机制检验

本书进一步采用了中介效应模型检验"钱江源山水工程"对提升农户经济福利的作用路径，回归结果见表 5-5。模型（1）回归结果显示，"钱江源山水工程"对农户经济福利的估计系数显著为正，表明"钱江源山水工程"在实施过程中对农户经济福利具有正向影响。模型（2）回归结果显示，"钱江源山水工程"对非农就业距离的估计系数显著为负，表明"钱江源山水工程"确实缩减了农户的非农就业距离。原因在于"钱江源山水工程"提供多样化与生态保护修复及保护紧密相关的本地就业机会，减少了农户的非农就业距离。同时，施工过程对地区基础设施和交通网络的优化，进一步降低了农户至非农就业地的净空间距离。模型（3）回归结果显示，将非农就业距离和倍差项同时纳入回归方程后，"钱江源山水工程"对农户经济福利的估计系数显著为正，而非农就业距离的估计系数显著为负，表明"钱江源山水工程"通过缩减农户非农就业距离提高了农户经济福利。究其原因，"钱江源山水工程"为农户提供多元化和本地化的非农就业机会，不仅可以确保农户获取相对稳定的非农就业收入，还能够通过缩减非农就业距离，有效降低农户通勤成本，从而提升农户经济福利。因此，本书的研究假说 H2 得到验证。

表 5-5 "钱江源山水工程"对农户经济福利水平的影响机制检验

变量名	（1） 经济福利	（2） 非农就业距离	（3） 经济福利
工程×时间	0.05***	−0.26**	0.04***
	(0.02)	(0.13)	(0.02)
Ln 非农就业距离			−0.01**
			(0.01)
控制变量	控制	控制	控制
镇级虚拟变量	控制	控制	控制
R^2	0.09	0.23	0.11
样本量	960	960	960

注：①括号内为标准误。②***、**、*分别表示 1%、5%、10%的显著水平。
数据来源：实地调研数据。

5.2.3.5 异质性分析

本书进一步根据人力资本和社会资本对样本户进行分组，进而依托回归模型分析不同人力资本和社会资本分组下"钱江源山水工程"对农户经济福利的异质性（表 5-6）。具体实证过程中，本书用农户受教育程度和亲友是否有村干部表示农户人力资本水平和社会资本水平[①]。结果表明，人力资本和社会资本水平较高的农户，"钱江源山水工程"提升经济福利的作用均在 1%的显著性水平上显著。这表明人力资本和社会资本对农户经济福利的提升具有较强的支持作用。这一结果并不难理解，农户的人力资本积累可以直接影响到工作搜寻、就业意愿和劳动技能，一般而言，农户人力资本越强，其流域生态保护认知能力越强，越能通过参与"钱江源山水工程"进行有效合理的经济决策和资源分配，进而提升农户经济福利。而农户的社会资本同样会对农户参与流域生态保护修复的决策与信息获取产生重要影响。一般而言，拥有较高社会资本的农户，通过借助社交网络，能够更为高效地获取流域生态治理相关的信息与经验，这种信息的便捷流通加深了其对项目经济收益的认知。

---

① 农户人力资本：以农户 9 年义务教育为基础，分为低人力资本和高人力资本两组。农户社会资本：以农户亲友是否有村干部为基础，分为低社会资本和高社会资本两组。

表 5-6　"钱江源山水工程"与农户经济福利影响的异质性

变量名称	人力资本		社会资本	
	低	高	低	高
工程×时间	0.02	0.07***	0.04	0.08***
	(0.02)	(0.02)	(0.02)	(0.03)
控制变量	控制	控制	控制	控制
镇级虚拟变量	控制	控制	控制	控制
样本量	424	262	512	448

注：①括号内为标准误。②***、**、*分别表示1%、5%、10%的显著水平。
数据来源：实地调研数据。

5.3　钱塘江源头山水林田湖草沙生态保护修复的农户受偿意愿分析

建立和完善山水林田湖草沙生态保护修复的补偿机制至关重要。虽然各级政府职能部门分别针对源头流域的"山林权""水权""农地"资源等早已分别建立了一系列生态补偿制度或试点，例如，生态公益林、水权和耕地补偿或交易（张倩和范明明，2020；赵亚莉和龙开胜，2020；郭丽玲等，2015），但现有生态补偿产品单一，仍以货币补偿为主，而"钱江源山水工程"需要考虑不同资源的系统治理，需要不同补偿方案综合满足其不同资源属性需求。此外，不同资源禀赋条件的农户对于生态补偿方案也有差异化的需求。因此，亟须从山水林田湖草沙生态保护修复系统治理出发，设计不同生态补偿产品方案并分析受偿主体的选择行为，明确符合当地受偿主体现实需求的生态补偿方案。

5.3.1　理论分析框架

本书运用效用理论作为研究农户受偿意愿的理论基础。农户往往以实现效用最大化作为决策行为的重要依据，"钱江源山水工程"实施会导致农户的效用发生相应的变化，其受偿意愿水平会以是否弥补农户的最初效用为依据。因此，如图 5-4 所示，假设 Z 为预算约束曲线，U 为无差异曲线。假定"钱江源山水工程"试点区域内农户的初始效用在曲线 U_1 的 A 点上，当开始实施"钱江源山水工程"相关项目后，由于对资源的保护与限制开发，相应生态产品的供给减少，价格也随之上升，此时工程区内农户的效用水平会从 A 点下降到曲线 U_2 上的 B 点。为使农户的效用水平恢复到初始的 U_1，则必须给予相关农户相应的生态补偿，CV 表示应补偿的最低标准。综上所述，政府应向"钱江源山水工程"试点区域内相关农户提供生态补偿。

基于 Lancaster 的要素价值理论，个体所获得的效用来自产品所具有的各项具体属性，而非产品本身（Lancaster，1966）。同时，又基于随机效用理论，农户对不同生态补偿产品方案选择问题其实是对相应方案效用的比较，可以利用效用最大化的效用函数 U_{inm} 来反映农户的最优选择（单菁竹等，2018），即

$$U_{inm} = V_{inm} + \varepsilon_{inm} \tag{5.5}$$

其中，U_{inm} 为农户 i 从 n 个生态补偿产品组合方案中选择第 m 个方案的真实效用；U_{inm} 可被分解为由选项产品属性和社会经济特征变量所产生的可观测部分 V_{inm} 以及不可观测部分 ε_{inm}。根据效用最大化理论，农户 i 选择方案 m 的概率为

$$P_{inm} = \text{Prob}\left(V_{inm} + \varepsilon_{inm} > V_{ink} + \varepsilon_{ink};\ \forall n \in A, m \neq k\right) \tag{5.6}$$

其中，P_{inm} 表示农户选择第 m 个方案的原因在于第 m 个方案对其的真实效用 U_{inm} 明显高于选择第 k 个方案的真实效用。现实中由于资源禀赋和生计水平的差异，不同农户对生态补偿产品的偏好是异质的（Revelt and Train，1998），ε_{inm} 将服从随机分布（俞振宁等，2018）。因此本书选择随机参数模型，具体表示如下：

$$P_{inm} = \int \frac{\exp\left(\beta V_{inm}\right)}{\sum_{n \in A} \exp\left(\beta V_{ink}\right)} f\left(\beta | \theta\right) \mathrm{d}\beta \tag{5.7}$$

其中，β 为参数向量；$f\left(\beta | \theta\right)$ 是 β 的概率密度函数；θ 为描述随机分布参数。

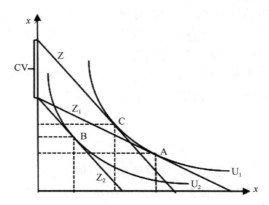

图 5-4 "钱江源山水工程"试点区域内农户补偿变化

5.3.2 研究方法

本书采取选择实验法对"钱江源山水工程"试点中所涉及的生态补偿产品方案进行情景模拟与分析，进而测度农户对于不同生态补偿方式的受偿意愿。

通过访谈整理发现，山水林田湖草沙多元化生态补偿机制设计从资源统筹管理上区别于传统生态补偿机制，但综合山水林田湖草沙不同资源属性和农户对生态补偿现实需求，现有"山水工程"的补偿方案仍主要集中在现金补偿、就业补

偿和实物补偿三个方面，因此，本书主要设计以下相应生态补偿实验方案。

首先，从山水林田湖草沙资源现有产权属性来看，经过土地产权制度改革，农户拥有"山""林""田"承包经营权。而实施生态补偿的目的是让农户退出上述自然资源经营权以确保当地自然资源管理部门和村集体协同统一管护。因此，以山水林田湖草沙自然资源经营权退出比例（以下简称"自然资源经营权退出比例"）作为结果变量①。

其次，选择现金补偿、就业补偿和实物补偿 3 种属性作为重点考察的政策属性。①现金补偿。现金补偿是最为普遍的一种经济补偿手段，被广泛应用于政府各类补偿之中（杨欣和蔡银莺，2012），因此本书考虑在当地主要林、田自然资源经营权退出基础之上，以当地苗木、青苗和地上附着物补偿标准以及土地补偿费标准为参照，最终确定 1 万元/亩、2 万元/亩的价格补偿方案。②就业补偿。其作为一种"造血式"补偿方式，可为未来提供可持续生活保障（杨照东等，2019）。为此选择"就业技术培训"、在"钱江源山水工程"试点期内保障农户就业的"提供三年就业岗位"②作为就业补偿方案。③实物补偿。该方案借鉴了退耕还林工程中补助粮食等实物补偿措施（李晓平，2019），并基于"钱江源山水工程"是以森林资源和生物多样性保护为生态治理目的，因此选取农林业生产资料补偿、农林产品补偿两种方式纳入方案③。具体设计见表 5-7。

表 5-7　选择实验中各生态补偿产品属性及其状态水平

属性	状态水平	状态含义	变量赋值
现金补偿	0	无现金补偿	0
	1	1 万元/亩	1
	2	2 万元/亩	2
就业补偿	0	不提供就业补偿	是=1；否=0
	1	就业技术培训	是=1；否=0
	2	提供三年就业岗位	是=1；否=0
实物补偿	0	无实物补偿	是=1；否=0
	1	生产资料补偿	是=1；否=0
	2	农林产品补偿	是=1；否=0
山水林田湖草沙自然资源经营权退出	0	不退出	0
	1	一半退出	50%
	2	全部退出	100%

① 本书中所设计的补偿产品方案主要针对的是农户。山水林田湖草沙中"水"和"湖"往往是公共产品，更重要的是涉及流域和跨区域政府、组织层面之间的补偿方案设计，这与本书的方案设计初衷有一定区别。结果变量反映在农户调查问卷中，即"如果要求您家里退出资源经营权，您会选择哪种产品补偿方案"。
② "山水工程"试点实施期为三年，为此需要保障农户在山水林田湖草沙生态治理期内的就业岗位。
③ 农林业生产资料补偿方案主要是指根据退出的自然资源经营中原来所需的当地年均生产资料投入量给予相应补偿，可用于其他未退出地的土地经营所需的生产资料；农林产品补偿主要是根据退出的自然资源经营土地上的主要产品，按照当地亩均产量水平进行补偿。

最后，针对案例点构建山水林田湖草沙一体化的多元化生态补偿机制仍然处于起步阶段，因此在实验设计时以农户未获得补偿产品且未退出自然资源经营权为现状属性组合。

根据表 5-7 的属性设计，共可以获得 81 种生态补偿产品属性组合。为避免问卷缺乏代表性与可操作性，通过正交设计来降低产品组合方案数量，最终得到 8 种备选方案，将备选方案与现状方案组合，剔除重复和不合理选择集后，共得到 16 个选择集（示例见表 5-8），并将其平均分为 4 套不同的问卷。在实际调查中，4 套问卷均被使用，且在样本中分布均匀。

表 5-8　选择实验集示例

属性及农户选择	A 方案	B 方案	C 方案
现金补偿	1 万元/亩	2 万元/亩	A 方案和 B 方案都不选择
就业补偿	不提供就业补偿	不提供就业补偿	
实物补偿	林产品补偿	生产资料补偿	
山水林田湖草沙自然资源经营权退出比例	一半退出	全部退出	
您的选择（划"√"）			

5.3.3　模型设计、变量选取与数据来源

基于上述式（5.5）～式（5.7），构建随机参数 Logit 模型（式 5.8）：对农户"钱江源山水工程"试点中涉及的补偿产品方案的选择意愿进行实证分析

$$V_{im} = \text{ASC}_i + \beta_{\text{out}}P_m + \sum \beta_{mj}X_{mj} + \sum \tau_{mj}X_{mj} + \sum \gamma_k \left(S_{ik} \times \text{ASC}\right) \tag{5.8}$$

其中，V_{im} 表示为农户 i 是否选择第 m 个产品方案的意愿。

模型中自变量主要分为随机与固定参数变量两类：①随机参数变量（X_{mj}），主要包括"现金补偿""提供就业技术培训""提供三年就业""生产资料补偿""农林产品补偿"5 种产品属性变量；②固定参数变量，主要包括 ASC、自然资源经营权退出比例（P_m）以及受访者特征变量（S_{ik}）。首先，ASC 为替代常数项（alternative specific constant）用以区分农户是否愿意选择给定的生态补偿产品组合方案，若农户选择 A 和 B 方案，则赋值为 0；选择方案 C，则赋值为 1。其次，变量 P_m 为方案中农户获得相应生态补偿产品而退出的自然资源经营权比例。最后，变量 S_{ik} 为影响农户效用偏好的各项社会经济特征，如农户基本特征、家庭非农就业质量情况、社会资本等。其中，家庭非农就业质量方面，农户非农就业越稳定，相对而言，非农就业质量也越高（张务伟等，2011）；同时，非农就业收入是农村劳动力实现非农就业转移的直接经济动力（黄莉芳等，2017），因此选取"家庭人均非农就业收入"与"家庭人均非农就业时间"来衡量非农就业质量。在农户基本特

征、社会资本方面，农户行为决策会同时受自身认知能力、工作性质及社会资本影响（刘斌，2020），因此选取"受访者是否担任过村干部""受访者年龄""受访者受教育年限""亲友中的能人数量" 4 个变量。

此外，β_j 为第 m 个方案的第 j 个属性 X_{mj} 的系数；τ_{mj} 为第 m 个方案的第 j 个属性 X_{mj} 的标准差系数，τ_{mj} 显著则表示不同农户对补偿产品方案的选择意愿存在较大异质性；γ_k 为农户社会经济特征与 ASC 交叉项的系数；β_{out} 为变量自然资源经营权退出比例的系数。

在上述模型基础上，可测算出农户对补偿产品方案的受偿意愿，即农户在各生态补偿产品属性下对自然资源经营权退出比例的边际替代率，具体计算公式如下：

$$\text{WTA} = -\frac{\beta_j}{\beta_{out}} \tag{5.9}$$

其中，β_j、β_{out} 分别代表农户山水林田湖草沙生态补偿产品属性和自然资源退出比例的系数，其计算所得的 WTA 值越大，代表农户对该项生态补偿产品的受偿意愿越高。

为保证选择实验结果的准确性，本书对实验方案的选定、抽样、组织调查和完成进行系统的计划和落实。首先，课题组对于案例点农户进行预调研，通过当地政府部门、村和农户等相关利益方访谈明确实验方案；其次，2022 年，课题组在钱塘江源头流域核心区苏庄、长虹、何田、齐溪 4 个乡（镇）以经济发展水平进行分层，随机抽取 13 个村，在每个村通过等距抽样，共选取 263 户农户；再次，由于实验方案相对复杂，本书课题组对调查户组织培训，指导帮助受访农户理解实验方案，确保调查数据反映的科学性和真实性；最后，为确保农户的选择是独立的，本研究以入户调查的方式对农户进行一对一问卷访谈，并完成相关实验。在剔除无效问卷后，获得有效问卷 239 份，样本有效率 90.87%。调查内容涉及农户基本特征、家庭收支和生产要素、对"钱江源山水工程"试点的认知情况以及选择实验等。

5.3.4　实证结果

基于随机参数 Logit 模型设定和描述性统计结果，分析模型估计结果，并测度农户对于不同生态补偿产品的受偿意愿。

5.3.4.1　描述性统计分析

从表 5-9 可以发现，整体上，受访农户中 29% 担任过村干部，年龄结构趋于老龄化。受访者受教育年限为 7.13 年；平均亲友中能人数量为 2.39 人，大部分样本户拥有社会资本较少且存在较大差异；样本户生计结构多以非农就业为主，家庭人均非农就业时间和收入分别为 10.46 个月和 3.77 万元。

通过对比高、低收入组农户发现，高收入组农户中担任过村干部的比例、平均受教育年限、亲友中能人数量、家庭人均非农就业收入和时间均高于低收入组农户。对比不同收入结构组发现，高农业收入比重组农户的资源禀赋和生计水平明显劣于低农业收入比重组。高农业收入比重组农户家庭人均非农就业时间（9.62 个月）仅比低农业收入比重组农户（10.67 个月）少 1 个月，但家庭人均非农收入却仅是低农业收入比重组的 35.76%。

表 5-9　样本基本特征描述

变量	全样本		低收入组		高收入组		高农业收入比重组		低农业收入比重组	
	均值	标准差	均值	标准差	均值	标准差	均值	标准差	均值	标准差
受访者是否担任过村干部	0.29	0.45	0.25	0.43	0.39	0.49	0.27	0.44	0.30	0.46
受访者年龄/岁	56.92	11.19	57.21	11.60	56.22	10.12	58.29	11.21	56.54	11.16
受教育年限/年	7.13	3.80	6.81	3.60	7.90	4.13	7.13	3.49	7.13	3.88
亲友中能人数量/人	2.39	4.27	2.09	4.43	3.10	3.79	1.82	3.48	2.55	4.45
家庭总收入/万元	17.55	37.05	8.29	4.79	39.31	62.23	9.12	8.25	19.89	41.34
家庭人均非农就业收入/万元	3.77	7.94	1.78	1.41	8.45	13.24	1.57	1.64	4.39	8.84
家庭人均非农就业时间/月	10.46	2.23	10.23	2.48	10.98	1.42	9.62	3.20	10.67	1.86

数据来源：实地调研数据。

5.3.4.2　随机参数 Logit 模型的估计结果

随机参数 Logit 模型的估计结果详见表 5-10。从模型结果看，5 个模型的 Prob>chi^2 均在 1%置信水平上显著异于 0，说明模型整体回归结果较好。

（1）由模型 1 估计结果可见，变量 ASC 显著为负，说明整体上受访农户对实施生态补偿产品持支持态度，即样本户在得到生态补偿后，愿意增加自然资源经营权退出比例。此外，现金补偿、就业技术培训、提供三年就业、农林产品补偿 4 个产品属性的均值系数均正向显著。然而生产资料补偿对农户自然资源经营权退出比例却存在显著的负向影响，造成此现象的原因可能是：一方面，生产资料价值太低，将其以实物形式补偿给农户换取自然资源经营权退出，无法弥补自然资源经营权退出所带来的经济损失；另一方面，农户虽获得生产资料补偿，但资源经营权退出使其经营投入的意愿降低。控制变量方面，ASC 与受访者年龄的交互项呈正向显著，表明年龄越大，越不愿意退出自然资源经营权。ASC 与家庭人均非农就业收入、家庭人均非农就业时间的交互项系数也为正向显著，表明非农就业质量越高的农户越不愿退出林地，与预期方向相反。造成这一现象的原因可能是农户对守住农田林地等资源的传统观念早已根深蒂固（陈锋，2014）。而 ASC 与亲友中的能人数量的交互项系数为负向显著。在调查过程中发现，如果农户亲友中的能人大部分为村干部或政府工作人员，对政府出台的各项生态补偿产品方案接受程度越高。

表 5-10　随机参数 Logit 模型估计结果

变量	模型 1	模型 2	模型 3	模型 4	模型 5
	（全样本）	（低收入组）	（高收入组）	（高农业收入比重组）	（低农业收入比重组）
均值					
ASC	−2.95**	−2.61*	−0.28	−5.46*	−3.02**
	(1.19)	(1.37)	(3.75)	(3.18)	(1.37)
自然资源经营权退出比例	−0.01*	−0.02***	0.02	−0.02*	−0.01
	(0.00)	(0.01)	(0.01)	(0.01)	(0.01)
现金补偿	1.22***	1.36***	1.10**	1.54***	1.20***
	(0.23)	(0.29)	(0.48)	(0.47)	(0.28)
就业技术培训	0.96***	1.13***	0.46	0.77	1.16***
	(0.37)	(0.43)	(0.83)	(0.68)	(0.44)
提供三年就业	0.68*	0.6⊏	1.19	0.62	0.81*
	(0.39)	(0.46)	(0.80)	(0.61)	(0.49)
生产资料补偿	−0.67**	−0.70**	−0.54	−0.46	−0.76**
	(0.26)	(0.29)	(0.66)	(0.44)	(0.33)
农林产品补偿	1.40***	1.36***	1.43*	1.26**	1.58***
	(0.31)	(0.34)	(0.73)	(0.51)	(0.38)
ASC×家庭人均非农就业收入	0.06***	0.00	0.04	0.10	0.07***
	(0.02)	(0.08)	(0.03)	(0.199)	(0.02)
ASC×家庭人均非农就业时间	0.11*	0.11*	−0.11	0.26**	0.08
	(0.06)	(0.06)	(0.24)	(0.13)	(0.08)
ASC×是否担任过村干部	−0.35	−0.68*	0.32	0.20	−0.52
	(0.31)	(0.37)	(0.69)	(0.63)	(0.36)
ASC×受访者年龄	0.03**	0.03	0.04	0.04	0.04**
	(0.01)	(0.02)	(0.04)	(0.04)	(0.02)
ASC×受访者受教育年限	0.03	0.03	−0.01	−0.01	0.07
	(0.04)	(0.05)	(0.10)	(0.10)	(0.05)
ASC×亲友中的能人数量	−0.09**	−0.12**	−0.01	0.10	−0.16***
	(0.04)	(0.05)	(0.08)	(0.06)	(0.05)
标准差					
现金补偿	2.01***	1.88***	2.83***	1.61***	2.09***
	(0.28)	(0.31)	(0.84)	(0.49)	(0.34)
就业技术培训	1.71***	1.87***	1.19	−1.47*	1.89***
	(0.41)	(0.49)	(1.23)	(0.82)	(0.55)
提供三年就业	2.83***	2.85***	3.30***	−1.45	3.47***
	(0.55)	(0.68)	(1.26)	(1.03)	(0.74)
生产资料补偿	0.96*	−0.52	−2.04*	−0.07	−1.20**
	(0.54)	(0.75)	(1.20)	(0.84)	(0.59)
农林产品补偿	1.99***	1.56***	3.33***	−0.10	2.44***
	(0.38)	(0.41)	(1.15)	(0.90)	(0.50)
Prob>chi2	0.00	0.00	0.00	0.00	0.00
Log likelihood	−874.46	−608.37	−248.80	−158.34	−697.35

注：①***、**和*分别表示 1%、5%和 10%置信水平上的显著性；②括号内为标准误。

数据来源：实地调研数据。

（2）模型 2 和模型 3 显示了低收入组和高收入组农户生态补偿产品方案实施对自然资源经营权退出影响的差异。模型 2 中，ASC 和自然资源经营权退出比例两个变量显著为负，说明该组农户对实施生态补偿产品持显著支持态度。此外，现金补偿、就业技术培训、农林产品补偿等产品属性的均值系数显著为正，表明这三类生态补偿产品方案将显著促进农户退出自然资源经营权的意愿，但生产资料补偿产品方案效果却相反。低收入农户在失去自然资源经营权后，即便获得生产资料，也无法再利用其进行农业或林业生产。控制变量方面，ASC 与家庭人均非农就业时间的交互项的系数为正向显著，表明非农就业时间越长的低收入农户越不愿退出林地，与预期方向相反，原因可能是低收入农户的非农质量并不高，使得其不愿意放弃农林业的收入。而模型 3 中由于 ASC 和自然资源经营权退出比例两个变量并不显著，说明生态补偿产品方案的实施对其自然资源经营权的退出并无显著影响，即不同生态补偿方案对该部分农户效用趋同。

（3）模型 4 和模型 5 反映了不同家庭收入结构组下的农户生态补偿产品方案实施对自然资源经营权退出比例影响的差异。模型 4 结果显示，ASC 和自然资源经营权退出比例两个变量显著为负，表明高农业收入比重组的农户对实施生态补偿产品持显著支持态度。此外，现金补偿、农林产品补偿的属性变量均正向显著。而就业技术培训、提供三年就业、生产资料补偿的属性并不显著。原因是大部分农户具有相对较为稳定的非农就业，从而造成就业技术培训、提供三年就业对农户退出自然资源经营权并无显著影响。模型 5 的估计结果显示低农业收入比重组的农户对实施生态补偿产品方案也持显著支持态度，且 5 个产品属性变量也均显著，但自然资源经营权退出比例这一结果变量却并不显著，这部分农户以非农就业为主，如果政府要求退出自然资源经营权，则不同补偿方案所带来的效用并无显著差异。

5.3.4.3　农户对生态补偿产品方案的受偿意愿

基于式（5.9），计算农户"钱江源山水工程"试点中不同补偿产品受偿意愿（表 5-11）。

（1）总体上，农户对于"钱江源山水工程"试点中不同的补偿产品方案受偿意愿存在差异，按照受偿意愿从高到低，依次为：农林产品补偿>现金补偿>就业技术培训>提供三年就业>生产资料补偿。最高为农林产品补偿，农户获得该类补偿后自然资源经营权退出比例将会提高 1.69 倍，其次为现金补偿（1.47 倍），再次为就业技术培训（1.16 倍），最后为提供三年就业（0.81 倍）。

（2）家庭收入对补偿产品方案受偿意愿存在一定影响。低收入组农户对不同补偿产品方案受偿意愿的排序与所有样本的回归结果一致。具体而言，农户获取农林产品补偿、现金补偿或得到就业技术培训，农户自然资源经营权退出比例分别会提高 85.02%、84.70% 和 70.39%。对于低收入组农户而言，如果要求自然资源经营权退出，农林产品补偿是该部分农户受偿意愿最高的补偿方案。

表 5-11　不同生态补偿产品方案下农户自然资源经营权退出率的提高比例　（%）

产品属性	全样本	低收入组	高收入组	高农业收入比重组	低农业收入比重组
现金补偿	146.99	84.70	−72.39	89.51	185.12
就业技术培训	115.54	70.39	−30.57	44.94	178.72
提供三年就业	81.41	40.09	−78.24	35.90	124.37
生产资料补偿	−80.45	−43.61	35.83	−26.60	−116.35
农林产品补偿	169.14	85.02	−94.20	72.97	242.65

（3）家庭收入结构对补偿产品方案受偿意愿存在一定影响。针对自然资源经营权退出，高农业收入比重组农户接受的补偿产品方案为现金补偿与农林产品补偿，若该部分农户现金补偿提高一个级别或者获得农林产品补偿，其自然资源经营权退出比例会分别提高 89.51% 和 72.97%。对于低农业收入比重组农户，不同生态补偿产品并无显著影响。

5.4　本 章 小 结

（1）"钱江源山水工程"能够对农户经济福利产生促进作用，农户通过参与"钱江源山水工程"，缩短非农就业距离是农户经济福利提升的重要机制。农户关于"钱江源山水工程"经济福利的提升并非同质、等量的状态，农户异质性研究表明，人力资本和社会资本水平较高的农户，其经济福利改善效果也更好。

（2）基于选择实验法所获得的实地调查数据，借助随机参数 Logit 模型分析农户对不同生态补偿产品方案的受偿意愿，主要得出 3 个结论。①农户对工程试点中涉及的不同补偿产品方案受偿意愿存在差异。具体而言，实物补偿中的农林产品补偿受偿意愿最高，其次为现金补偿，且现金补偿的补偿额度越高，农户的受偿意愿也越高。而生产资料补偿却会抑制农户自然资源经营权的退出。②农户收入水平对生态补偿产品方案受偿意愿存在差异化影响。若退出自然资源经营权，低收入组对于各类生态补偿产品方案受偿意愿排序与整体是一致的，而对于高收入组农户没有显著差异。③农户家庭收入结构对生态补偿产品方案的受偿意愿存在差异化影响。若退出自然资源经营权，高农业收入比重组的农户对于生态补偿产品方案受偿意愿最高为现金补偿，而对低农业收入比重组农户并无显著影响。

第6章 山水林田湖草沙一体化下钱塘江源头生态保护修复的机制创新与挑战分析

本章系统讨论了钱塘江源头地区在生态保护与修复方面的机制创新、实践案例以及面临的挑战。首先，详细阐述了"钱江源山水工程"的四大机制创新，即项目管理机制、后期管护机制、公众参与机制以及生态产品价值实现机制的创新；其次，以开化、淳安、建德、常山四个县（市）为例，针对其不同模式的生态修复进行实践案例研究；最后，探讨了山水林田湖草沙一体化治理下钱塘江源头生态保护修复机制目前面临的挑战。

6.1 山水林田湖草沙一体化治理下的机制创新

6.1.1 项目管理机制创新

牢固树立"山水林田湖草沙是一个生命共同体"理念、统筹山水林田湖草沙系统治理，是深入贯彻落实习近平生态文明思想和党的十九大精神的根本要求，是建设美丽中国、实现人与自然和谐共生的重要途径。统筹山水林田湖草沙系统治理是一项复杂的系统工程，不仅需要基本理念的创新，还需要管理模式和技术体系的创新，必须遵循生态学原理和系统论方法，构建全新的生态治理体系。

6.1.1.1 构建项目实施区多部门联动的协同管理机制

关于运行机制方面，山水林田湖草沙生态保护修复工程在项目实施区注重多部门联动，按照"省级主导、县级负责、乡镇（村）主体、部门助力"的要求，坚持省、县、乡镇（村）三级纵向联动，相关部门单位横向联合，明确责任，强化措施，在工作部署、项目落地、用地指标、财力安排上统筹协调。相关地方根据职能分工，统筹推进。为有效推进工程实施，在示范区设立组织领导机构，成立生态保护修复工程领导小组及办公室，由地方主要负责人担任组长；成立生态保护修复工程指挥部，下设山、水、林草、田和湖5个分指挥部，以及追责问责、政法稳定、财政审计3个保障工作组，构建起"1+5+3"的组织领导和协调保障体系；为高质量推进工程进度，成立项目指挥部，与总指挥部办公室一道采取实体化运作，抽调专人集中办公，细化分解任务，实行"挂图作战""标旗推进"；

各县（市、区）、功能区也都成立领导小组及办公室，形成了凝心聚力、合力推进的工作格局。通过积极创新组织保障机制、规划先行机制和资金筹措机制，对工程实行"挂图作战""标旗推进"，坚持一张蓝图绘到底，将山水林田湖草沙生态保护修复工程纳入生态建设规划，与城乡一体空间发展战略规划、国土空间规划等有效衔接，从资源要素保护与修复出发，统筹城镇空间发展与生态环境保护，对山体、水域、面源污染、塌陷地、林草地等进行专题研究，合理布置山水林田湖草沙系统建设计划，构建起了生态管控体系和生态建设体系。

6.1.1.2　建立项目资金管理制度

山水林田湖草沙生态保护修复工程资金使用范围主要集中在 6 个方面：①生态环境质量提升，重点支持饮用水供水安全保护、河道综合治理、城乡环保基础设施工程等项目；②生物多样性保护，重点支持珍稀生物保护、生物多样性保护示范工程、生物多样性防控等项目；③矿山生态环境修复，重点支持废弃矿山治理工程、地质灾害防护等项目；④水土流失防治，重点支持小流域水土流失治理等项目；⑤森林质量改善，重点支持森林保护、林相改造等项目；⑥土地整治与污染修复工程，重点支持土地综合整治、土壤污染防治等项目。

6.1.1.3　细化项目绩效考核监督体系

生态环境部正在制定生态保护修复监管工作指南、生态破坏问题分等定级标准、生态保护修复工程生态环境监测技术规范、生态保护修复工程实施成效评估技术指南，明确生态保护修复监督管理的总体要求和具体措施。此外，目前相关部门在自然资源调查监测体系的基础上，合理利用生态监测站网，研发系列生态状况评价、生态预警产品，推动构建生态系统调查监测评价预警体系。

关于监督考核机制，由领导小组办公室牵头制定相关监督细则方案、建设考评方法，加强指导与监督，对标考评方法，定期通报工作进展情况，确保山水林田湖草沙生态保护修复工程示范点建设进度和质量。组织专班日常监督，定期通报《浙江省钱塘江源头区域山水林田湖草生态保护修复工程试点三年行动计划（2019～2021 年）》中确定的工作任务、重点项目推进情况，发现问题及时整改。因此，在建立总体监督考核体系时，同时也应细化项目绩效考核监督体系。

6.1.2　后期管护机制创新

为解决山水林田湖草沙生态保护修复工程基础设施后期管护难的问题，各地政府采取实地调查、广泛征求意见、创新机制等方式，努力探索推进项目工程后期管护的新路子。

6.1.2.1 明确管护主体权责

在项目实施区成立管护工作领导小组，明确地方干部后期管护的具体职责和各单项工程的管护责任，确定专人管理和维护已交付使用的项目工程，对已施工完成的生态管护各项工作开展日常巡查。与此同时，建立了管护责任制度，将责任明确到每个管护主体，细化每项工程的管护内容和标准，确保管护工作落到实处。此外，还建立了奖惩机制，对认真履行管护职责的个人和集体给予表彰与奖励，而对于未按要求开展管护工作的主体，实行责任追究，以此强化各级管护主体的责任意识，推动形成人人参与、共同保护的良好局面。此外，为了提高地方社区居民对管护职责的理解和执行力，地方政府还通过定期培训、召开专题会议等形式，提升基层干部和管护人员的专业知识及管护能力，确保他们具备完成管护任务的基本技能。同时，建立灵活的工作协调机制，形成以乡政府为主导、村民广泛参与的管护模式，确保各类资源和力量能够及时响应与协同，促进后期管护工作的高效运行。

6.1.2.2 完善多元化管护资金筹措渠道

为确保工程后期管护工作顺利开展，各县（市）针对各自的实际情况采取了相应的措施，多数按照"谁受益、谁负责、谁付费"的原则筹措管护资金。一方面，要求所在县（市）筹集一部分资金作为管护经费，当地财政承担部分工程后期管护费用；另一方面，鼓励各地区积极引进市场机制，实行国家、地方、社会和农户共同投入，多渠道、多方位筹集资金，增强项目融资能力。同时，还鼓励企业和社会公益组织通过捐赠、共建等方式参与到管护资金的筹措中来，探索设立"生态管护基金"，以确保后期管护工作的持续性和资金来源的稳定性。此外，各县（市）还尝试引入生态环境信贷、绿色金融等创新金融工具，为管护资金筹措提供更多的渠道和支持。通过与金融机构合作，推出面向农户的生态保护专项贷款，既可以为生态管护项目提供资金支持，又能够激励农户参与生态建设的积极性。同时，地方政府也在积极探索与生态产品开发、生态旅游发展相结合的资金运作模式，通过形成市场化收益来反哺生态管护，确保资金运作的良性循环和生态系统的持续性保护。

6.1.2.3 加大管护思想宣传力度

现有后期管护工作主要围绕宣传管护思想来开展。采取有效措施，多层面、多形式介绍"后期管护思想"。制订宣传计划，有计划地在新闻媒体上开展专题宣传活动。通过宣传，广泛动员社会各界支持和参与后期管护工程，加深农户对后期管护的重要性、管护的内容及制度等问题的充分认识，增强其责任感。在宣传形式上，不仅通过电视、广播、报纸等传统媒体，还利用新媒体平台（如微信公众号、短视频平台等）开展生动直观的宣传，以吸引更多年轻人和社会力量的关注及参与。政府还在地方学校中开设相关的生态环境保护课程，培养青少年从小树立保护生态环境的意识，并组织开展"生态小卫士"活动，让学生参与到生态保护和后期管护的实践中。此外，通过组织社区村民大会、分发宣传手册、张贴宣传海报等多种方式，将后期管护思想融入社区居民的日常生活中，提升当地社区居民的自觉性和责任感。通过多样化的宣传和教育活动，确保生态保护理念深入人心，形成全民参与、全社会共同行动的良好氛围。

6.1.2.4　完善追责渠道

严格落实生态环境保护和责任追究制度。明确环境保护工作岗位和职责，将环境保护工作纳入绩效考核，对生态环境保护工作实行倒查倒纠。相应管理部门分领导、分项目承担保证项目实施后综合效益的发挥，村干部分别负责项目区内各单项工程的管护责任。同时，为衡量以上各责任主体的管护效果，采取定期巡查制度，确保后期管护工作有序进行。在追责机制中，还引入第三方评估机构，定期对管护工作进行独立评估，并发布评估报告，形成透明、公开的监督机制。此外，对于因管理不善、失职渎职而造成生态损害的责任主体，依据相关法律法规严肃追责，确保管护工作不走形式、不流于表面，真正发挥项目工程的生态效益，保障区域生态环境的持续改善和提升。与此同时，政府还建立了公众举报和反馈机制，鼓励社会公众对管护工作进行监督，并为有效的举报提供奖励，以此形成强有力的外部监督力量。此外，通过绩效考核与奖惩挂钩的方式，促使各责任主体不断提高管护工作的标准和质量，推动后期管护的良性发展。

6.1.3　公众参与机制创新

农户依赖于周边稳定生态系统提供的调节、支持、供给和文化服务，被视为生态修复的主要利益相关者。目前山水林田湖草沙生态保护修复工程农户主要参与方式大致如下。

6.1.3.1　推行信息公开制度

在项目实施过程中，地方人民政府及时、主动公开工程具体内容，并重点公开下列政府信息：①贯彻落实国家关于"钱江源山水工程"政策的情况；②"钱江源山水工程"的财政收支、各类专项资金的管理和使用情况；③征收或者征用土地、房屋拆迁及其补偿、补助费用的发放、使用情况等。通过公示栏，确保公众的知情权，使得公众对政策有更加充分、直观的了解，从而确保公众的广泛参与。此外，为了进一步提高信息公开的透明度和有效性，地方政府还利用多种渠道，如政府门户网站、微信公众号、手机短信等方式，向公众发布项目的最新动态和相关政策信息，确保信息公开的及时性和全面性。同时，设立公众意见征集渠道，通过座谈会、问卷调查等方式，收集公众的意见和建议，并将其融入项目的决策和实施中。通过双向互动的沟通机制，不仅让公众了解项目的具体进展，也使他们有机会参与到项目的管理和决策中，从而增强农户的参与感和对项目的认同度。

6.1.3.2　推行公众生态保护行为奖惩机制

生态补偿的初始目标是保护生态环境，遵循基于自然要素或所提供的生态系统服务进行补偿的原则。项目工程区生态补偿主要为地方政府之间的横向补偿或直接面向农户的纵向补偿，如造林补贴、森林抚育补贴、退耕还林补贴等。现有补贴方式直接给予农户现金补贴措施，一定程度上可以提高当地农户的收入。同时，生态保护修复区域内还设立"救助举报奖励"，对救助、伤害野生动物的行为实施奖惩，鼓励农户自觉提供破坏野生动植物的案件线索和违法犯罪行为。此外，农户在区域内"全域禁猎"基础上，实施"野生动物肇事保险"制度，为农户安全系上安全带，免除农民人身和财产的后顾之忧。在此基础上，政府还推出了基于行为积分的奖惩机制，通过对农户的生态保护行为进行量化评估，给予积分奖励，如减少化肥农药使用、主动保护水源地等。累计的积分可以兑换农业生产资料、生活补贴或优先获得生态旅游就业岗位等，进一步激励农户积极参与生态保护。同时，对于破坏生态的行为实行严格的处罚，确保奖惩机制能够发挥实效，建立起公众积极参与、共同守护生态环境的长效机制。

6.1.3.3　构建社区共管机制

"钱江源山水工程"涉及的区域将当地居民生产生活的区域纳入国家公园整体规划布局，通过产业转移、社区共管、优先就业等方式，鼓励社区居民参与国家公园的保护、建设和管理，扶持试点区内和毗邻社区的经济社会发展。一方面，实施社区网格化管理联动机制。推出林地保护地役权改革，在不改变土地权属的基础上，通过建立合理的生态补偿和社区共管机制，将重要自然资源纳入统一管理，并将其延伸到农田生态保护等方面，实现了对全民所有自然资源在实际控制意义上的主体地位，解决了农业生产过程中滥施农药化肥问题。树立"山水林田湖草沙生态共同体"的理念，从制度上解决了群众利益和生态保护之间的矛盾。为推动社区共管机制的有效实施，各地还建立了社区自我管理组织，鼓励居民成立生态保护小组，参与到国家公园的巡护、管理和监督工作中。通过培训与能力建设，提升社区成员的环境保护技能和管理能力，使他们能够更好地参与项目管理并发挥积极作用。此外，政府与社区居民共同制定资源管理规则，并将其纳入社区章程，确保居民在使用自然资源的同时也肩负起保护的责任，从而实现生态保护与社区发展相互协调的目标。另一方面，"钱江源山水工程"提供各类生态保护区的管护岗位设置，提供更多参与门槛较低的临时性就业岗位，如生态巡护员、生态旅游服务和其他工作人员等，并鼓励国有林场、森林公园、自然保护区等优先聘用周边农户从事服务性岗位或季节性工种，充分发挥就业岗位补偿作用。同时，积极推进绿色产业发展，鼓励社区居民从事生态农业、生态手工艺品制作等绿色产业，使他们能够在保护环境的同时增加收入，实现生态与经济的双赢。此外，结合国家公园的生态旅游开发，推行"社区导游"制度，让社区居民在为游客提供导游服务的同时，增加对自然资源的了解和保护意识，真正实现社区居民全过程参与自然资源的生态保护。

6.1.3.4　提供当地农户就业机会

（1）扶持农户参与生态产业就业。在生态补偿实践中，结合项目实施，支持农户依托当地优势资源发展兼具生态、经济效益的生态产业。根据不同地区区域优势，鼓励农户发展精品水果、茶叶等经济效益高的经济林产业，让农户后期可通过售卖林果获得持续性收入。以开化县为例，农户在生态产品类型方面，以挖掘"两茶一鱼""两中"产品为主，"两茶"是指茶叶、油茶，"一鱼"就是清水鱼，"两中"是指中药材和中蜂（蜂蜜），这些均是开化县的特色主导产业，生态效益、经济效益优势明显。其次，在保护好生态环境的前提下，允许农户在退耕地上间种豆类、中药材、菌类等经济作物，打造种养结合的生态循环产业基地，并对具有高附加值的林产品进行精深加工，延长产业链。此外，适度发展数字经济、洁净医药、电子元器件等环境敏感型产业，推动生态优势转化为产业优势。加快培育生态产品市场经营开发主体，鼓励盘活废弃矿山、工业遗址、古旧村落等存量资源，推进相关资源权益集中流转经营，通过统筹实施生态环境系统整治和配套设施建设，提升教育文化旅游开发价值。最后，依托优美自然风光、历史文化遗存，引进专业设计、运营团队，在最大限度减少人为扰动前提下，配套开展森林旅游开发，充分整合资源要素以实现森林价值最大化利用，打造旅游与康养休闲融合发展的生态旅游开发模式，帮助农户建立长期稳定的收入渠道。

（2）依托国家公园建设，提供农户生计就业。就业生计方式补偿也是一种重要的生态补偿形式，在钱江源国家公园重点生态修复和保护工程区内，政府对依赖自然资源生计的农户提供生态就业岗位，协调生态保护与农户生计之间的矛盾，并通过就业补偿缓和野生动物与农户之间的冲突，减少农户因野生动物破坏农作物等带来的损失。①设立生态巡护相关岗位。在国家公园涉及的 21 个行政村中，根据各行政村的林地面积、自然村个数、管护难易程度等，配置不同数量的专职和兼职生态巡护员。生态巡护员以聘用本地当地居民为主，保护站与巡护员签订聘用协议，规定巡护员的职责范围和工资报酬，现共聘用95名专兼职生态巡护员。调查数据显示，生态巡护岗位每年可以提供10 000～15 000元的收入，对农户参与生态资源巡查保护具有激励作用，也是对周边农户保护生态资源的重要补偿。②设立科研工作助理岗位。科研教育是保证国家公园公益性的一项基本功能，国家公园建设需要开展的科研活动种类繁多，如野生动植物监测、生态系统监测、林分质量监测等，这些野外科研活动需要大量的民工。在当地社区，当地居民对当地的地形地貌、野外环境、资源分布等具有丰富的认知和实践经历。为促进生态保护的社区参与，钱江源国家公园管理局对农户进行专业知识培训，提供相应的科研工作助理岗位，像动物识别、植物识别、红外相机安装、日常监测管理等，让农户成为科研工作的重要助手，这也间接给农户带来一笔额外收入，成为协调资源保护和社区发展的重要方式。

6.1.4 生态产品价值实现机制创新

6.1.4.1 初步构建以财政转移性支付为主导的生态补偿体系

我国实行自然资源有偿使用制度，所征收的自然资源有偿使用费或自然资源税费成为生态补偿资金的重要来源，并由政府设立生态环境保护补偿专项资金，用于对自然资源保存性行为和保护性行为的补偿，即对自然资源的生态环境价值进行补偿。针对山水林田湖草沙生态保护修复工程，当地政府提供的补偿方式主要包括生态公益林补偿、地役权改革补偿、社会投资损失补偿、野生动物破坏损失补偿，以及跨区域的补偿。

（1）生态公益林补偿。生态公益林补偿作为生态补偿的重要形式之一，是对森林发挥生态服务功能的价值补偿。自2004年起，为有效保护公益林资源，改善生态环境，发挥森林的生态功能，浙江省开始全面实施森林生态效益补偿基金制度，对公益林营造、抚育、保护和管理，以及对公益林投资经营者从事上述活动给予补偿。浙江省公益林建设20年来，规模不断扩大，江河源头、城镇周边、通道两侧及生态脆弱区域均已区划为省级以上公益林。在不同的生态功能区，生态补偿的标准也有所区别，源头区和保护区的标准分别达到了43元/亩和55元/亩，高于现有36元/亩的基本补偿标准，且随着经济社会发展，补偿标准也将持续提高。

（2）地役权改革补偿。考虑到钱江源国家公园体制试点地区集体林地占比达到79.4%，同时由于对农村承包土地设定地役权，对集体土地经营权进行适当限制，产权主体因此将获得相应的经济补偿。相比于传统的生态补偿制度以行政命令模式通过划片式单一补偿方式解决宏观层面的保护与发展冲突，地役权改革补偿更着眼于解决微观层面的保护需求和行为规范，进而可以作为现行生态补偿制度的补充，提升保护的针对性与有效性。地役权改革明确了集体林地使用者的权责关系，为生态补偿提供了明确的主体；地役权改革创新了生态补偿的方式和标准。根据生态系统类型、生态服务功能和生态效益等因素确定合理的补偿标准，更加全面、科学地反映生态价值。地役权改革推动了生态补偿机制的市场化和社会化发展。通过建立生态补偿市场平台和生态产品认证制度，可以引导企业和个人参与生态补偿，促进生态资源的有效保护和合理利用。最后，地役权改革强化了对生态补偿的监督和评估机制，确保生态补偿资金的有效使用和生态效益的实现。政府针对集体林地和基本农田提出了不同的地役权改革补偿方式：①现行集体林地地役权补偿标准为每年 48.2 元/亩；②为满足生态保护的要求，基本农田也实行了农田承包土地地役权改革。近 300 亩农田作为农田地役权补偿机制改革试点，在禁止使用农药化肥、禁止焚烧秸秆、禁止引入植物外来物种、禁止干扰野生动物等前提下，每年每亩农田补偿标准为 200 元。同时，对按要求生产的稻谷，给予每年 2 元/斤的生态价值补偿，两项每年共安排补偿资金 42 万元。调查数据显示，地役权改革实施以来，平均每户的转移性收入由每年 283.9 元增至 478.8元，增长幅度达 68.65%，对农户的生态补偿效果明显。2023 年，钱江源国家公园管理局启动新一轮农村承包土地地役权改革签约。钱江源国家公园内近 1200 亩农田被纳入地役权补偿范围，生产主体冷享受 800 元/亩的补偿标准。

（3）社会投资损失补偿。在"钱江源山水工程"内部，存在小水电开发经营活动，干扰了流域生态环境，破坏了自然生态系统的原真性。为妥善处理水电开发与流域生态保护问题，钱江源国家公园规划范围内的 9 座水电站（其中，涉及生态保育区的有 4 座，游憩展示区的有 5 座）正在进行强制退出和整改行动，在实施国家公园最严格保护的前提下，对因强制措施造成的经济损失给予补偿，保护水电站业主合法权益。针对不同的水电站，管理当局实行"一站一策"，逐站制定退出整改方案，根据各水电站的发电功率（千瓦数）、投资金额、经济收益等确定补偿形式和补偿金额，签订退出整改协议。协议签订之初，预付资产评估价值50%的补偿金，对规定时间内完成退出整改的电站再给予资产评估价值 5%的奖励金，剩余款项在电站移交后付清。

（4）野生动物破坏损失补偿。在"钱江源山水工程"内部，严格的生态保护带来生态环境的改善，在工程的核心区——钱江源国家公园，生态系统的保护致使野生动物增多，越来越多的野生动物活动直接导致农户农业经营的损失。为弥补对农户资源经营的损失，政府和保险公司作为承包单位和承包人，与农户签订野生动物肇事保险协议，承担生态修复和保护区域内受到野生动物伤害导致的财产损失（人工种植的农作物），依据国家或地方有关法律规定应承担的赔偿责任，按保险合同约定负责赔偿。自 2020 年 3 月野生动物肇事保险制度实施以来，累计收到理赔申诉超过 20 起，最高理赔金额达 8100 元，有效维护了农户利益，为农户经济利益损失赔偿提供了重要补充。

6.1.4.2 以跨区域联动为补充的生态补偿方式

流域的生态保护与修复工程涉及多个区域，为保证自然资源和生态系统的完整性，生态补偿需要考虑不同区域之间的横向补偿。钱江源国家公园与安徽省休宁县、江西省婺源县相毗邻，区域与试点区生态植被、自然资源相近相通，构成一个完整的生态系统。因此，浙江、安徽、江西三省人民政府签订"跨省生态保护与可持续发展战略合作协议"，建立"国家公园毗连区跨省生态保护与可持续发展合作联席会议制度"，以协作实施"钱江源山水工程"。三县以初步划定的 159 km^2 协同保育区林地进行确权登记，参照《钱江源国家公园集体林地地役权改革实施方案》，开展协同保育区地役权改革，开化县给予钱江源国家公园每个毗邻村每年 3 万元的生态补偿资金，实现协同保育区内自然资源统一管理。除此之外，毗邻村之间签订了生态保护和可持续发展合作协议，根据跨区域现状和双方协商，雇佣当地人参与生态巡护，并参照《钱江源国家公园专（兼）职生态巡护员管理办法》管理，提供同等就业形式补偿。

6.1.4.3 三大措施促进市场型生态产品价值实现增值

（1）区域公共品牌打造提升生态产业品质。在乡村振兴和农业供给侧结构性改革等一系列战略的推动下，对区域农业发展提出了更高水平的要求。我国作为农业大国，不同区域间农业资源的差异较大，因此特色农产品种类较多，形成了独具特色的农产品品牌。区域公共品牌也被称为公用品牌，主要是指在某个特定区域内，能够被相关机构、企业、农户等共同享有的品牌，其具有较高的市场声誉和生产能力，如一些知名度较高的农产品区域公共品牌五常大米、盘锦河蟹、潜江小龙虾等。加快推进农产品区域公共品牌建设具有重要意义，是实现乡村振兴和加快推进农业供给侧结构性改革、推进农业转型升级的重要举措。但农产品区域公共品牌的创建和维护还存在诸多问题，需要根据区域特色采取有效措施进行全面推进。以开化县为案例，该县致力于打造"钱江源品牌"，将当地特色生态农产品进行包装打造，用区域公共品牌推动开化县生态产业的发展。

（2）"工商资本+本地精英"驱动生态产业模式革新。深化金融领域改革，完善金融系统服务模式，充分运用银行扶贫贷款资金，为涉农企业提供资金支持，引导金融机构创新金融产品，设立农业产业化投资基金，引导工商资本持续增加投入。依托涉农金融机构农村基层网点，加大对工商资本下乡所从事的资金量大、风险高、周期长、见效慢的传统种养殖业和乡村旅游业的金融支持，推动"互联网+农业"金融服务,支持农产品生产企业及其他各类型企业的经营发展,从而促进农业与工业、商业、旅游、文化、康养产业等一二三产业深度融合发展。以淳安县为例,该县利用千岛湖自然风光景色,引用外来资本打造旅游生态产业,当地农户参与生态旅游产业,为淳安旅游产业的发展提供了良好的支持,推动生态产业的发展。

(3)"两山合作社"保障生态产业活力。"两山合作社"实际上是一种经营模式,通过将生态资源进行分散式输入、集中式输出,从而实现生态资源的市场化运作。"两山合作社"是一个交易的平台,通过这一平台,挖掘生态资源的价值,让各个企业根据自身项目的特点择其所好,从而实现企业、农场、农户的共同发展。以开化县为案例,2018 年,该县依托"两山合作社"平台,流转收储了音坑乡 340 余亩闲置农用土地,并通过招商引资,建设了钱江源未来农业示范园,种植、加工及销售菠萝、草莓、火龙果、多色玫瑰等农作物,使闲置资源得到了有效利用,打造"绿水青山就是金山银山"理念的开化样本。同年,开化县委、县政府明确要把生态建设贯穿于经济社会发展全过程,把生态文明整体规划融入空间布局、基础设施、产业发展等各个领域,将原新农投集团和文旅集团合并组建成开化县两山投资集团有限公司,作为县"两山合作社"的运营主体,整合县域内文旅、农林水等资源资产,将分散的生态资源变成资产,将资产变成资本,达到生态资源收蓄、招商开发、有偿权益变现的目的。

6.2　山水林田湖草沙一体化治理下的机制创新实践案例

根据开化、淳安、建德、常山等四个县(市)的特点,开展四个县区不同模式的生态修复的理论与机制研究。其中,开化以保护生物多样性为主题,淳安以内陆湖泊生态保护为主题,常山以废弃矿山修复为主题,建德以生态保护与历史文化融合发展为主题。通过生态保护修复,实现特色主题与山水林田湖草沙等生态要素的有机结合,解决突出生态环境问题,整体提升区域生态系统稳定性和承载力。

6.2.1　常山:强化矿山生态修复,生态矿山效果凸显

6.2.1.1　基本情况

常山县境内矿产资源丰富,其中石灰石、石煤等矿储量和品质均居浙江省首位。历史上,常山有着源远流长的石灰石产业发展史,已探明石灰石资源主要分

布在辉埠镇。该区域不仅资源储量大，而且品质好，对石灰石资源的开发利用一直以来是常山经济的最大支柱产业之一，2006 年被命名为"中国常山钙业生产基地"。然而由于历史原因，该区域存在着小型石灰石采场多、开采不规范、安全隐患大等现象。此外，在这些矿山周围存在着大量的石灰立窑、落后石灰钙加工企业，此类企业多为家庭作坊式，经济发展模式属典型的资源消耗型，利润空间有限，部分企业主为节约成本，存在采购石煤作为燃料等违法行为，这也为常山打击非法盗采、使用石煤制造了较大的阻力。长期的无序矿石开采加工、低产值高耗能的石灰立窑生产、落后的石灰钙加工生产线以及遗留石煤开采坑洞等，对生态环境造成了极大影响。长期烟尘弥漫造成大气严重污染，排放的废渣经雨水冲刷通过地表径流流入附近农田，导致农作物减产甚至绝收。这些问题时刻影响着当地居民的生产生活。

常山县从 2013 年开始，在辉埠镇开启了以产业整治、环境治理、提质升级为抓手的"蓝天三衢"生态治理工程。2019 年，辉埠镇全域土地综合整治和生态修复项目正式上线。项目区涉及常山县辉埠镇 8 个片区，累计治理面积 60.1163 hm^2（合 901.74 亩）。本项目治理范围较大，分布广，工程量大。

6.2.1.2 治理措施

（1）合理分区，做好矿山布局规划。根据常山县实际情况，结合土地利用规划、县域总体规划、低丘缓坡垦造耕地等相关规划，合理规划矿山开采，发布实施《浙江省常山县矿产资源规划（2021～2025 年）》，科学划定区域禁采区、开采区和限采区，明确矿山开采边线和生态保护红线，优化矿业布局。全面禁止在重点保护区内进行固体矿产开发，以生态环境保护优先为原则，以生态环境的综合承受能力为界限，合理调控资源开发强度，严格控制矿山数量，防止过度开采；开采区内按照"扶大并小、扶优并劣"的原则集聚，72%以上的矿山聚集在开采区内，要求矿山企业达到"生产工序净化、矿区道路硬化、矿区周边绿化、加工场所棚化"的"四化"工作，对达不到"四化"标准的矿山，给予关停处理；限采区内严格限制矿山设置，区内零星设置的矿山须满足相关规划要求，以规划的手段确保矿产资源分布更加合理、产业结构更加优化。

（2）巧用科技，助推"绿色矿山"建设。应用先进、实用的矿山自然生态环境保护与治理恢复技术，全面开展并推进绿色矿山建设。深入开展矿山粉尘防治，全面落实《浙江省矿山粉尘防治管理暂行办法》等相关规定，矿山企业必须配套建设或改造矿山粉尘防治设备设施，改进生产工艺技术，加强矿产开发利用过程中重点环节的粉尘防治，加大对矿山运输车辆、运输道路的扬尘防治，确保粉尘防治达标。健全矿山地质环境调查与动态监测体系和工作机制，开展矿山环境与生态修复信息系统建设。利用多期高分辨率卫星图片或无人机数据，建立矿山地质环境信息监测网络和信息交流平台,加强监测预报,及时掌握矿山地质环境的动态。矿山地质灾害可通过合成孔径雷达干涉测量技术实现高精度监测,从而及时进行人群疏散,提前规划和管理。通过对地观测及光谱波段观测,实时监测矿区地物在某些指标(叶面积、生物量)的受损情况。

(3)多措并举,加强矿产资源利用。充分发挥法律、政策、经济三重杠杆的作用,督促企业采用先进技术和工艺进行生产,提高资源集约化与综合化利用水平。加大资源综合利用管理体系的信息化建设力度,采取经济手段引导和调控资源节约行为,完善矿产资源综合利用的激励机制和实施措施。积极推进开采、选矿环节节能降耗。建立和完善矿产资源保护与利用制度,加大尾矿、贫矿综合开发利用力度,提高矿产资源综合利用率,统筹勘查开发保护,将行政管理与技术监督结合起来,减少和杜绝矿产资源勘查开发中违约风险,明确保护与开发的界限,防止"采富弃贫"等行为带来资源的可持续性降低和环境的破坏。露采矿山应加大矿山弃渣的综合利用,建立无尾渣矿山。

(4)因地制宜,加强废弃矿山治理力度。根据废弃矿山类型、规模、破坏程度、周边环境条件及治理难易程度等,将废弃矿山划分为重点治理矿山和一般治理矿山。重点治理矿山在项目申报、资金投入、财政补助等方面优先安排,建立"一矿一档""一矿一方案"的管理模式。加强监管大量无主尾矿库和已闭尾矿库。综合治理废弃矿山土壤污染、植被破坏、塌陷沉陷等生态环境问题,按照宜耕则耕、宜林则林、宜草则草、宜湿则湿、宜建则建的原则,采取地貌重塑、土壤重构、植被重建、景观再造、生物多样性重组等措施,实行各具特色的综合治理模式,按照"谁修复、谁受益"原则,广泛吸引社会资本参与,持续推动矿山整治"多腿走路"的资金保障机制,构建"政府主导、政策扶持、社会参与、开发式治理、市场化运作"的矿山生态修复新模式,全面完成历史遗留矿山的生态保护修复,恢复和提升矿区生态功能,实现"采复一体化",提升矿山资源可持续利用与生态环境保护的水平。

(5)完善体系,形成联动闭合管理机制。由政府成立协调机构,统一协调和及时解决地质环境保护与治理工作的困难和问题;建立联动机制,形成强大合力,严肃查处乱采滥挖等违法行为。建立矿业权人履行义务的约束机制,加强无主尾矿库和已闭尾矿库监管强化尾矿库闭库治理。强硬推进、重拳出击,各级干部严肃纪律,严格按照方案执行,统一口径、统一标准。建立专项整治攻坚小组,在合力攻坚中落实责任,通过将任务落实到事、责任压实到人,明确整改措施、责任部门、整改进度和具体时间节点,"挂图作战",确保整改工作"步稳蹄疾",形成力量一体化、目标综合化、任务清单化的作战模式,实现"新账旧账一起还"的目标,为矿山整治最终完成提供坚实的力量保障。

(6)健全机制,加快钙产业转型升级。增强矿业转型升级和特色矿产品开发力度，淘汰落后设备、工艺和产能，彻底改变当地石灰钙产业"粗放式"的发展模式。通过政府引导，激发企业内在动力，促进矿山走规模化、机械化、标准化和信息化发展道路，全面提升矿产业竞争力。同时，淘汰落后的钙产能企业，为新兴产业扩容提质腾出空间，为传统产业转型升级、高新技术企业进驻腾出发展空间。

6.2.1.3　治理成效

（1）矿山治理成效显著。推进常山县"蓝天三衢"生态治理工程、废弃矿山（井）修复项目建设，加强全域废弃矿地的综合整治，规划期内完成区域内 25 个重点矿山生态环境治理任务，完成 88.06 万 m^2 在采矿山治理任务。废弃矿山治理率达 100%，生产矿山纳入全国绿色矿山名录库的入库率达到 100%，矿山粉尘防治达标率 100%。矿产资源开发利用在政府调控、市场调节下有序健康发展。矿山企业在规模化、机械化、集约化和综合利用上登上新台阶。矿业开发利用布局、结构进一步优化，矿产资源节约集约程度大幅提高，矿产资源利用水平全面升级。

（2）形成"钙"文化美丽名片。"钙"文化是常山辉埠镇的文化凝聚力所在，突出"钙"这一地方特色文化是塑造地方特色品牌的重要支撑。整合"钙"资源，将"钙"产业与"钙"文化和"钙"景观充分融合联动，打造"生产研发—绿色利用—商贸物流—文化旅游"的产业链闭环，推动资源消耗型产业的转型，打造以"钙"文化为主题的矿山遗址公园区。结合区域内部及周边历史文化和自然人文景观，充分利用当地物质环境基础及历史文化基础，根据当地区域特色，可进行生态修复，恢复原生态自然景观；进行农业复垦，发展生态农业，打造"田成方、林成网、路相通、沟相连"的高效农业园区；与矿山公园建设、矿山历史文化等相结合，打造城市旅游品牌；"腾笼换鸟"，与工业园区建设相结合，"筑巢引凤"，促进城市转型成为现代工业园区。化"生态短板"为"生态样板"，创造一条生态与发展兼顾的多赢之路，既守住绿水青山，又创造金山银山。从"单一生产"到"多元耦合"，打造"湖美、景靓、田丰"的特色"江南钙谷"，让"蓝天三衢"成为常山的最美名片。

6.2.2　淳安：注重流域系统治理，水环境质量持续提升

6.2.2.1　基本情况

由于之前的《中华人民共和国水污染防治法》对二级饮用水水源地的保护措施主要是禁止污染严重的工业项目，对三产项目并不禁止。因此，2008 年，国家对《中华人民共和国水污染防治法》进行了修订，大大提高了二级饮用水水源地的保护要求和产业行业进入门槛，但淳安县的水功能区水环境功能区划没有及时

进行相应调整，直至 2015 年，淳安水环境功能区划面积从全县陆域 100%降为 97.95%，划出非保护区和准保护区 90.71 km²，才初步摆脱了全县为违建县的尴尬境地，但仍为全国全省最高，且全县有 13 个乡镇的全部区域和 10 个乡镇除建成区以外的其他区域，都在饮用水水源保护区。淳安是"先有人后有湖"，水功能区水环境功能区划存在划分过大、不科学、不合理等问题，客观上导致了一些项目的"被违规"，群众生产生活空间与水功能区水环境功能区划限制的矛盾十分突出。另外，由于规划品位、功能布局、建设能力、管理水平等的历史局限性，在千岛湖山水生态资源保护、建筑景观风貌管控以及湖岸线公共景观资源如何最大限度让人民群众共建共享上存在一定的不足，有些项目确需改善和提升。按照"空间上划一线、时间上切一刀"的原则，对照浙江省政府办公厅印发的综合整治验收工作规程，采取拆除、退出、整改、管控等整治措施，形成问题清单。经浙江省市共同研究论证，主湖区临湖 1 km 内 134 个项目中有 94 个需要实施综合整治，另外 40 个加强管控、确保规范化运行。

6.2.2.2　治理措施

（1）全力推进环境保护。实施国家山水林田湖草沙生态保护修复工程及"污水零直排区"建设，建成国内首个湖泊水质水华预测预警系统，新建城乡污水管网 3502 km，城乡污水收集基本实现全覆盖，而且所有湖区景点及 152 艘游船生活污水均收集上岸处理，企业污水均统一纳管提标处理，并深入开展农业面源污染治理。

（2）健全项目管控组织管理机制。出台《千岛湖临湖地带建设管控办法》等文件，开展主城区临湖地带开发强度评估及色彩规划研究，建立招商引资项目联合审查、沿湖沿线农民建房免费设计图纸并带方案审批等制度，既注重全面加强千岛湖临湖地带建设项目审批准入和监管执法，严控临湖地带开发强度，又注重湖岸线、山脊线、天际线统管，对用地性质、容积率、建筑密度、建筑高度、面宽宽度等建筑风貌严格把关，切实提高项目建设品质。

（3）完善生态环保长效保护机制。建立环境形势分析研讨、乡镇交接断面水质考核、新（转）任县管领导干部"绿色谈话"等制度，严格执行领导干部自然资源资产离任审计制度，强化多部门"一巡多功能"机制，不断压实生态保护责任。扩面提标《千岛湖环境质量管理规范》，政府规章先行推进立法工作，着力推动千岛湖保护走上科学化、法治化轨道。推进设立千岛湖生态综合保护局、生态产业促进和服务局，进一步统筹千岛湖综合保护及绿色发展。

（4）优化调整水功能区划。确定全县非饮用水源保护区面积为 465 km²（不包含非集雨面积 78 km²），同时对主湖区临湖地带严格管控，主湖区临湖 1 km 内的 360 km² 陆域仅调出 6.2 km²。2019 年 5 月 10 日，淳安水功能区水环境功能区优化调整方案由浙江省生态环境厅、浙江省水利厅批复实施。优化调整后，全县饮用水源保护区面积占县域总面积的 87.73%，保护比例居全省第一。同时，深入推进"多规合一"，开展资源承载能力和国土空间开发适应性评价，建立系统保护的国土空间规划体系。

（5）启动建设淳安特别生态功能区。淳安特别生态功能区建设是浙江省和杭州市生态文明体制改革重点项目，2019 年 9 月 29 日，浙江省举行了淳安特别生态功能区建设推进大会暨千岛湖配水工程通水活动，标志着淳安特别生态功能区建设全面启动。《淳安特别生态功能区建设三年行动计划（2019～2021）》《杭州市淳安特别生态功能区管理办法》《杭州市淳安特别生态功能区条例》等政府规章完成编制并全面实施，淳安特别生态功能区建设不断向纵深推进，改革红利正加速释放。

6.2.2.3 治理成效

（1）淳安已成为多个国家级示范区。淳安县域生态环境质量处于全国前列，千岛湖水质为地表水 I 类标准，是国内水质最好的大型湖库之一，2019 年空气环境质量优良率 92.1%，PM$_{2.5}$ 仅为 23，全县森林覆盖率达 90.26%（不含湖面），森林覆盖率、蓄积量居浙江省第一，连续三年夺得浙江省治水最高荣誉——"五水共治"大禹鼎和农村治污省级优秀，成为全省首个清新空气示范区，被列为首批国家级生态保护与建设示范区、国家重点生态功能区试点。

（2）饮用水安全得到有效维护。城镇集中式饮用水水源达标率 100%，农村自来水入户率达到 99%。河道防洪除涝能力显著提高，使沿河两岸免受洪涝灾害的侵袭，有效保护了人民生命财产安全和沿河经济的正常发展。水质净化效果明显，COD、氨氮等主要污染物不断下降。湿地生态环境得到保护，初步形成湿地保护管理体系。废弃物处理充分生态化，区域城乡生活垃圾分类收集覆盖率达到 100%。工业企业污染得到有效控制，所有企业实现雨污分流，工业企业废水经处理后纳管或达标排放。

（3）农田质量不断改善。淳安县建设提升 22 500 万亩高标准农田，土地利用效率得到提高。通过土地复垦工程，垦造水田 1500 亩、建设用地复垦 800 亩，增强粮食安全供给能力。

6.2.3 开化：强化国家公园建设，生物多样性保护效果明显

6.2.3.1 基本情况

浙江省钱塘江源头区域拥有得天独厚的自然资源，包括矿产资源及水能、风

能、太阳能等清洁能源资源，但资源的过度开发同样对生物多样性造成损害。矿产资源开发方面，历史上大量的矿山开采，遗留下大量废弃矿山，对区内生态环境产生了严重影响，生物多样性受到严重威胁。水资源开发方面，水力资源的过度开发导致流域被切割成众多不连续的、非自然的河段，造成生境破碎，河流生态完全改变，河道中的水生生物受影响极大；水利工程造成上游淹没，下游形成脱水或减水段，使得产卵场和溯河场大部分被破坏，阻断了洄游性鱼类的洄游通道，使洄游鱼类的种类和数量大大减少；电站调峰运行期间，也对下游鱼类产生影响。风能、太阳能资源开发方面，区内已建成及正在建设多个大型风电、太阳能光伏电站，风电和太阳能电站的建设造成地表植被破坏，割裂各类生物栖息地，风机运转对鸟类生存环境造成威胁，风机产生的噪声污染破坏周边生物生境。此外，对资源的过度开发利用，也使得区域内配套道路交通建设规模较大，进一步割裂生物栖息地，生物多样性受到明显影响。

　　浙江省钱塘江源头区域自然生态良好，各类生物资源丰富，包括众多国家保护动物和植物，但自然保护区面积仍然占比较小，对于区外生物多样性的保护力度有限。由于未进行有效约束，区内破坏生态系统的行为仍然较多，某些珍稀濒危植物具有较高的经济价值而成为一些人滥砍乱挖的对象，而逐渐减小的居群又因其遗传多样性的降低加速了灭绝。长期的林业开伐及周围居民人为的乱砍滥伐，破坏了生态系统原有的平衡，植物资源受到严重威胁，造成了物种多样性的减少、珍稀动植物资源的破坏、水土的大量流失等一系列问题。在生物多样性保护的相关体制机制建设方面，开化正在开展国家公园体制创新试点，但目前仍在探索阶段，尚未在区内全面推广，亟待进一步加强。

6.2.3.2　治理措施

　　（1）形成了"垂直管理、政区协同"的组织管理体制。整合原有保护地管理机构，成立了由省政府垂直管理、纳入省一级财政预算、由省林业局代管的钱江源国家公园管理局，并通过与地方政府建立的交叉兼职、联席会议、联合行动等机制，形成了"垂直管理、政区协同"的管理体制。决策机制上，构建政府统一领导、部门协同推进的工作机制，协调解决重大问题，每月定期召开一次专题工作例会，交流试点工作推进情况；每两个月召开一次专题工作分析会，研究、交办、攻坚试点工作推进过程中遇到的难点问题和政策瓶颈。

　　（2）建立了保护自然资源的长效机制。不断探索跨区域生态环境协同保护机制。与毗邻的江西省、安徽省相关县（市）签订"跨省生态保护与可持续发展战略合作协议"，并建立县级层面合作保护机制，开化、休宁、婺源和德兴四地政法系统共同签署了《开化宣言》，建立了护航国家公园生态安全五大机制，严厉打击破坏自然资源的活动，打造生态共同体和利益共同体，推进更大尺度的生态系统保护。

（3）初步构建了生态产品价值实现机制。积极探索"两山"转化机制。以五大国资公司为主平台，市场化推进生态产品开发，依托新农投集团，通过品牌打造，推出了齐溪龙顶茶、何田清水鱼等特色产品，发展了古田山生态油茶和长虹休闲旅游等产业，实现生态产品的品牌化增值，带动居民增收致富。

（4）构建了以地役权改革为核心的生态补偿机制。针对钱江源国家公园试点区集体林地占比较大的问题，实施集体林地地役权改革补偿，在不改变林地权属的基础上，将集体林地统一交由钱江源国家公园管理机构管理，实行统一的地役权改革补偿标准。除此之外，针对试点范围内的农田，也实施了农田地役权改革补偿；针对国家公园内野生动物活动导致的人身或财产损失，根据《钱江源国家公园野生动物肇事公众责任险保险办法》进行赔偿；针对国家公园内小水电经营开发状况，根据《钱江源国家公园范围内水电站整治工作实施方案》深入整改，给予合理的补偿金额，保障业主合法权益。

（5）形成了国家公园建设和管护的公众参与机制。依托《钱江源国家公园专（兼）职生态巡护员管理办法》，提供公益性岗位，选聘村民充当专（兼）职生态巡护员；出台了《钱江源国家公园野生动物保护举报救助奖励暂行办法》，推进奖励举报制度，鼓励村民积极报告自然资源和野生动物状况、举报偷伐偷猎行为；开展了各类特许经营活动，村民可以利用国家公园品牌，开展游憩、农家乐等活动，实现全民共享建设红利；成立了钱江源国家公园绿色发展协会，充分征求当地百姓意见，让群众参与国家公园建设和管理。

6.2.3.3 治理成效

（1）促进生物多样性和自然资源长效保护。坚持"生态保护第一"的国家公园建设理念，确保县域内野生动物资源安全，保护自然资源的原真性和完整性，开展野生动物专项保护行动。

（2）地役权补偿机制协调资源保护与农户权益。集体林地地役权改革是"钱江源山水工程"核心区——钱江源国家公园体制试点的重要内容，是实现自然资源统一管理的有效途径。试点区集体林地地役权改革基本完成，显示出三大成效，协调了资源保护与农户权益保障。一是实现了统一管理。通过集体林地地役权改革，在不改变林地权属的基础上，村与组、户与组、户与村签订了地役权委托协议，最后村与管理局签订《钱江源国家公园集体林地地役权设定合同》，明确双方的权利义务，将集体林地统一交由钱江源国家公园管理机构管理，实现自然生态系统的严格保护、整体保护、系统保护。二是提高了农户收入。通过集体林地地役权改革，钱江源国家公园范围内的农户可以享受到地役权改革带来的红利，每年获取补偿资金1000多万元，户均增收2000元以上。农户还可以利用良好的自然生态环境,依托森林旅游活动开展、国家公园建设、自主开办农家乐等实现增收。三是保护了生态环境。通过集体林地地役权改革,彻底改变群众的思想观念,告别了"靠山吃山的历史",增强了人民群众对国家公园建设重要性的认识,保护了钱塘江源头的生态环境,树立了"绿水青山就是金山银山"的理念。

(3)提升公众参与意识。在"钱江源山水工程"实施的主要核心区——钱江源国家公园一直强调"生态保护第一",通过社区共管、共建路径,打造利益共同体,提升公众遵循自然、保护环境的参与意识。主要是通过制定和完善村规民约,提供公益性岗位,设立举报电话和奖励办法等方式,充分发挥群众主人翁意识。2018 年,钱江源国家公园从当地居民中招聘了 95 名专兼职生态巡护员;2019 年,钱江源国家公园管理局又出台了《钱江源国家公园野生动物保护举报救助奖励暂行办法》;2020 年,成立了钱江源国家公园绿色发展协会,加强业内监管和行业自律。在出台相关政策时,充分征求当地百姓意见,让群众参与国家公园建设和管理。

6.2.4 建德:依托水系综合治理,文化和景观双发展

6.2.4.1 基本情况

近年来在进行经果林地开发过程中,全面整地和后期粗放管理方式,导致林下水土流失严重,加大了水土流失治理难度。建德市园地经济林地水土流失面积达到 28.44km^2,占全市水土流失面积的 12.98%,其中,其他园地和竹林水土流失面积分别占建德市园地林地水土流失面积的 65.47% 和 17.30%,合计为 82.77%,是建德市园地林地水土流失的主要因素。

6.2.4.2 治理措施

(1)优矿优用,推进生态矿山建设。建德市优化配置矿产资源助推产业高质量发展,做到了优矿优用。助企业争取矿业开采权,加快资源开发速度;强化矿石分类评价,增加资源出让收益;优化矿石资源配置,提升原料自给能力;引导企业转型升级,促进资源集约利用。通过以上四个方面的主要措施,解决了当地碳酸钙资源的供需矛盾;通过实施分类评价,实现石灰岩主矿种之外的共生、伴生成分的价值实现从"无"到"有"转变,增加政府收益的同时,倒逼企业进行技术革新,提高石灰岩综合利用效率;通过大力发展水泥窑协同处置固废、绿色新型建筑材料等产业项目,延伸和完善产业链,推进环保和清洁生产,使建德市水泥制品工艺装备水平、产品竞争力得到提升,产品被广泛用于高铁、高速公路等重点工程建设。

（2）"土地整治+"推动生态景观进一步美化。建德市积极响应浙江省有关全域土地综合整治工作部署，结合"美丽建德"建设目标，坚持全域规划、全要素整治、全产业链发展，充分运用"土地整治+"，涌现出了整村整治的葛塘村、整镇整治的梅城镇和三都镇等一批典型案例。一方面，建德市成立了市主要领导负总责的领导小组，建立健全了政府负责组织协调、相关职能部门分工合作的工作机制，从建德实际出发制定了全域土地综合整治工作实施意见，为该项工作开展提供了组织保障和政策保障，同时积极创新工作方法，形成了"国资公司主导，属地乡镇助推，村集体参与，村民共建共享"的工作模式，且专门成立了建德市土地整治工作指挥部及杭州市两山建设开发有限公司；另一方面，按照"全域规划、全域设计、全域整治"的理念，建德市坚持规划引领，着眼于优化"山水-田园-村落"和谐美的格局，通过系统修复、综合治理、空间拓展，把土地利用、景观打造、产业发展等不同诉求融合为一个实施方案。

（3）新安江综保工程管理机制。建德市建设了新安江综保工程，该工程于2019年成功列入浙江省推进长三角一体化发展重大项目清单，成为推进长三角一体化重大生态环保标志性项目。新安江综合保护工程总承包项目处于"富春江—新安江"风景名胜区范围内，范围西起市消防大队，东至七郎庙，北至320国道，南至新安江北岸。滨水岸线长度约27.2 km，设计范围面积约为32 km^2。工程内容包括27.2 km绿道网络建设、8条市政道路建设、新安十景建设、13座驿站配套设施、边坡地质灾害治理和码头建设等工程。新安江综合保护工程是浙江省"大花园"建设样板和全国"乡村振兴"示范工程。

6.2.4.3 治理成效

（1）土地整治效果显著。在推进农村河道综合整治工程建设中，建德市全面推行"沟渠池塘长"制度，打通"河长制"最后一米，实现"河长制"小微水体全覆盖。为提升土地整治项目建设效率和工程质量，专门成立了建德市土地整治工作指挥部及杭州市两山建设开发有限公司，实施全域土地综合整治。垦造水田5000亩、"旱改水"1000亩、建设用地复垦100亩，进一步优化城乡建设布局，拓展用地空间，改善了新农村居住和生产环境。同时，建德市目前已完成修复34家矿山企业，矿山生态环境恢复治理率达92%。在采矿山实行边开采边治理、优矿优用，12家生产矿山已全部完成绿色矿山建设，实现从"小、散、多、乱、差"逐步向集聚化、规模化、规范化转变。在推进土地整治项目建设中，涌现出了整镇整治的大洋模式、整村整治的葛塘模式，有力助推了乡村振兴。

（2）区域旅游大发展。建德市立足山水资源，抓牢重点项目，因地制宜打造生态修复工程的特色精品。新安江综合保护工程项目围绕新安江流域的生态治理与环境提升目标，重点开展黄饶半岛沿江植被恢复和西湖畈湿地修复，累计种植绿廊面积 1800 亩，恢复退化湿地面积 450 亩。梅城古镇水系综合治理项目在原来仅恢复水生态的基础上，深挖严州古府千年历史文化底蕴，围绕东、西两湖和玉带河设置节点小品，打造"两湖一带"的水景观特色，将古镇历史文化挖掘与景观打造相结合，全面提升古镇面貌与文化内涵，推动区域旅游大发展。通过"全域土地综合整治+特色产业"这样的模式，促进了农村就业和增收，大幅度提高了村集体经济的收入，三年来 13 个试点区域的所有的村集体年收入都已经达到了 20 万元以上，工作取得了阶段性成效。

（3）生物多样性保护效果明显。建德市大力培育珍贵彩色森林，增加珍贵彩色树种群落，提高森林覆盖率，新增珍贵彩色森林 1 万亩，完成种植珍贵树种 100 万株。被破坏的重要鸟区、候鸟栖息地和迁徙停歇地、珍稀植物原生地、鱼类重要产卵区、洄游通道及重要渔业水域等生态敏感区域，采取人为补救措施进行生态恢复和重建，提高对生物多样性保护的思想认识。

6.3 山水林田湖草沙一体化治理下的挑战

6.3.1 "自上而下"的山水林田湖草沙生态保护修复顶层设计体系仍然有待完善

在顶层设计方面，由浙江省自然资源厅负责进行生态保护修复统筹规划并设计保护修复体系，但仍存在以下问题：①山水林田湖草沙治理是一个系统性工程，有其特殊性，加上项目整体性要求高，需要跨区域、跨部门合作，省内各部门之间协同机制有待进一步建立与完善，这方面的缺失会造成组织之间协同治理不足，部门之间存在职能交叉，信息无法及时准确传达；②山水林田湖草沙治理是一个创新事物，很多机制与政策处于摸索阶段，各区域、各部门对于山水林田湖草沙的认识有差异，在治理经验以及协同管理方面还有欠缺；③各部门之间各自为政，效率有待提升。同级之间存在缺乏交流，协调工作进行不畅，直接导致项目申报预算管理以及项目执行监督等存在一定困难，延缓项目执行速度，并可能导致执行目标的偏差。

6.3.2 生态保护修复基础设施的差异化后期管护机制尚未建立

6.3.2.1 生态保护修复基础设施的管护制度不健全

山水林田湖草沙生态保护修复是一项系统工程，政府作为生态修复国家政策的执行者、决策者和监督者，应以系统思维考量、以整体观念推进，全面完善山水林田湖草沙生态保护修复相关的基础设施后期管护制度。但目前在实施中仍然存在一系列问题。首先，缺乏对生态保护修复基础设施的各项管护工程进行明确界定。在后期管护过程中，由于生态保护修复基础设施具有公共品属性，且多元主体共有产权问题也未能进行明显的分割，导致生态保护修复基础设施的后期管护未能按照公共品、准公共品对管护资源进行合理划分，致使管护目标不明确，进而缺乏相应管护制度和具体实施办法。其次，由于生态保护修复基础设施的管护项目范围模糊、边界不一致、管护种类繁多、体系庞杂，同一区域各类生态保护修复基础设施管护工程内容交叠，协调性较差，且不同部门的后期规划管理之间存在矛盾与冲突，致使项目管护责任未能得到有效落实。再次，缺乏山水林田湖草沙生态保护修复基础设施管护标准，且尚未形成全过程规范管护执行程序，未营造良好的后期管护环境。最后，缺乏山水林田湖草沙生态保护修复基础设施的管护督查，目前还未形成督查考核、社会监督等考查机制，管护工作监督工作有待完善。

6.3.2.2 管护主体不明确

生态保护修复基础设施后期管护的着力点需要对管护工程进行明确界定，掌握不同类别的生态保护修复基础设施的后期管护，探索差异化的后期管护过程。资源管护的前提是产权明晰，以及产权主体与客体的关系。然而，生态保护修复基础设施后期管护过程中，省、市层面未能将生态保护修复基础设施管护工程按公共品和准公共品进行合理划分，进而制定相应的管护计划。另外，从村级层面看，生态保护修复基础设施后期管护落实情况普遍存在后期管护主体缺失、管护主体权责不明确的情况。缺乏山水林田湖草沙生态保护修复基础设施的专业管护队伍，目前项目实施中缺乏生态保护修复配备责任心强、精干高效的管护人员。实地调研发现，农田水利设施、田间道路设施及防护林等公共品的村级层面管护落实程度普遍较低。样点乡（镇）90%以上都未与项目区村民委员会签订管护协议。部分乡镇项目完工后虽签订管护协议，但实际到村级层面管护任务未能落实到具体负责人。而对于一些准公共品的管护任务，缺少市场准入机制。

6.3.3 多方相关利益主体共同参与机制有待完善

生态保护修复是一个典型的公共管理问题，当前仍以政府部门主导，本应由政府、企业、公众、社会团体等主体共同参与治理，但实际过程中，各方都不愿投入更多精力和财力去管理，一旦工程出现问题，便处于三不管的境地，导致工程效力无法发挥。具体表现如下。

6.3.3.1　农户参与意识有待进一步增强

生态治理离不开广大农户的积极参与，良好的生态治理成效有赖于农户的积极配合，因此，当地社区的农户是生态治理的重要主体。各级政府在生态治理中主要扮演的角色是决策者，而广大社区农户才真正是生态治理的主要执行者和重要监督者。农户在生态治理中的作用十分显著，承担着生态治理的重要责任，然而实地调研情况却表明，农户对生态文明认知显现出高认同、低认知、践行度不够的特点。调查的 479 户农户中，有 339 户农户认为生态文明建设比经济建设更为重要，所占比例高达 70.77%。然而被问及是否愿意参与生态保护修复工程，却只有 39.04% 的农户表示愿意参与生态修复保护工程。当进一步了解未能参与生态修复保护工程具体原因时，超过半数的农户表示对参与"钱江源山水工程"并不关心或不想参与（图 6-1）。由此可见，农户在生态治理中显露出明显的"政府依赖型"特点，大多数农户认为生态文明建设是政府和环保部门的事情，对自身生态治理责任意识的认识比较缺乏，不少人意识不到自身积极参与生态文明建设的重要性，农户参与生态治理的理念还滞留在初级发展阶段。

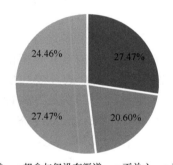

图 6-1　未能参与"钱江源山水工程"具体原因

6.3.3.2　公众参与方式单一

现实中，公众参与的主要是生态治理的事后监督环节，或更多地针对与生态环境相关的项目和选址等问题，对于生态治理的法律法规和政策决策的制定等源头环节参与很少。这种缺乏源头介入的参与方式，使得公众在生态治理的整体决策中缺乏发言权和影响力，往往只能在项目实施阶段进行有限的意见反馈。具体而言，目前公众主要通过生活社区或者工作单位举办的与生态文明建设相关座谈会、研讨会等形式参与到生态治理中，宣传教育是其参与的主要方式，这样的方式较为被动，且局限于信息接受和意见表达，缺乏更深层次的互动与参与。从参与程度看，公众较为单一的参与方式一定程度上降低了公众参与生态治理的动力，导致公众对于生态保护的热情和长期参与的积极性不足。由于参与途径单一，公众的声音难以形成有效的反馈机制，生态治理中的多样化需求也未能得到充分体现。此外，公众往往在生态治理中扮演辅助角色，缺乏对于政策形成和执行环节的直接影响力，这使得公众参与更多停留在形式上，缺乏实质性介入，难以充分发挥其在生态保护中的作用。再者，公众对于生态治理的参与机会有限，很多与生态相关的规划、决策、管理等环节缺乏公众的实质性介入，公众只能通过零散的途径获知部分信息，这进一步削弱了其参与的广度和深度。

6.3.3.3　生态治理的公众长效参与机制尚未形成

参与生态治理是公众的一项基本权利，然而当前的法律制度对公众参与生态治理的权利仅是"蜻蜓点水"地作出原则性要求，导致公民的参与权利行使困难重重。现有法律法规对公众在生态治理中的权利并未给予明确和详细的规定，导致公众在参与生态治理时缺乏法律支撑和保护。在现实中，公众在参与过程中常常遭遇知情不充分、参与途径受限等问题，这种不对称的信息获取严重影响了公众的有效参与。目前的公众参与制度存在较多问题，如对公民的环境权没有明确规定、对公众参与的规定大多是原则性规定、缺乏具体操作细则和制度保障。由于没有建立完整的公众制度和规范的参与程序，公众在生态治理中的位置显得十分边缘化。此外，公众的环境知情权和环境监管权缺乏强有力的制度保障，难以对生态治理过程中的决策、执行和监督进行有效介入，这使得他们在生态治理中的作用十分有限。公众生态利益的表达渠道还不畅通，很多公众在参与生态治理时感到无处发声，缺乏正式、有效的途径将自身的利益诉求纳入到生态治理的决策过程中。这些问题使得公众难以形成持续有效的参与，更无法真正成为生态治理的推动力量。由于生态治理的公众长效参与机制的缺失，公众在生态治理中的参与往往是短期的、零散的，缺乏系统性和连续性，这不仅影响了公众对生态治理成果的认同感，也削弱了生态治理的整体效果。生态治理需要公众的长期投入，但目前的制度设计未能有效保障公众的持续参与，导致公众与生态治理的关系断裂，生态保护的社会支持基础不够牢固。

6.3.3.4　缺乏合理的公众参与激励机制

农户作为经济理性人，参与生态保护修复项目的主要目的是追求经济利益，项目带来的效益直接影响农户参与的积极性。从内生激励层面看，农户能够从参与工程中获得经济福利的提升。实地调研发现，相比于 2015 年，2020 年"钱江源山水工程"内外农户家庭人均收入均得到提高,工程区内农户家庭人均收入增长率高于非工程区内,可以说明在一定程度上能够提高农户生计水平,具备一定的经济效益,但值得注意的是,工程区内外家庭人均收入增长率差距较小,表明农户参与"钱江源山水工程"获得经济福利提升程度较小,农户参与"钱江源山水工程"的激励效果不明显。从外生激励层面看,当前生态保护区域内生态补偿多为现金和实物补偿这种较为简单且低成本的补偿方式,难以解决农户发展能力的问题,无法实现生态保护与农户生计资本之间的良性循环,难以达到生态补偿的有效性。同时,由于生态系统受损风险、生态保护成本和区域社会经济条件等具有空间异质性,生态补偿在自然和社会经济条件方面都存在着较大的空间差异。"一刀切"式的生态补偿难以满足农户生计的多样化需求。因此,可以肯定的是,农户在参与"钱江源山水工程"过程中,缺乏适当的激励会遏制其参与项目的积极性。

6.3.4　调节服务型生态产品价值实现路径与机制有待打通

6.3.4.1　生态产品优质难以优价

消费者对于优质农产品的定义来自三个方面,分别是安全认证、高营养价值和美味。超过一半的消费者认为,产地环境是优质农产品形成的重要条件;同时,种植管理和农产品的品种也很重要。优质农产品以其健康安全、高端多元的定位赢得消费者关注,对优质农产品的关注度逐渐走高。相对于快消、服饰等产品"线上热、线下冷"的购买趋势,优质农产品的购买场景仍聚焦在线下渠道,其中优质农产品专卖店最受欢迎。究其原因,"品质+体验"的需求双升级,使场景化、体验化的专卖店更能适应消费市场发展。

但生态产品范围不明确,许多生态产品优质不优价,是制约生态价值实现的因素之一。生态产品没有统一的界定,多数农户按照自己的认知来经营生态产品,一些并不属于生态产品的产品被农户当作生态产品进行经营。

从四县调研结果来看,大部分农户认为干净的水源及水产品和各类有机农产品属于生态产品,分别占 25%、26%左右,而经济林及其加工产品、生态旅游服务、新鲜空气等分别有 15%、14%、10%的农户认为其是生态产品,只有 9%的农户认为森林属于生态产品,1%的农户不清楚或认为以上 6 项都不是生态产品。具体情况见图 6-2。因此,农户对于生态产品认知不够明确,无法分辨优质生态产品与普通产品,对于农产品的价格定位也较为模糊,这就导致一些优质的农产品不能得到优质的价格定位。

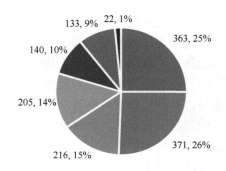

图 6-2　生态产品认知情况

6.3.4.2　生态产品价值实现补偿标准有待提升

（1）生态产品价值实现补偿标准低，以及生态产品规模化等问题，导致生态产品难以有效衔接市场。①目前存在大量闲置的生态资源有待开发，政府对于生态产品的补贴项目较少，加上农户对生态产品认知不到位，一些原本属于生态产品的产品得不到有效开发，导致大量生态产品资源难以在市场上流通。②生态产品难以规模化生产，制约了市场交易。一方面，在农产品规模上，有些产品虽然品质较高，但规模较小，土地面积无法扩宽；另一方面，生态产品的数量上可能达不到规模化程度。③缺乏有效的优质产品信号传导机制，从而导致生态产品难以优质优价。农林业生态产品具有很强的外部性，在现有市场中交易不充分。信息不对称导致优质不优价"劣币驱逐良币"，加上农村市场发育不健全，直接导致良好的生态产品难以转化为产值和收入，"两山"转化通道难以打通。④资源有偿使用制度和生态补偿制度不健全。从全国范围来看，资源有偿使用方面存在着监管难的问题，生态补偿缺乏法律保障，导致所有权人权益落实不到位；生态补偿机制与政策设计不完善，缺乏统一规划管理，致使补偿的范围、对象、标准无章可循，存在补偿覆盖面积不全、覆盖领域不全、重复补偿等问题；对于补偿监督考核难度大，导致补偿资金使用效率低下甚至浪费等。

（2）生态产品价值实现的过程中人才和基础资金缺乏。一是高技能、复合型人才短缺。在对生态资产进行核算过程中，需要具有经济、生态、统计等相关学科背景的综合型人才；在对自然资源资产确权登记过程中，又需要具有地理学、遥感等专业知识背景的人才。但目前该领域人才短缺现象突出，无法满足生态产品价值实现的需要。二是基础资金缺乏。在"两山"转化过程中，需要大量的资金投入，例如，在自然资源资产确权登记、生态价值评估核算过程中，需要大量的计量设施、技术设施以及专业监测设备等,这都需要前期资金的投入。目前前期资金短缺已成为"两山"转化的重要障碍。

6.4　本 章 小 结

　　本章通过开化、淳安、建德、常山四个县(市)的实践案例,展示了不同模式下的生态修复项目。这些案例不仅展现了地方政府和社区在生态修复方面的积极尝试和创新实践,也反映了各自面临的特定条件和挑战。本章还详细阐述了工程区在生态修复和保护工作中的四大机制创新(项目管理、后期管护、公众参与以及生态产品价值实现机制)。项目管理机制的创新主要体现在跨部门协作和整合资源方面,旨在提高项目执行的效率和效果。后期管护机制的创新着重于建立长效管护机制,保证生态修复成果的持续性和稳定性。公众参与机制的创新则强调了社区和当地居民的参与,提高其对项目的认同感和满意度,同时促进生态文明观念的传播。生态产品价值实现机制的创新,探索了生态服务的市场化,尝试将生态保护成效转化为经济价值,以此激励更多的社会资本参与生态保护。最后,本章探讨了在山水林田湖草沙一体化生态保护理念指导下,钱塘江源头地区生态保护修复机制目前存在的问题。这些问题包括资金投入不足、生态补偿机制不完善、公众参与度低、技术和管理经验不足等。针对这些挑战,本章提出了一系列建议,包括加大政府和社会资本的投入、完善生态补偿机制、提高公众环保意识和参与度,以及加强技术支持和经验分享。

　　通过对钱江源头地区生态保护与修复方面机制创新、实践案例以及挑战的系统讨论,本章旨在为政策制定者、实践者以及研究人员提供有价值的信息和建议,共同推进生态文明建设和可持续发展目标的实现。此外,通过公众教育和参与,也期望能够进一步提升社会对生态环境保护重要性的认识,促进生态文明观念深入人心。

第7章 山水林田湖草沙一体化下生态治理的机制创新与政策保障研究

本章基于前文提出的钱塘江源头生态保护修复机制存在问题，从协同治理顶层设计、后期管护机制、生态产品价值实现三个角度揭示山水林田湖草沙生态治理机制路径，完善现有经济、社会、法律领域生态治理政策，为山水林田湖草沙生态治理提供政策保障。

7.1 山水林田湖草沙一体化下生态治理的机制优化

7.1.1 构建"自上而下 三级联动"的山水林田湖草沙一体化协同治理顶层设计

加强顶层制度设计，构建"自上而下 三级联动"的山水林田湖草沙一体化协同治理机制（图7-1），主要包括以下几个方面。

7.1.1.1 省级层面

山水林田湖草沙是一个生命共同体，人的命脉在田，田的命脉在水，水的命脉在山，山的命脉在土，土的命脉在树。因此，为了实现可持续发展，生态修复与用途管制要严格遵循自然界的内在规律。若各职能部门仅聚焦于各自领域，而忽视了彼此间的相互影响与依赖，将可能导致生态系统的管理出现严重失衡，并引发一系列环境破坏问题。因此，必须打破条块分割的管理模式，有效克服生态治理碎片化问题，建立多部门、多层次、跨区域协同推进的工作机制，通过以国土空间为导向的用途管制策略，实现了各类规划、资金与项目的整合协同，从而一体推进保护与修复工作，增强各部门及跨区域间协同，确保共同目标的实现与任务的有效衔接，以提升整体效能和生态服务价值。

首先基于"山水林田湖草沙"一体化理念，整合现有针对不同资源开发利用的方式和标准，建立统一的自然资源生态保护修复管理方法，界定资源管理各相关部门的职责范围。以自然资源与规划部门为牵头单位，会同林业、水利、农业、环保等部门，设立浙江省"山水林田湖草沙"一体化生态治理领导小组，负责全流域、全区域生态修复项目和生态补偿资金的落实和管理。

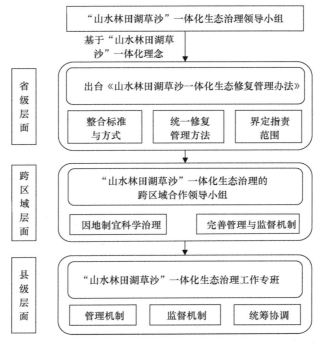

图 7-1　"自上而下 三级联动"的山水林田湖草沙一体化生态治理的组织管理机制创新

　　浙江省在推进山水林田湖草沙系统治理的过程中，要紧紧围绕《规划》，立足重点区域，强化整体治理，以块为主、条块结合，系统布局林草生态综合治理重大工程项目，科学推进大规模国土绿化、防护林体系建设、流域源头的生态环境保护、湿地保护与恢复，高质量推进城市绿化，加快以国家公园为主体的自然保护地体系建设，真正发挥生态保护修复主力军作用。

7.1.1.2　跨区域层面

　　在跨区域方面，要及时设立山水林田湖草沙一体化生态治理跨区域合作领导小组，完善协同管理和监管机制，促进任务衔接，并充分考虑生态治理的区域差异性，坚持因地制宜、科学治理。生态修复专班办公室应综合考虑地理、气候等自然条件及资源特点，遵循优先保护和以自然恢复为主的方针，科学布局全国重要生态系统的保护和修复项目。同时，需要对工程方案进行科学论证和影响评估，合理配置资源，制定相应的措施，实现不同生态要素的动态管理，以提升生态治理的科学性与长效性。要坚持以水定绿、依据水量需求进行生态建设，优先选择丰富多样的本土树种与草种，实施科学的造林与种草策略，合理布局林草植被结构，旨在显著提升生态系统的自我恢复机能，并强化其稳定性，从而整体改善自然生态系统的质量、提升生态产品的供应能力。

以参与"钱江源山水工程"的四个县为例，它们的治理重点各不相同，主要通过生态修复专班进行针对性的调整，明确各地区生态治理特色。常山县侧重于矿山治理，对废弃矿山实施修复，并在此基础上探索创新，委托杭州聚和土地规划设计有限公司制订综合整治和生态修复的方案，深化特定地区的生态治理，增加耕地面积；利用腾出的土地进行复垦与绿化；并引入高端企业，积极发展高技术含量和高附加值的产品，努力实现经济、社会及生态效益的共赢。开化县注重生态保护，打造生态产品品牌，政府、企业与"两山银行"进行合作，将森林等生态优势通过不同方式转化为经济优势，实现生态价值的实现，并且更注重绿色生态产品，如开化清水鱼、红高粱酒、下於草莓等，不仅实现了经济发展，同时保护了生态环境。淳安县利用天然的生态优势，发展千岛湖旅游产业，并且解决当地农户就业问题，为农户提供了众多岗位以及创业机会（如零售商贩等）。建德在山体复绿时的配比主要考虑山体地质情况，以及当地的气候，在调查了本土物种后，最终确定了阔叶草、石化菊、银合欢等植物作为高次团粒喷播的配比，这样既可以耐旱，也可以保证四季常青的效果。由此可见，各县虽治理重点不同，但最终结果都围绕保护优先、自然恢复为主的目标，做好各部门之间的协同发展。

同样，以建立流域为单元的工程规划体系为例，流域涉及众多地区，上下游之间、流域层级之间存在政策不同的情况，因此，要坚持上溯下延、系统治理，在推进山水林田湖草沙系统治理的过程中，要深刻认识水在生态单元形成中的重要作用，依据流域层级关系逐级规划、全面覆盖，从小流域治理走向大流域治理。编制区域生态治理规划，必须以自然生态系统能量流、物质流走向为基础，要充分考虑上游区域是否得到有效治理，同时，需加强系统的风险评估，提升流域上下游、不同支干流与上下坡之间治理的协调性，最大限度地实现生态系统与自然地理单元的完整性和连续性。

7.1.1.3 县级层面

成立山水林田湖草沙一体化生态治理工作专班，完善管理机制和监督机制，统筹协调相关事宜。要做好协同治理，特别是县级层面专班小组方面的优化。从宏观角度出发，政策制定者应始终将广大人民的根本利益置于首位，根据不同地区的特点灵活制定出既科学又符合实际的方针政策，在确保政策实施时，要着重于促进生活环境的持续优化与经济发展的良性互动，确保各项政策能够真正落地生根，惠及民生。从人民群众的广泛参与角度来看，需要强调个体的主体地位，激发公众的积极性与创造性，逐步提升农民的获得感和幸福感。同时，要加强乡村基层党组织的建设，充分发挥基层党员在生态转型中的带头作用。

7.1.2　构建山水林田湖草沙生态治理的精准化后期管护机制

加强山水林田湖草沙工程后期管护不仅关系到政府投资项目能否持久发挥效益，更关系到广大群众能否更好地享受工程建设成果。因此，尽快建立一套具有差异化的生态文明建设后期管理制度，落实具体人员、资金来源、工作要求，加强监管监督，方能确保生态文明建设可持续发展。本研究在相关文献的基础上结合钱江源生态保护区实际情况，将项目后期管护工程分为公共品模式和准公共品模式。

7.1.2.1　生态保护修复基础设施的后期管护——政府主导，多方参与

对具有公共品属性的管护工程，如农田水利措施、道路、路灯等后期管护项目，应采用政府主导、多方参与协同管护的模式。

第一，政策制定方面。首先，完善领导机制。重构管护机制，变"多头管理"为"统一管理"。地方政府应将后期管护项目列入年度目标考评的主要内容，明确目标、分解任务、细化指标，使这项工作有安排、有检查、有考核，切实把管护工作落到实处。为确保有效管理与维护，应建立以乡、村级管护工作领导小组为核心的工作机制，其中地方主要领导需承担起领导责任，全面统筹本区域的管护事务。同时，设立地方管护办公室，专职负责日常运营与协调，确保政策执行和任务分配的高效进行，以此构建起"上级指导、乡镇主导、基层执行"的立体化管理体系。其次，加强运行机制的建设是关键措施。建立规模化、专业化与社会化的运营维护团队，通过订立维护合约，清晰界定各方责任与义务，确立责任主体及资金保障机制，此举旨在确保工程项目能持续释放生态、社会与经济的多重价值，从而实现资源的永续利用。同时，日常工作中管护员发现自身无法解决的生态保护和环境整治问题应第一时间上报，乡（镇）部门第一时间进行汇总、处理，涉及县级部门的工作转交有关单位第一时间处理。最后，严格督查考核机制。在每个行政村聘请生态督查员开展生态管护巡查，参与乡（镇）组织的工作督查、管护队伍绩效考核等工作。管护队伍人员实行一年一聘，对履职不到位的进行解聘。

第二，资金筹集方面。一方面，按照"政府主导、多方参与、其他补充"的原则，建立管护经费稳定保障机制。省级、市级要安排落实管护奖补资金；县级要修订完善管护办法，将管护经费列入年度财政预算，实行专款专用，这些资金主要用于设备维护、购买运行监测设备、支付管护人员补助等。另一方面，拓宽资金渠道，不仅需要国家资金，还要吸纳地方、社会及农户的资金投入，各地方积极主动探索市场机制以提升项目融资效能，鼓励并指导公众及各类社会资源参与山水林田湖草沙生态保护修复工程。具体措施包括但不限于实施租赁、拍卖、承包以及股份合作等多元化运营模式，旨在激发社会活力，汇集多方力量共同致力于生态环境的保护与改善。此外，要严格资金管理，规范管理使用财政预算列

支和通过其他渠道筹集的管护经费，建立相应管护专项基金，按照"基金池"的管理模式，确保资金总量的稳定性。

第三，宣传落实方面。各级政府主管部门应建立并完善生态保护修复相关基础设施的后期管护监督机制、补贴机制及激励机制等，通过优惠政策提高群众生态保护修复积极性。同时，加大对山水林田湖草沙工程后期管护的宣传力度，充分利用报刊、广播、电视等媒体，加强宣传教育工作，有效倡导"工程管护、人人有责、人人受益"的观念，逐步提高社区农户的后期管护意识，加深社区农户对后期管护的重要性、管护的内容及制度等问题的充分认识，进而增强其责任感，调动社区农户参与后期管护的积极性和主动性。此外，应充分发挥基层党组织核心作用，通过基层党组织做好农户工作，号召农户主动参与。

7.1.2.2　创新生态保护修复基础设施后期管护的第三方治理模式

对具有准公共品属性的管护工程，如国家公园、水权交易、森林碳汇等后期管护项目，应采用第三方治理模式。

第三方治理模式代表了准公共产品后期管护的先进实践。在传统的管护模式中，政府主导的后期管护制度往往忽视了各项目间的独特性，未能充分激发它们的积极性与主动性。因此，为了充分发挥后期管护第三方治理的作用，首先需要从根本上转变目前依赖于简单命令与服从的管制方式，转而融入全面、系统的市场机制。这些市场制度体系囊括了污染者付费原则、排污权交易机制、环境税收政策、环境保护合同签订，以及环境保险服务等多个关键环节。

引入专业第三方后期管护公司的优势在于：既可以发挥管护公司的专业优势，提高管护效率，降低社会管护成本；也可以解决不同类型管护主体因为专业性不强、自律性不足而导致的管护效率低下、效果不佳的困境；还有利于提高环保部门的后期监管与执法的效率。因此，为了发挥第三方环保公司在后期管护第三方治理中的效用，还应当注重构建配套制度措施，主要包括：第一，设计后期管护第三方治理的模式类型以及不同模式中管护公司与管护主体之间的关系、权利、义务与责任承担方式；第二，探究第三方管护公司成立的市场准入门槛与监管标准，统一化标准隐含的是行政的便捷、弹性以及执法机关的更大自由裁量权，而特定化的标准体系则隐含着更多的控制和介入需要结合不同管护的需求与监管力量的现状慎重且务实选择；第三，评估第三方后期管护公司在不同类型准公共品后期管护中的绩效与风险，构建系统的动力塑造、资金支持与风险防范机制。

7.1.2.3　优化生态保护修复基础设施的公众参与机制

（1）加强生态文明建设的宣传力度。政府在加强生态文明建设宣传方面，必须增强宣传力度，为公众提供重要的引导。这样有助于公众树立和深化对生态文明理念的认知。同时，考虑到公众在生态治理参与意识方面较为薄弱，以及对生态文明建设的认同感不足等问题，政府应制定有针对性的宣传教育策略，以提升公众的参与意识，增强其参与行为，引导公众的力量投向生态治理的实践中当中。为了强化生态文明建设这一关键领域，政府应采取双管齐下的策略。首先，通过加强宣传，政府可以发挥其引领角色，有效提升公众对于生态文明的认知深度与广度，促进生态文明观念深入人心。其次，鉴于当前公众在生态治理过程中参与度不足、对生态文明建设认同度较低的现象，政府需实施精准教育策略。此举旨在增强公众的参与意识，激发他们的积极性，引导其主动投入到生态治理工作中，从而形成广泛而深入的社会参与氛围，逐步改变公众"生态治理单一依赖政府"的想法。另外，应该建立完善的生态文明教育课程，定期组织公众参与课程学习，通过系统课程培养公众的生态意识（赵志强，2019）。

（2）拓展公众参与途径。创新公众参与方式，拓展公众参与途径是关键措施。第一，要建立健全生态治理决策机制，明确吸纳公众意见的决策程序，保障生态治理决策的民主性和科学性。第二，要建立公众全程参与规划、建设项目的生态环境影响评价机制，对于经济发展规划、建设项目等涉及生态环境公共利益的议题，在规划编制、实施及项目建设可行性研究、立项、实施、评价等环节中，把公众的生态环境知情权、生态治理参与权、监督权落到实处。第三，多渠道拓宽公众参与途径，举办听证会、座谈会等形式，为公众获取生态信息提供相应途径，也为公众参与生态治理监督提供重要平台。

（3）构建公众生态治理的参与长效机制。完善公众参与保障制度，构建公众参与的长效机制。公众参与是生态环境保护和治理过程中至关重要的一环，为构建长效机制，必须完善公众参与保障制度。需要建立健全的生态环境信息公开制度，以推进生态环境信息的透明公开，从而确保公众的知情权得到充分保障。信息公开不仅可以增强公众对环境问题的了解，还可以促进公众积极参与环境保护工作。加强公众监督制度的建设，搭建多层次、广领域的公众参与生态治理的行动体系，包括：建立网络举报平台，让公众可以便捷地向相关部门举报环境问题，提高监督的及时性和有效性；完善包括公众举报、听证等在内的公众监督制度，建立起一套规范化的程序，确保公众监督行为的合法性和有效性；完善环境公益诉讼制度，保障公众通过法律维护环境权益。公益诉讼是公众参与环境治理的一种重要方式，可以有效地推动责任主体改善环境状况，保护公众的环境权益。

（4）构建公众参与生态治理的激励机制。一方面，政府应当充分考虑工程区内农户经济福利的自损失，加大对农户生态发展和生态保护方面的投资和补偿标准，尽可能降低农户因保护生态环境所带来的短期收益损失；另一方面，当地政府应根据当地生态的具体情况，建立生态激励机制。具体而言，政府应鼓励环保组织、民间团体和农户等积极参与生态保护，依据农户的利益与当地的生态实际，制定具体的奖励规范和村规民约，探索与推广"生态积分"等新制度和实践措施，以落实奖励机制。

7.1.3 进一步完善山水林田湖草沙生态产品价值实现机制

山水林田湖草沙生态保护修复后可以提供丰富的农林生态产品。畅通"两山通道"，建立生态产品价值实现机制，是实现"流域共富"的重要路径。

7.1.3.1 生态产品的调查监测机制

建立生态产品调查监测机制，充分利用我国自然资源调查和生态环境监测体系，利用各地网格化监测的手段，汇集我国各种自然资源、各类生态要素的存量状态基本信息，包括生态产品的权益归属信息，形成生态产品目录清单。这个目录清单，能够全面反映浙江省乃至全国不同地区生态系统能够提供的生态产品和生态服务功能，使政府了解生态产品供给需要，准确掌握生态系统各主要生态要素的状态。

开展生态产品信息普查和动态监测，需进一步健全自然资源和生态环境监测体系。我国自然资源和生态环境监测网络不断扩大，监测手段越来越先进，监测能力不断增强。当前已初步建成了陆海统筹、天地一体、上下协同、信息共享的生态环境监测网络，为开展生态产品信息普查奠定了坚实基础。下一步，需继续扩大生态环境监测网络范围，深化生态环境监测体系改革，实现各部门各类生态环境监测体系的统一规划、统一标准、统一监测、统一信息发布，为生态产品价值实现提供全面、完整、准确、及时的数据支撑。需强调的是，全面、完整、准确、及时的生态环境监测信息的收集与汇集，以及生态环境基础信息的权威发布，均有利于加强政府和公众监督，推动生态环境保护法律法规落实，严格生态环境损害责任追究和领导干部生态环境责任审计，进而确保生态产品持续供给。

7.1.3.2 生态产品价值评价机制

（1）建立生态产品价值评价体系。针对生态产品价值实现的不同路径，探索构建行政区域单元生态产品总值和特定地域单元生态产品价值评价体系。考虑不同类型生态系统功能属性，体现生态产品数量和质量，建立覆盖各级行政区域的生态产品总值统计制度。探索将生态产品价值核算基础数据纳入国民经济核算体系。考虑不同类型生态产品商品属性，建立反映生态产品保护和开发成本的价值核算方法，探索建立体现市场供需关系的生态产品价格形成机制。

（2）制定生态产品价值核算规范。鼓励地方先行开展以生态产品实物量为重点的生态价值核算，再通过市场交易、经济补偿等手段，探索不同类型生态产品经济价值核算，逐步修正完善核算办法。在总结各地价值核算实践基础上，探索制定生态产品价值核算规范，明确生态产品价值核算指标体系、具体算法、数据来源和统计口径等，推进生态产品价值核算标准化。

（3）推动生态产品价值核算结果应用。推进生态产品价值核算结果在政府决策和绩效考核评价中的应用。探索在编制各类规划和实施工程项目建设时，结合生态产品实物量和价值核算结果采取必要的补偿措施，确保生态产品保值增值。推动生态产品价值核算结果在生态保护补偿、生态环境损害赔偿、经营开发融资、生态资源权益交易等方面的应用。建立生态产品价值核算结果发布制度，适时评估各地生态保护成效和生态产品价值。

7.1.3.3　市场性生态产品经营开发机制

（1）推进生态产品供需精准对接。推动生态产品交易中心建设，定期举办生态产品推介博览会，组织开展生态产品线上云交易、云招商，推进生态产品供给方与需求方、资源方与投资方的高效对接。通过新闻媒体和互联网等渠道，加大生态产品宣传推介力度，提升生态产品的社会关注度，扩大经营开发收益和市场份额。加强和规范平台管理，发挥电商平台资源、渠道优势，推进更多优质生态产品以便捷的渠道和方式开展交易。

（2）拓展生态产品价值实现模式。在严格保护生态环境前提下，鼓励采取多样化模式和路径，科学合理地推动生态产品价值实现。依托不同地区独特的自然禀赋，采取人放天养、自繁自养等原生态种养模式，提高生态产品价值。科学运用先进技术实施精深加工，拓展延伸生态产品产业链和价值链。依托洁净水源、清洁空气、适宜气候等自然本底条件，适度发展数字经济、洁净医药、电子元器件等环境敏感型产业，推动生态优势转化为产业优势。依托优美自然风光、历史文化遗存，引进专业设计、运营团队，在最大限度减少人为扰动前提下，打造旅游与康养休闲融合发展的生态旅游开发模式。加快培育生态产品市场经营开发主体，鼓励盘活废弃矿山、工业遗址、古旧村落等存量资源，推进相关资源权益集中流转经营，通过统筹实施生态环境系统整治和配套设施建设，提升教育文化旅游开发价值。

（3）促进生态产品价值增值。鼓励打造特色鲜明的生态产品区域公用品牌，将各类生态产品纳入品牌范围，加强品牌培育和保护，提升生态产品溢价。建立和规范生态产品认证评价标准，构建具有中国特色的生态产品认证体系。推动生态产品认证国际互认。建立生态产品质量追溯机制，健全生态产品交易流通全过程监督体系，推进区块链等新技术应用，实现生态产品信息可查询、质量可追溯、责任可追查。鼓励将生态环境保护修复与生态产品经营开发权益挂钩，对开展荒山荒地、黑臭水体、石漠化等综合整治的社会主体，在保障生态效益和依法依规前提下，允许利用一定比例的土地发展生态农业、生态旅游获取收益。鼓励实行农民入股分红模式，保障参与生态产品经营开发的村民利益。对开展生态产品价值实现机制探索的地区，鼓励采取多种措施，加大对必要的交通、能源等基础设施和基本公共服务设施建设的支持力度。

（4）推动生态资源权益交易。鼓励通过政府管控或设定限额，探索绿化增量责任指标交易、清水增量责任指标交易等方式，合法合规开展森林覆盖率等资源权益指标交易。健全碳排放权交易机制，探索碳汇权益交易试点。健全排污权有偿使用制度，拓展排污权交易的污染物交易种类和交易地区。探索建立用能权交易机制。探索在长江、黄河等重点流域创新完善水权交易机制。

（5）借助"健康中国"和应对气候变化的国家战略，充分利用区域丰富的自然资源、景观资源和生态环境等优势，拓展生态产品价值实现机制试点，实现生态产品价值溢价。首先，依托浙江省良好的森林资源和环境，积极建立森林康养等生态服务产业发展试点，挖掘生态产品价值，发展新兴生态产业。借助钱江源国家公园品牌和生态保护的名片，实现特色产品开发和主题小镇建设试点，将当地的生态资源价值市场化，实现生态价值溢价；其次，整合位置偏远、规模细碎化的林地资源，开展碳汇林交易试点。开发自愿减排量等碳汇产品，借助国内碳交易平台，将森林碳汇挂牌入市交易，实现森林碳汇产品的价值。

7.1.3.4 多元化的生态保护补偿机制

（1）完善纵向生态保护补偿制度。中央和省级财政参照生态产品价值核算结果、生态保护红线面积等因素，完善重点生态功能区转移支付资金分配机制。鼓励地方政府在依法依规前提下统筹生态领域转移支付资金，通过设立市场化产业发展基金等方式，支持基于生态环境系统性保护修复的生态产品价值实现工程建设。探索通过发行企业生态债券和社会捐助等方式，拓宽生态保护补偿资金渠道。通过设立符合实际需要的生态公益岗位等方式，对主要提供生态产品地区的居民实施生态补偿。

（2）建立横向生态保护补偿机制。鼓励生态产品供给地和受益地按照自愿协商原则，综合考虑生态产品价值核算结果、生态产品实物量及质量等因素，开展横向生态保护补偿。支持在符合条件的重点流域依据出入境断面水量和水质监测结果等开展横向生态保护补偿。探索异地开发补偿模式，在生态产品供给地和受益地之间相互建立合作园区，健全利益分配和风险分担机制。

（3）健全生态环境损害赔偿制度。推进生态环境损害成本内部化，加强生态环境修复与损害赔偿的执行和监督，完善生态环境损害行政执法与司法衔接机制，提高破坏生态环境违法成本。完善污水、垃圾处理收费机制，合理制定和调整收费标准。开展生态环境损害评估，健全生态环境损害鉴定评估方法和实施机制。

（4）依托整合现有补偿资金来源，健全奖补渠道，继续加大公共财政对生态补偿的支持力度。首先，整合现行省级财政主要来源的基本生态补偿制度，包括生态公益林补偿基金、集体林地和农田地役权改革资金等，建立山水林田湖草沙生态修复专项补偿资金，并逐年提高其生态补偿标准；其次，地方设立专项生态保护与建设基金，在地方专项资金配套基础上，将地方自然资源开发、生态环境破坏处罚等相关收费收入以一定比例配套反哺生态修复保护；最后，结合政策补偿优势，参考浙江省绿色发展财政奖补机制政策，建立流域生态补偿基金制度，将资金补偿与地区生态保护指标考核相挂钩，激励地方生态保护修复的内生动力。

（5）增强生态补偿的保障功能，健全相关补偿机制，缓解生态保护与社区发展的矛盾问题。首先，设立生态保护发展专项基金，为生态修复和保护区内农户提供专项补偿和扶持。立足源头地区的自然资源和生态环境优势，帮助这部分农户发展林下经济等新业态。引进和培育农林业龙头企业，加大对当地农户的农林业生态化经营技术培训，促进当地就业。其次，创造生态管护就业岗位。结合钱江源国家公园建设、美丽乡村建设及生态综合治理等重点生态工程，加大当地生态管护的就业岗位供给，向农户倾斜，提高其收入的稳定性水平。最后，不断完善野生动物肇事赔偿制度，考虑野生动物的活动特性，降低理赔准入门槛，实施社区联保，补偿周边群众因野生动物造成的人身伤害、财产损失，简化补偿程序，扩大补偿范围，逐步提高补偿标准。具体见图 7-2。

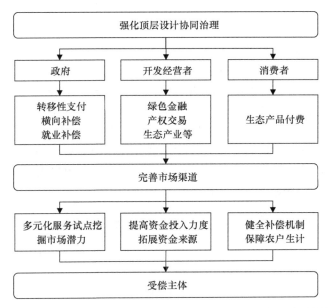

图 7-2　"山水林田湖草沙"一体化治理的生态价值实现与补偿机制创新路径

7.1.4 完善山水林田湖草沙生态治理的技术应用与推广机制

7.1.4.1 强化系统思维，注重各种要素协同治理的技术应用与推广机制

要从生态系统整体性和流域系统性出发，追根溯源、系统治疗，防止"头痛医头、脚痛医脚"。统筹考虑自然生态各要素，包括山上山下、地上地下、岸上水里、城市农村以及流域上下游、干支流、左右岸等。首先，从生态系统整体性来说，要加强协同联动，强化山水林田湖草沙等各种生态要素的协同治理；其次，从流域系统性出发，要找出问题根源，从源头上系统开展生态环境修复和保护；上中下游之间要加强协同联动，强化山水林田湖草沙等各种生态要素的协同治理，推动互动协作，增强各项举措的关联性和耦合性。总的来说，要注重整体推进，在重点突破的同时，防止畸重畸轻、单兵突进、顾此失彼。要把治水与治山、治林、治田、治湖有机结合起来，通过对自然生态进行系统的保护、治理和修复，不断增强生命共同体的活力，切实保障区域高质量发展。

7.1.4.2 构建以本底调查为主的山水林田湖草沙技术应用与推广预评估机制

完善的本底调查数据可以为山水林田湖草沙生态治理提供数据基础。本底调查可以使各部门真实掌握山水林田湖草沙生态治理下的流域发展状况与资源开发利用情况，为各部门针对性进行生态治理、科学评估生态治理工程的保护成效提供依据。本底调查范围应包括区域（或流域）、生态系统等不同尺度、不同梯度，深度应不低于同类工程的有关要求，制作基础调查图表数据应符合自然资源及相关专项、专业调查要求。区域（或流域）尺度上需关注生态空间格局，明确组成生态系统的类型、数目及分布；生态系统尺度需关注构成生态系统的群落特征，明确动植物组成、生境质量、关键物种分布等。若工程区涉及保护区，还应明确保护区范围及对象。除自然生态系统状况之外，还应调查生态系统受威胁情况，识别主要胁迫因子，尤其是污染、采矿、放牧、农业或城镇开发、外来物种入侵等与人类活动相关的胁迫因子的强度及分布。

7.1.4.3 因地制宜开展山水林田湖草沙生态保护修复应用与推广

在山水林田湖草沙一体化生态治理中，遵循自然规律并因地制宜开展生态保护和修复是至关重要的。这种方法考虑到不同地区的地形、气候、生物多样性和土壤条件等因素，通过调整管理策略和技术手段，以实现最佳的生态恢复效果。因地制宜的生态保护和修复策略能够最大限度地利用当地的自然资源和环境条件，减少人为干预对生态系统的负面影响。针对各类型生态保护修复单元，应分

别采取保护保育、自然恢复、辅助再生或生态重建为主的保护修复技术模式。对于具有代表性的自然生态系统和珍稀濒危野生动植物物种及其栖息地，应采取建立自然保护区、去除胁迫因素、建设生态廊道等保护保育措施，保护生态系统完整性，提高生态系统质量，保护生物多样性；对于轻度受损、恢复力强的生态系统，应主要采取消除胁迫因子的管理措施，进行自然恢复；对于中度受损的生态系统，应结合自然恢复，在消除胁迫因子的基础上，采取改善物理环境、移除导致生态系统退化的物种等中小强度的人工辅助措施，引导和促进生态系统逐步恢复；对于严重受损的生态系统，应在消除胁迫因子的基础上，围绕地貌重塑、生境重构、恢复植被和动物区系、生物多样性重组等方面开展生态重建。

7.2　山水林田湖草沙一体化下生态治理的保障政策

7.2.1　经济保障政策

经济政策是区域生态保护修复的一大保障。目前，浙江省在针对生态补偿和人与野生动物冲突管理方面，虽部分政策已经落实，但仍存在着严重的资金不足的情况亟待解决，相关经济政策支持不容忽视。

7.2.1.1　完善与拓展生态产品服务交易市场和试点，畅通生态补偿市场化渠道

探索建立集山水林田湖草沙于一体的生态产品交易市场，畅通生态补偿市场化渠道。一是完善各类自然资源资产统一确权登记，对浙江省范围内的水流、森林、湿地等自然生态空间统一进行确权登记，划清不同主体行使所有权的边界，探索促进生态保护修复的产权激励机制；二是制定一套符合浙江省情的生态产品服务目录，对标 FSC（Forest Stewardship Council®）、MSC（Marine Stewardship Council）等国际认证标准，建立生态产品价格评估和质量标准，为生态产品服务交易打通壁垒；三是结合区块链技术优势，打造自然资源数字化交易管理平台，在全国探索建立集"山水林田湖草沙"一体化治理的各类生态产品和生态权益于一体、完善和规范的生态产品交易市场，实现生态产品价值核算、交易、产权变化等全流程对接与管理协同，降低交易成本，畅通市场化的渠道。

同时，充分利用区域丰富的自然资源、景观资源和生态环境等优势，拓展多元化生态产品价值实现机制试点，挖掘生态补偿市场潜力，实现生态产品价值溢价。一是政府主导，在生态保护修复中扩大森林碳汇试点，为浙江省率先实现碳中和作贡献；二是政策引领，依托浙江省良好的森林资源和环境，吸引社会资本发展森林康养等新兴生态产业，挖掘生态产品价值，借助钱江源国家公园品牌和

生态保护的名片，实现特色产品开发和主题小镇建设试点，将当地的生态资源价值市场化，实现生态价值溢价；三是创新绿色金融模式，推进"两山合作社"建设，推出公益林补偿收益权质押贷款、森林资源资产抵押贷款、宅基地使用权抵押贷款等，释放生态补偿市场活力。

7.2.1.2 整合补偿资金和推进精准补偿，保障生态保护修复可持续性

整合现有补偿资金来源，提高公共财政投入力度，健全奖补渠道，激励地方生态保护修复可持续性。一是整合现行省级财政主要来源的基本生态补偿制度，包括公益林补偿基金、集体林地和农田地役权改革资金等，建立山水林田湖草沙生态保护修复专项补偿资金，由自然资源部门统一发放并逐年提高其补偿标准；二是由地方设立专项生态保护与建设基金，在地方专项资金配套基础上，将地方自然资源开发、生态环境破坏处罚等相关收费收入以一定比例配套反哺生态保护修复；三是结合政策补偿优势，参考浙江省绿色发展财政奖补政策，建立流域生态补偿基金制度，将资金补偿与地区生态保护指标考核相挂钩，激励地方内生动力。

同时，健全精准补偿机制，保障当地农户可持续生计，缓解生态保护与社区发展的矛盾问题。一是设立生态产业发展专项基金，专项补偿和扶持生态保护修复区内经营主体发挥自然资源和生态环境优势，发展林下经济等新业态，引进和培育农林业龙头企业，促进产业组织规模化；二是加大对当地农户农林业生态化经营技术培训，形成专业社会化服务组织，参与本地区生态保护修复，促进当地农户就业；三是创造生态管护就业岗位，结合钱江源国家公园建设、美丽乡村建设及生态综合治理等重点生态工程，加大当地生态管护的就业岗位供给，向农户倾斜，提高其收入的稳定性水平；四是不断完善野生动物肇事赔偿制度，考虑野生动物的活动特性，降低理赔准入门槛，实施社区联保，补偿周边群众因野生动物造成的人身伤害、财产损失，简化补偿程序，扩大补偿范围，逐步提高补偿标准。

7.2.1.3 以农林产品补偿为主设计多类型生态补偿产品方案

以农林产品补偿为主设计多类型生态补偿产品方案，健全精准帮扶补偿方案，满足当地农户现实需求。一是根据选择试验结果，基于整体和不同类型农户的现实需求，以农林产品补偿为主，设计多种山水林田湖草沙生态补偿产品方案，构建山水林田湖草沙生态保护修复的多元化生态补偿产品试点。当地可将特色农林产品作为补偿产品，借助绿色期权模式为受偿农户拓展增收渠道。二是瞄准主要受偿需求群体，将补偿政策向低收入和传统农业收入为主的农户等脆弱群体重点倾斜。根据其对现金和农林产品补偿的偏好，设立生态保护修复发展专项基金，

扶持低收入农户开展林下经济等产业；引导脆弱群体组建专业社会化服务组织，为当地生态保护修复提供外包服务，增加该部分农户收入。

7.2.1.4　以绿色金融扶持盘活丰富的生态资源

在确保不增加地方政府隐性债务的条件下，鼓励金融机构投身于生态保护修复项目，以拓宽资金筹集路径，改进信贷评估机制，并积极研发符合市场需求的金融产品。以此为基础，金融机构将按照市场规律，为这些项目提供稳定且期限较长的资金援助。推动绿色基金、绿色债券、绿色信贷与绿色保险等金融工具正显著增强对生态保护与修复的投资规模。支持符合条件的企业发行绿色债券，专门用于生态修复工程的资金需求。同时，对那些技术领先、综合服务能力强的主流企业，鼓励其在上市过程中进行融资。此外，应允许具备条件的企业发行绿色资产证券化产品，以激活资源资产。需要完善森林保险制度，鼓励保险公司及具备条件的地方政府探索特色经济林和林木种苗保险试点，确保价值、产量和收入获得保障，同时推进草原保险试点并加大保险产品的创新力度，以完善灾害风险防控和分散机制。

7.2.2　法律保障政策

当前，我国在生态保护补偿立法方面已经基本具备良好的法律基础，流域生态保护补偿法律制度可以通过中央统一立法予以确认，为流域生态补偿提供制度供给。《中华人民共和国环境保护法》以及其他法律法规确立了生态保护补偿法律制度，为了加强长江经济带流域生态补偿的立法供给，可以通过将生态保护补偿提升为宪法规范明确其宪法地位、修改和完善其他相关部门法规、制定专门的《生态保护补偿条例》或在相关法规中制定条款等途径完善流域补偿法律制度体系。

7.2.2.1　强化流域生态保护补偿在宪法和环境基本法中的地位

通过流域统筹治理条款明确流域生态保护补偿的宪法地位。当前，生态文明入宪的工作已经完成，加上宪法中的自然资源权属条款和国家环境保护义务条款，已经在基本法层面完成了生态环境保护的体系化任务。这些内容对长江经济带生态保护补偿法律制度具有很强的宪法指导作用。但站在生态文明建设法治化的立场重新审视宪法，本研究认为，宪法还应当进一步明确流域、区域的统筹治理的重要性，通过这一开放式的条款吸纳生态保护补偿等微观的治理事项。通过细化环境基本法的生态补偿规范条款强化其约束功能。《中华人民共和国环境保护法》的生态补偿条款具有原则性和笼统性，未能形成系统化和体系化的制度架构，尤其对补偿主体、补偿标准、补偿程序以及纠纷解决途径和责任承担等没有明确的要求或指导，可操作性较差，应在环境基本法中明确这些基本内容，为生态保护补偿提供全方位、多层次、全链条的指引。

7.2.2.2 推进流域生态保护专门性立法

依据国务院颁布的《生态保护补偿条例》（国令第 779 号），通过法律手段明确规定生态保护补偿，将相关条款专门针对流域生态保护修复进行设置。这将有助于从根本上解决流域的生态修复问题，树立"生态具有价值"的理念，打破生态利益的免费使用及保护者无偿付出的不合理现象。此外，这一法律框架不仅提供了流域生态保护补偿行政执法的法律支持，还为补偿制度的程序化和法治化创造了良好的环境。在《生态保护补偿条例》基础上，进一步推进流域生态保护修复相关立法，明确生态保护补偿的基本原则、范围、方式和程序等内容，为生态保护补偿提供法律依据。通过明确法律规定，可以使生态保护补偿制度更加规范和可操作，确保各方的权益得到合理保护，更加全面地考虑流域生态保护的特殊性和复杂性。流域内的生态系统相互关联，生态保护补偿应该综合考虑各方的生态贡献和受益情况。通过法律的规定，可以更加有针对性地确定补偿标准和补偿方式，确保生态保护补偿的公平性和合理性。在传统认识中，生态系统的价值常常不受重视，导致生态环境遭受破坏和生物多样性减少。强化山水林田湖草沙一体化法治保障，注重生态预防性、保护性立法，扭转重污染治理、轻生态保护的局面，加强国家公园、生态旅游、生态监测与评估等方面立法。在碳达峰、碳中和等方面填空白、补短板，加强生态碳税制、碳排放监管、碳交易市场、生态碳汇等规范立法，探索绿色技术产权融资，构建自由流通、公平交易、竞争有序的生态要素利用市场，用法治推动产业绿色转型。

7.2.2.3 完善流域协同立法机制

统一且明确的流域协同立法机制是保证流域内各级地方政府共同利益实现的基础性制度安排，从协同治理角度出发健全地方政府协同治理制度体系，保证流域协同立法质效，并促进多元主体实质参与是推进流域法治一体化建设的重要路径，也是促进流域高质量发展、提升流域治理现代化水平的应有之义。

（1）完善流域协同立法机制。建立和完善协同立法顶层设计是保障地方政府开展流域协同立法的基本。提高治理要素的匹配性、治理目标的一致性、治理行动的协作性、治理过程的有序性和治理效果的有效性，可以促进流域协同治理效果。流域协同机制现主要由地方政府主导，缺乏更高层面上的协调机构，建议设立专门的流域立法协调机构和沟通协调平台，这样可以为流域协同立法提供组织基础和机构保障，使地方立法主体主动参与到协同立法机制中，并能在流域关键问题的协调上提高效率。这既有利于推进立法协同进程，又能进一步为法律实施、责任分配、效果监管提供全流程法治支撑。同时，完善流域协同立法的清理和交叉备案机制，并将其常态化，在立法权限内做好政策与法律的衔接，将在实践推进过程中形成的联席会议制度等经验及时上升为法律规定，提高协同立法内容的协调统一，确保流域协同立法的规范性、权威性和系统性。

（2）提升流域协同立法实效。通过协议方式开展流域合作，存在缺乏法律保障、缺少司法救济途径、缺乏法律约束等弊端，创新流域协同立法模式、加强流域立法协同深度是提升流域治理实效的必经之路，可以从技术基础和制度规范方面予以完善。技术基础方面，协同立法目标的确定、流程的推进都以多主体之间的信息共享为基础和支撑，完善信息公开和信息共享机制有利于破除信息壁垒，缓解流域问题碎片化，为构建跨流域联合监测与跨界水质纠纷协调机制搭建基础，提高流域协同立法效率。制度规范方面，可以明确立法标准、规范执法尺度，建立科学的流域协同立法联合评估制度，完善跨域问责与跟踪制度，严格落实流域治理责任，并发挥绩效考评与激励约束的作用，激发地方立法主体参与和实施协同立法的内生动力。

（3）加强流域协同立法参与。流域协同立法通过将协商过程前置，为跨流域治理利益相关者搭建参与平台，可以平衡多种价值偏好和功能取向，赋予相关主体参与立法的合法性路径。但立法主体的话语权失衡或者参与度偏低等问题仍然存在，亟须进一步明确协商机制的程序与实体规范，促进协商机制功能发挥。流域公益性决定了流域立法事关政府、企业和公民等主体，流域环境利益公平分配是保障流域协同立法良性发展的前提。完善流域生态补偿制度相关的地方立法民主协商机制，兼顾各方利益诉求，实现多元主体的平等协商和实质参与。同时，多元主体参与流域治理的方式不应局限于监督等方式，更应明晰路径使其参与到流域立法和执行过程中，明确流域协同立法的专家论证和公众参与制度，提高流域协同立法的科学性、民主性、代表性，更好地平衡多主体利益，减少法律实施阻力，提升流域协同治理质效。

7.2.2.4　设立"山水工程"项目的准入负面清单

负面清单是市场准入管理制度的一种模式，即政府以清单方式列出禁止或限制行为。生态保护修复清单分为两类。第一类是生态保护重点区的产业准入负面清单。这类负面清单侧重于生态保护，通过引导、约束部分产业的发展来保护和改善生态环境质量。但在实施过程中，市场负面准入清单存在协调性不足、管控标准缺失等问题。因此可以针对不同的生态功能区类型建立相适应的负面清单动态监管机制，对区域生态环境变化进行跟踪监测，并结合产业发展状况动态调整优化负面清单方案。此外，也要注重配套财政政策适应的负面清单动态监管机制，对区域的生态环境变化进行跟踪体系的建设，因为产业限制措施大概率会影响地方财政收入，必须提高区域的资金支持力度，结合生态修复经济体系，完善生态补偿机制，增强区域的产业转型能力。第二类生态保护修复负面清单是指在生态修复项目的申报及审核过程中，将缺乏科学性、有明显人工干预措施、不符合相关管控规定的项目排除在中央财政资金安排之外，在适当的人工干预下推动生态系统更加有效地进行自我调节和恢复。在实施过程中要明晰生态修复负面清单的管控要求，同相关法律法规相互补充、相互结合，确保生态保护修复工作有序开展。

7.2.3 社会保障政策

山水林田湖草沙一体化保护的最终目标在于统筹生态与民生，以此作为价值取向和行动原则。通常的做法是为当地居民创造替代生计，推进生态修复与产业生态化的协调发展，既保证居民生活和收入增长，同时也为生态系统保护奠定更加坚实的基础。

7.2.3.1 拓展源头地区社区居民的就业渠道

支持各地结合县域经济发展，培育壮大优势特色产业，建立一批源头地区社区居民就业基地，挖掘一批适合的爱心岗位，拓展就地就近就业空间。引导流域农户自主创业，按规定落实税费减免、场地安排、创业担保贷款及贴息、一次性创业补贴和创业培训等支持政策，优先安排入驻返乡入乡创业园、创业孵化基地等创业载体。充分发挥各类公共就业和人才服务机构、经营性人力资源服务机构、劳务经纪人等作用，为有外出务工意愿农户搭建信息对接平台，开展有组织劳务输出，按规定给予就业创业服务补助。及时将就业困难农户纳入援助范围，统筹用好公益性岗位，优先保障困难农户和零就业家庭及时上岗。加强对流域农户职业技能培训，根据不同农户的技能水平和就业需求，制订个性化的培训计划，提供包括技能培训、职业素养培养、创业指导等在内的多种培训服务。通过提高其职业技能，可以增加其在就业市场的竞争力，提升就业机会和收入水平。建立与用人单位的合作机制，与企业、农业合作社、社会组织等建立合作关系，共同开展就业推介、岗位对接等工作。通过了解用人单位的需求和招聘信息，可以更精准地为流域农户匹配就业岗位，并为其提供更多的就业机会。加强创业扶持政策，对于有创业意愿和能力的农民，可以提供创业培训、创业指导和创业资金支持等帮助。此外，要加强政策宣传和咨询服务。通过举办培训班、座谈会、宣传活动等方式，向社区居民宣传政策、就业机会和创业扶持政策等信息。同时，设立咨询热线或咨询中心，提供社区居民咨询服务，解答其在就业、创业过程中遇到的问题，帮助其更好地融入就业市场。

7.2.3.2　建立当地弱势群体的动态帮扶政策

依托实名制信息系统,实施流域生态保护修复涉及社区居民的安置保障状况动态监测,加强上门走访、数据比对、电话回访,动态跟踪就业状态、社保缴纳和需求变化。对有就业需求的农户,建立重点帮扶台账,"一人一策""一户一策"制订帮扶方案,至少提供1次政策宣讲、1次就业指导、3次职业介绍。提升服务的精准性,有针对性地筛选推介用人单位和就业岗位,提高岗位适配度,不得设置不符合农户特点的年龄、学历等门槛。

对于在集中连片区域内开展生态修复并达到既定规模与预期成果的生态保护主体,可以依法合规地获得相应份额的自然资源资产使用权,参与旅游、康养、体育、设施农业等产业的开发。在此过程中,以林草地修复为主的项目允许在修复面积中使用不超过3%进行生态产业开发。对于社会资本投入且成功完成修复的国有建设用地,若计划用于经营性建设项目,则在相同条件下,相关生态保护修复主体在公开竞标中应享有优先权;此外,涉及土地使用权的情况也可依照上述规定进行处理。新增的集体农用地在修复后的情况下,鼓励农村集体经济组织通过合法途径将经营权转让给参与生态保护与修复的主体。对于修复后的集体建设用地,如符合相关规划,可以依据国家的统一部署,稳妥推进农村集体经营性建设用地的入市,生态保护修复主体在相同条件下可以优先获得其使用权。同时,社会资本投资修复并依法获得的土地使用权等权益,在完成修复使命后,同样可以依法转让并获得相应的经济收益,实现产权相关权益的有效释放。社会资本在修复区域内将建设用地改为农用地并通过验收后,腾退的建设用地指标应优先用于相关产业的发展。多余的指标可以根据城乡建设用地增减挂钩的政策,在浙江省范围内进行流转使用。此外,生态保护修复主体如成功通过验收,将自身依法获得的存量建设用地修复为农用地,腾退的建设用地指标也可以用于占用相同地类的农用地,且需在省域范围内进行调整。

7.3　本　章　小　结

本章基于前文提出的钱塘江源头生态保护修复机制存在问题,从生态治理机制以及政策方面提出相关建议。山水林田湖草沙一体化生态治理应构建"自上而下"山水林田湖草沙一体化的协同治理顶层设计,建立多部门多层次跨区域的协调机制,坚持区域联动、部门协同;构建与优化山水林田湖草沙生态治理的精准化后期管护机制、公众参与机制、生态产品价值实现机制。经济政策方面,应出台相关政策完善与拓展生态产品服务交易市场和试点,畅通生态补偿市场化渠道;丰富以农林产品补偿为主设计多类型生态补偿产品方案以满足当地农户现实需求。法律政策方面，应增强流域生态保护补偿在宪法和环境基本法中的重要性，推进专门立法，设立准入负面清单，统筹区域间协同立法，为综合生态治理提供法律政策保障。社会政策方面，应通过相关政策保障流域内农户就业渠道畅通，并建立动态帮扶机制以及产权激励政策促进流域综合发展。

参 考 文 献

阿兰·兰德尔. 1989. 资源经济学: 从经济角度对自然资源和环境政策的探讨. 施以正译. 北京: 商务印书馆.

庇古. 2007. 福利经济学 金镝译. 北京: 华夏出版社.

曹诗颂, 王艳慧, 段福洲, 等. 2016. 中国贫困地区生态环境脆弱性与经济贫困的耦合关系——基于连片特困区 714 个贫困县的实证分析. 应用生态学报, 27(8): 2614-2622.

曹世雄. 2012. 生态修复项目对自然与社会的影响. 中国人口·资源与环境, 22(11): 101-108.

常海涛, 赵娟, 刘佳楠, 等. 2019. 退耕还林与还草对土壤理化性质及分形特征的影响——以宁夏荒漠草原为例. 草业学报, 28(7): 14-25.

常亮. 2013. 基于准市场的跨界流域生态补偿机制研究——以辽河流域为例. 大连: 大连理工大学博士学位论文.

陈锋. 2014. 从整体支配到协商治理: 乡村治理转型及其困境——基于北镇"钉子户"治理的历史考察.华中科技大学学报(社会科学版), 28(06): 21-27.

陈慧敏, 赵宇, 付晓, 等. 2023. 草原生态系统损害量化评估与赔偿体系研究. 生态经济, 39(4): 179-189.

陈军, 吴程, 李爽, 等. 2022. 灞河流域水环境数值模拟研究. 西北农林科技大学学报(自然科学版), 50(9): 80-88.

陈丽华, 吕新, 刘兰英, 等. 2018. 闽江河口湿地土壤硝化-反硝化细菌数量的时空分布特征. 福建农业学报, 33(10): 1078-1083.

陈明非. 2020. 基于协同理论的物流系统多式联运优化问题研究. 沈阳: 沈阳工业大学博士学位论文.

陈相凝, 武照亮, 李心斐, 等. 2017. 退耕还林背景下生计资本对生计策略选择的影响分析——以西藏 7 县为例. 林业经济问题, 37(1): 56-62, 106.

陈湘满. 2000. 美国田纳西流域开发及其对我国流域经济发展的启示. 世界地理研究, 9(2): 87-92.

陈新. 2021. 马克思主义财富观下的共同富裕: 现实图景及实践路径——兼论对福利政治的超越. 浙江社会科学, (8): 4-10.

陈雅如, 刘阳, 张多, 等. 2019. 国家公园特许经营制度在生态产品价值实现路径中的探索与实践. 环境保护, 47(21): 57-60.

成金华, 尤喆. 2019. "山水林田湖草是生命共同体"原则的科学内涵与实践路径. 中国人口·资源与环境, 29(2): 1-6.

成金华. 2022. 如何破解长江经济带经济发展与生态保护矛盾难题——评《长江经济带: 发展与保护》. 生态经济, 38(3): 228-229.

丛日征, 王兵, 谷建才, 等. 2017. 宁夏贺兰山国家级自然保护区森林生态系统服务价值评估. 干旱区资源与环境, 31(11): 136-140.

丛晓男. 2019. 耦合度模型的形式、性质及在地理学中的若干误用. 经济地理, 39(4): 18-25.

代鑫. 2020. "顶层设计+合作共治"流域治理模式构建与实践——从田纳西河到黄河. 未来与发展, 44(9): 95-101.

戴胡萱, 李俊鸿, 程鲲, 等. 2017. 三江平原保护区社区居民对湿地生态系统服务功能的贡献意愿. 自然资源学报, 32(6): 977-987.

戴胜利, 李筱雅. 2022. 流域生态补偿协同共担机制的运作逻辑——以新安江流域为例. 行政论坛, 29(6): 109-117.

邓扶平, 焦念念. 2014. "生态福利"的法学蕴涵及其学理证成. 重庆大学学报(社会科学版), 20(1): 131-135.

邓远建, 杨旭, 马强文, 等. 2021. 中国生态福利绩效水平的地区差距及收敛性. 中国人口•资源与环境, 31(4): 132-143.

丁屹红, 姚顺波. 2017. 退耕还林工程对农户福祉影响比较分析——基于6个省951户农户调查为例. 干旱区资源与环境, 31(5): 45-50.

董蓓蓓, 马淑花, 曹宏斌, 等. 2011. 乌梁素海流域污染现状分析及防治对策. 安徽农业科学, 39(17): 10402-10405, 10408.

董文字. 2018. PPP模式在林业生态建设项目中的应用研究. 花卉, (12): 210-211.

杜慧彬, 黄立军, 张辰, 等. 2019. 中国省级生态福利绩效区域差异性分解和收敛性研究. 生态经济, 35(3): 187-193.

段伟, 申津羽, 温亚利. 2018. 西部地区退耕还林工程对农户收入的影响——基于异质性的处理效应估计. 农业技术经济, (2): 41-53.

范琳. 2019. 山西省天然林保护工程综合效益评价. 西北林学院学报, 34(3): 265-272.

方时姣, 肖权. 2019. 中国区域生态福利绩效水平及其空间效应研究. 中国人口•资源与环境, 29(3): 1-10.

付伟, 赵俊权, 杜国祯. 2014. 资源可持续利用评价——基于资源福利指数的实证分析. 自然资源学报, 29(11): 1902-1915.

付意成. 2013. 流域治理修复型水生态补偿研究. 北京: 中国水利水电科学研究院博士学位论文.

高国力, 丁丁, 刘国艳. 2009. 国际上关于生态保护区域利益补偿的理论、方法、实践及启示. 宏观经济研究, (5): 67-72, 79.

高吉喜, 刘晓曼, 王超, 等. 2021. 中国重要生态空间生态用地变化与保护成效评估. 地理学报, 76(7): 1708-1721.

高秀清. 2022. 天然林保护工程实施成效与存在的问题初探. 农村经济与科技, 33(4): 30-32.

葛颜祥, 吴菲菲, 王蓓蓓, 等. 2007. 流域生态补偿: 政府补偿与市场补偿比较与选择. 山东农业大学学报(社会科学版), 9(4): 48-53, 125-126.

郭丽玲, 欧阳勋志, 郭孝玉, 等. 2015. 基于林农视角的赣江源公益林生态补偿满意度评价研究. 中国人口•资源与环境, 25(S2): 320-323.

郭雅媛. 2024. 中国粮食主产区利益补偿机制完善研究. 北京: 中共中央党校(国家行政学院)博士学位论文.

赫尔曼•哈肯. 2005. 协同学: 大自然构成的奥秘. 凌复华译. 上海: 上海译文出版社.

韩登媛. 2021. 我国天然林保护工程实施现状、存在的问题及解决对策. 乡村科技, 12(9): 76-77.

韩岩博. 2020. 中国各省区经济福利发展水平综合评价分析. 石家庄铁道大学学报(社会科学版),

14(3): 27-33.

韩增林, 赵玉青, 闫晓露, 等. 2020. 生态系统生产总值与区域经济耦合协调机制及协同发展——以大连市为例. 经济地理, 40(10): 1-10.

郝春旭, 赵艺柯, 何玥, 等. 2019. 基于利益相关者的赤水河流域市场化生态补偿机制设计. 生态经济, 35(2): 168-173.

何立峰. 2021. 支持浙江高质量发展建设共同富裕示范区 为全国扎实推动共同富裕提供省域范例. 宏观经济管理, (7): 1-2, 20.

何林, 陈欣. 2011. 基于生态福利的陕西省经济可持续发展研究. 开发研究, (6): 24-28.

何盛明. 1990. 财经大辞典. 北京: 中国财政经济出版社.

何亚婷, 谢和生, 何友均. 2022. 长江经济带天然林保护修复存在的问题及建议. 林业资源管理, (2): 1-9.

黄莉芳, 王芳, 徐立霞. 2017. 资本类型如何影响新生代农村劳动力非农就业质量——来自江苏的证据. 宏观质量研究, 5(1): 116-128.

黄瓴, 郑尧, 骆骏杭, 等. 2023. 协同治理视角下城市社区规划师制度探索与思考——兼谈重庆市"三师进社区"集体行动. 规划师, 39(2): 92-100.

黄贤全. 2002. 美国政府对田纳西河流域的开发. 西南师范大学学报(人文社会科学版), 28(4): 118-121.

黄园淅, 张雷, 程晓凌. 2011. 贵州猫跳河与美国田纳西河流域开发的比较. 资源科学, 33(8): 1462-1468.

姜霞, 王坤, 郑朔方, 等. 2019. 山水林田湖草生态保护修复的系统思想——践行"绿水青山就是金山银山". 环境工程技术学报, 9(5): 475-481.

焦居仁. 2003. 生态修复的要点与思考. 中国水土保持, (2): 1-2.

赖河生. 2019. 浅谈崎岭乡天然林保护工程成效及实施建议. 防护林科技, (7): 67-68.

李长健, 孙富博, 黄彦臣. 2017. 基于 CVM 的长江流域居民水资源利用受偿意愿调查分析. 中国人口·资源与环境, 27(6): 110-118.

李超琼. 2024. 补偿政策对农户地膜污染防控行为的影响及优化研究. 杨凌: 西北农林科技大学博士学位论文.

李国平, 石涵予. 2015. 退耕还林生态补偿标准、农户行为选择及损益. 中国人口·资源与环境, 25(5): 152-161.

李国平, 石涵予. 2017. 比较视角下退耕还林补偿的农村经济福利效应——基于陕西省 79 个退耕还林县的实证研究. 经济地理, 37(7): 146-155.

李红举, 宇振荣, 梁军, 等. 2019. 统一山水林田湖草生态保护修复标准体系研究. 生态学报, 39(23): 8771-8779.

李慧. 2017. 国家公园: 让绿色发展成为文化标识. 光明日报, 2017-07-29(12).

李强, 韦薇. 2019. 长江经济带经济增长质量与生态环境优化耦合协调度研究. 软科学, 33(5): 117-122.

李实. 2021. 共同富裕的目标和实现路径选择. 经济研究, 56(11): 4-13.

李实, 朱梦冰. 2018. 中国经济转型 40 年中居民收入差距的变动. 管理世界, 34(12): 19-28.

李世东. 2021. 世界著名生态工程——中国的"退耕还林还草工程". 浙江林业, (8): 9-11.

李坦, 徐帆, 祁云云. 2022. 从"共饮一江水"到"共护一江水"——新安江生态补偿下农户就业与收入的变化. 管理世界, (11): 106-120.

李晓平. 2019. 耕地面源污染治理: 福利分析与补偿设计. 杨凌: 西北农林科技大学博士学位论文.

李颖, 陈林生. 2003. 美国田纳西河流域的开发对我国区域政策的启示. 四川大学学报(哲学社会科学版), (5): 27-29.

李永平. 2020. 旅游产业、区域经济与生态环境协调发展研究. 经济问题, (8): 122-129.

刘斌. 2020. 同群效应对创业及创业路径的影响——来自中国劳动力动态调查的经验证据. 中国经济问题, (3): 43-58.

刘佳怡. 2022. 新发展阶段深入推动共同富裕研究. 长春: 吉林大学博士学位论文.

刘珉, 胡鞍钢. 2023. 中国式治理现代化的创新实践: 以河长制、林长制、田长制为例. 海南大学学报(人文社会科学版), 41(5): 53-65.

刘培林, 钱滔, 黄先海, 等. 2021. 共同富裕的内涵、实现路径与测度方法. 管理世界, 37(8): 117-127.

刘威尔, 宇振荣. 2016. 山水林田湖生命共同体生态保护和修复. 国土资源情报, (10): 37-39+15.

刘越, 姚顺波. 2016. 不同类型国家林业重点工程实施对劳动力利用与转移的影响. 资源科学, 38(1): 126-135.

刘振英, 李亚威, 李俊峰, 等. 2007. 乌梁素海流域农田面源污染研究. 农业环境科学学报, 26(1): 41-44.

刘祖英, 王兵, 赵雨森, 等. 2018. 长江中上游地区退耕还林成效监测与评价. 应用生态学报, 29(8): 2463-2469.

柳建平, 刘咪咪, 王璇旖. 2018. 农村劳动力非农就业的微观效应分析——基于甘肃 14 个贫困村的调查资料. 干旱区资源与环境, 32(6): 50-56.

龙亮军. 2019. 基于两阶段 Super-NSBM 模型的城市生态福利绩效评价研究. 中国人口·资源与环境, 29(7): 1-10.

鲁飞飞, 张勇, 李雪, 等. 2019. 乌梁素海流域湿地保护与恢复建设的探讨. 林业资源管理, (5): 23-27, 67.

罗楚亮, 李实岳, 岳希明. 2021. 中国居民收入差距变动分析(2013—2018). 中国社会科学, (1): 33-54.

罗明, 于恩逸, 周妍, 等. 2019. 山水林田湖草生态保护修复试点工程布局及技术策略. 生态学报, 39(23): 8692-8701.

马军旗, 乐章. 2021. 黄河流域生态补偿的水环境治理效应——基于双重差分方法的检验. 资源科学, 43(11): 2277-2288.

毛升, 杨璐, 毛雪. 2024. 中国式现代化视域下共同富裕的科学内涵、价值意蕴与实现路径. 边疆经济与文化, (2): 63-67.

梅叶. 2023. 智慧港口安全生产特征及协同治理策略. 集装箱化, 34(12): 1-5.

蒙吉军, 王雅, 江颂. 2019. 基于生态系统服务的黑河中游退耕还林生态补偿研究. 生态学报, 39(15): 5404-5413.

潘丹, 陆雨, 孔凡斌. 2020. 不同贫困程度农户退耕还林的收入效应. 林业科学, 56(8): 148-161.

彭红松, 郭丽佳, 章锦河, 等. 2020. 区域经济增长与资源环境压力的关系研究进展. 资源科学, 42(4): 593-606.

彭建, 吕丹娜, 张甜, 等. 2019. 山水林田湖草生态保护修复的系统性认知. 生态学报, 39(23): 8755-8762.

乔旭宁, 王林峰, 牛海鹏, 等. 2016. 基于 NPP 数据的河南省淮河流域生态经济协调性分析. 经济地理, 36(7): 173-181, 189.

秦聪, 贾俊雪. 2017. 退耕还林工程: 生态恢复与收入增长. 中国软科学, (7): 126-138.

秦明周, 尚红霞, 陈云增. 2008. 美国田纳西河流域资源综合管理研究. 人民黄河, 30(9): 5-6, 9.

曲富国, 孙宇飞. 2014. 基于政府间博弈的流域生态补偿机制研究. 中国人口·资源与环境, 24(11): 83-88.

任世丹, 杜群. 2009. 国外生态补偿制度的实践. 环境经济, (11): 34-39.

萨缪尔森, 诺德豪斯. 1999. 经济学(第十六版). 萧琛等译. 北京: 华夏出版社.

单菁竹, 李京梅, 林雨霏, 等. 2018. 改进选择实验法在居民浒苔治理意愿评估中的应用. 资源科学, 40(10): 1943-1953.

上官绪明, 葛斌华. 2020. 科技创新、环境规制与经济高质量发展——来自中国 278 个地级及以上城市的经验证据. 中国人口·资源与环境, 30(6): 95-104.

沈满洪. 2020. 绿色发展的中国经验及未来展望. 治理研究, 36(4): 20-26.

沈满洪, 谢慧明. 2020. 跨界流域生态补偿的"新安江模式"及可持续制度安排. 中国人口·资源与环境, 30(9): 156-163.

石大千, 丁海, 卫平, 等. 2018. 智慧城市建设能否降低环境污染. 中国工业经济, (6): 117-135.

石岳, 赵霞, 朱江玲, 等. 2022. "山水林田湖草沙"的形成、功能及保护. 自然杂志, 44(1): 1-18.

史歌. 2023. 高质量发展背景下黄河流域生态补偿机制的建设思路. 经济与管理评论, 39(2): 49-58.

司林波, 段露燕, 裴索亚. 2023. 国内外流域协同治理生态补偿的主要模式及其实践情境——兼论对黄河流域生态补偿模式优化进路的启示. 燕山大学学报(哲学社会科学版), 24(4): 61-74.

苏冰倩, 王茵茵, 上官周平. 2017. 西北地区新一轮退耕还林还草规模分析. 水土保持研究, 24(4): 59-65.

苏屹. 2013. 耗散结构理论视角下大中型企业技术创新研究. 管理工程学报, 27(2): 107-114.

孙烨. 2013. 协同学方法论在社会科学中的定性研究分析. 自然辩证法研究, 29(9): 118-124.

谭海燕. 2022. 天然林保护工程中森林管护面临的困境及应对策略. 森林公安, (4): 45-48.

汤怀志, 郧文聚, 孔凡婕, 等. 2020. 国土空间治理视角下的土地整治与生态修复研究. 规划师, 36(17): 5-12.

唐磊. 2023. 生态保护政策对钱塘江流域生态福利、协调发展与空间溢出效应研究. 杭州: 浙江农林大学硕士毕业论文.

唐燕勤, 梁春艳. 2023. 流域生态补偿政策完善建议. 环境保护, 51(4): 63-67.

田国强, 杨立岩. 2006. 对"幸福—收入之谜"的一个解答. 经济研究, 41(11): 4-15.

田晓宇, 徐霞, 江红蕾, 等. 2018. 退耕还林(草)政策下土地利用结构优化研究——以内蒙古太仆寺旗为例. 中国人口·资源与环境, 28(S2): 25-30.

田野, 冯启源, 唐明方, 等. 2019. 基于生态系统评价的山水林田湖草生态保护与修复体系构建研究——以乌梁素海流域为例. 生态学报, 39(23): 8826-8836.

万容. 2010. 水资源生态补偿模式分析与机制构建. 社会科学家, (2): 83-86.

王爱敏, 葛颜祥, 耿翔燕. 2016. 水源地保护区居民生态补偿满意度及其影响因素研究——基于 645 份问卷的抽样调查. 农村经济, (6): 58-64.

王本业, 林玉芳, 任琳, 等. 2023. 公益林生态补偿政策对林农生计策略与收入的影响. 林业经济问题, 43(2): 200-208.

王彬彬, 李晓燕. 2015. 生态补偿的制度建构: 政府和市场有效融合. 政治学研究, (5): 67-81.

王丙晖, 康蒙, 金美英, 等. 2022. 山水林田湖草生态保护修复工程研究. 工业安全与环保, 48(7): 84-86.

王波, 王夏晖, 张笑千. 2018. "山水林田湖草生命共同体"的内涵、特征与实践路径: 以承德市为例. 环境保护, 46(7): 60-63.

王春光. 2021. 迈向共同富裕——农业农村现代化实践行动和路径的社会学思考. 社会学研究, 36(2): 29-45, 226.

王佃利, 滕蕾. 2023. 流域治理中的跨边界合作类型与行动逻辑——基于黄河流域协同治理的多案例分析. 行政论坛, 30(4): 143-150.

王恩慧, 石道金, 王晓丽, 等. 2022. 公益林补偿政策、非农就业与农户增收. 林业经济, 44(7): 5-21.

王国灿. 2017. 世界银行在浙江省钱塘江流域小城镇水环境治理项目中的表现与支持经验研究. 中国国际财经(中英文), (2): 111-113.

王甲山, 刘洋, 邹倩. 2017. 中国水土保持生态补偿机制研究述评. 生态经济, 33(3): 165-169.

王金南, 程亮, 陈鹏. 2021. 国家"十三五"生态文明建设财政政策实施成效分析. 环境保护, 49(5): 40-43.

王金南, 王玉秋, 刘桂环, 等. 2016. 国内首个跨省界水环境生态补偿: 新安江模式. 环境保护, 44(14): 38-40.

王军锋, 侯超波, 闫勇. 2011. 政府主导型流域生态补偿机制研究——对子牙河流域生态补偿机制的思考. 中国人口·资源与环境, 21(7): 101-106.

王立安, 钟方雷, 王静, 等. 2013. 退耕还林工程对农户缓解贫困的影响分析——以甘肃南部武都区为例. 干旱区资源与环境, 27(7): 78-84.

王丽娜, 唐明方, 付晓, 等. 2023. 乌梁素海流域生态系统服务变化与驱动力分析. 生态经济, 39(2): 173-180.

王清军. 2009. 生态补偿主体的法律建构. 中国人口·资源与环境, 19(1): 139-145.

王珊. 2013. 公益性和非公益性农地城市流转的农户福利效应研究. 武汉: 华中农业大学博士学位论文.

王圣云, 韩亚杰, 任慧敏, 等. 2020. 中国省域生态福利绩效评估及其驱动效应分解. 资源科学, 42(5): 840-855.

王兆峰, 王梓瑛. 2021. 长江经济带生态福利绩效空间格局演化及影响因素研究: 基于超效率SBM 模型. 长江流域资源与环境, 30(12): 2822-2832.

王振波, 梁龙武, 王新明, 等. 2019. 环京津山水林田湖草多目标跨区联动保护修复模式. 生态学报, 39(23): 8798-8805.

韦惠兰, 王光耀. 2017. 沙化土地治理区农户生活满意度及影响因素分析——基于甘肃省 12 县域调查数据. 干旱区资源与环境, 31(4): 1-8.

魏后凯. 2020. 深刻把握城乡融合发展的本质内涵. 中国农村经济, (6): 5-8.

温煜华. 2020. 甘南黄河重要水源补给区生态经济耦合协调发展研究. 中国农业资源与区划, 41(12): 35-43.

温忠麟, 张雷, 侯杰泰, 等. 2004. 中介效应检验程序及其应用. 心理学报, 36(5): 614-620.

翁奇. 2018. 退耕还林工程对区域农业发展的结构性影响. 林业经济问题, 38(3): 26-30, 101.

吴琼. 2017. 世界银行林业生态扶贫的主要经验和政策启示. 林业经济, 39(5): 56-58, 92.

吴彤. 2000. 论协同学理论方法: 自组织动力学方法及其应用. 内蒙古社会科学(汉文版), 21(6): 19-26.

武爱彬, 赵艳霞. 2020. 河北连片特困区脆弱生态环境与贫困耦合关系演变及预测模拟. 中国农业资源与区划, 41(12): 228-236.

肖春蕾, 郭艺璇, 薛皓. 2021. 密西西比河流域监测、修复管理经验对我国流域生态保护修复的启示. 中国地质调查, 8(6): 87-95.

肖黎明, 肖沁霖. 2021. 黄河流域城市生态福利绩效格局分异及空间收敛分析. 软科学, 35(2): 46-53.

谢高地, 曹淑艳, 鲁春霞, 等. 2015. 中国生态补偿的现状与趋势(英文). 资源与生态学报(英文版), 6(6): 355-362.

谢世清. 2013. 美国田纳西河流域开发与管理及其经验. 亚太经济, (2): 68-72.

徐大伟, 刘春燕, 常亮. 2013. 流域生态补偿意愿的 WTP 与 WTA 差异性研究: 基于辽河中游地区居民的 CVM 调查. 自然资源学报, 28(3): 402-409.

徐进进. 2023. 黄河流域生态保护及修复技术研究//2023(第十一届)中国水生态大会论文集. 广州: 653-665.

徐晋涛, 陶然, 徐志刚. 2004. 退耕还林: 成本有效性、结构调整效应与经济可持续性——基于西部三省农户调查的实证分析. 经济学(季刊), 4(4): 139-162.

徐珂, 庞洁, 尹昌斌. 2022. 生态公益林补偿标准及其影响因素——基于农户受偿意愿视角. 中国土地科学, 36(6): 76-87.

徐丽瑶. 2021. 长江经济带水-能源-粮食关联系统协同安全研究. 南京: 南京林业大学硕士学位论文.

徐维祥, 徐志雄, 刘程军. 2021. 黄河流域地级城市土地集约利用效率与生态福利绩效的耦合性分析. 自然资源学报, 36(1): 114-130.

杨爱平, 杨和焰. 2015. 国家治理视野下省际流域生态补偿新思路——以皖、浙两省的新安江流域为例. 北京行政学院学报, (3): 9-15.

杨晶, 丁士军. 2017. 农村产业融合、人力资本与农户收入差距. 华南农业大学学报(社会科学版), 16(6): 1-10.

杨硕, 谭月明. 2023. 习近平关于山水林田湖草沙一体化保护和系统治理重要论述的基本内容. 辽宁经济, (9): 67-70.

杨欣, 蔡银莺. 2012. 农田生态补偿方式的选择及市场运作——基于武汉市 383 户农户问卷的实证研究. 长江流域资源与环境, 21(5): 591-596.

杨永芳, 王秦. 2020. 我国生态环境保护与区域经济高质量发展协调性评价. 工业技术经济, 39(11): 69-74.

杨照东, 任义科, 杜海峰. 2019. 确权、多种补偿与农民工退出农村意愿. 中国农村观察, (2): 93-109.

叶艳妹, 林耀奔, 刘书畅, 等. 2019. 山水林田湖草生态修复工程的社会-生态系统(SES)分析框架及应用——以浙江省钱塘江源头区域为例. 生态学报, 39(23): 8846-8856.

易行, 白彩全, 梁龙武, 等. 2020. 国土生态修复研究的演进脉络与前沿进展. 自然资源学报, 35(1): 37-52.

尹彩云. 2023. 昆明市天然林保护工程效益评价研究. 昆明: 昆明理工大学硕士学位论文.

尹朝静, 高雪. 2020. 应对气候变化: 生态系统保护、修复和管理. 世界农业, (7): 9-16.

俞振宁, 谭永忠, 茅铭芝, 等. 2018. 重金属污染耕地治理式休耕补偿政策: 农户选择实验及影响因素分析. 中国农村经济, (2): 109-125.

袁广达, 仲也, 杜星博. 2022. 跨界流域生态补偿标准量化与分摊研究——以长江流域为例. 财会月刊, (7): 61-72.

袁家军. 2021. 忠实践行"八八战略"奋力打造"重要窗口"扎实推动高质量发展建设共同富裕示范区. 政策瞭望, (6): 11-20.

袁少芬, 弓晓峰, 江良, 等. 2020. 鄱阳湖沉积物重金属生态风险评价: SQGs 和 AVS-SEM 模型法. 土壤通报, 51(1): 234-240.

袁周炎妍, 万荣荣. 2019. 生态系统服务评估方法研究进展. 生态科学, 38(5): 210-219.

昝欣, 张玉玲, 贾晓宇, 等. 2020. 永定河上游流域水生态系统服务价值评估. 自然资源学报, 35(6): 1326-1337.

臧漫丹, 诸大建, 刘国平. 2013. 生态福利绩效: 概念、内涵及 G20 实证. 中国人口·资源与环境, 23(5): 118-124.

曾亿武, 郭红东, 金松青. 2018. 电子商务有益于农民增收吗?——来自江苏沭阳的证据. 中国农村经济, (2): 49-64.

张德成. 2009. 城市森林福利效益评价研究——以青岛市为例. 北京: 中国林业科学研究院博士学位论文.

张惠远, 李圆圆, 冯丹阳, 等. 2019. 明确内容标准 强化实施监管-山水林田湖草生态保护修复的路径探索. 中国生态文明, (1): 66-69.

张捷, 王海燕. 2020. 社区主导型市场化生态补偿机制研究——基于"制度拼凑"与"资源拼凑"的视角. 公共管理学报, 17(3): 126-138, 174.

张利民. 2024. 全面理解生态系统一体化保护的丰富意蕴. 群众, (3): 22-23.

张利民, 刘希刚. 2024. 山水林田湖草沙一体化保护的系统性逻辑. 南京工业大学学报(社会科学版), 23(1): 24-32, 113.

张倩, 范明明. 2020. 生态补偿能否保护草场生态? ——基于阿拉善左旗的案例研究. 中国农业大学学报(社会科学版), 37(3): 36-46.

张世娟, 杨沣江, 罗艳艳, 等. 2024. 黄河流域生态保护区域标准化协同研究初探. 中国标准化, (4): 91-95.

张维. 2023-14. 我国部署 51 个山水林田湖草沙生态保护修复工程. 法治日报, (005).

张务伟, 张福明, 杨学成. 2011. 农村劳动力就业状况的微观影响因素及其作用机理——基于入户调查数据的实证分析. 中国农村经济, (11): 62-73, 81.

张兴, 张炜, 赵敏娟. 2017. 退耕还林生态补偿机制的激励有效性——基于异质性农户视角. 林业经济问题, 37(1): 31-36, 102.

张旭锐, 高建中. 2021. 农户新一轮退耕还林的福利效应研究——基于陕南退耕还林区的实证分析. 干旱区资源与环境, 35(2): 14-20.

张永亮, 俞海, 夏光, 等. 2015. 最严格环境保护制度: 现状、经验与政策建议. 中国人口·资源与环境, 25(2): 90-95.

张志强, 程莉, 尚海洋, 等. 2012. 流域生态系统补偿机制研究进展. 生态学报, 32(20): 6543-6552.

赵文霞. 2018. 关于"山水林田湖草生命共同体"的几点哲学思考. 国家林业局管理干部学院学报, 17(4): 3-7.

赵亚莉, 龙开胜. 2020. 农地"三权"分置下耕地生态补偿的理论逻辑与实现路径. 南京农业大学学报(社会科学版), 20(5): 119-127.

赵玉, 张玉, 熊国保. 2017. 基于随机效用理论的赣江流域生态补偿支付意愿研究. 长江流域资源与环境, 26(7): 1049-1056.

赵玉山, 朱桂香. 2008. 国外流域生态补偿的实践模式及对中国的借鉴意义. 世界农业, (4): 14-17.

赵志强. 2019. 思想政治教育视域下大学生生态文明教育研究. 黑龙江教育(高教研究与评估), (5): 81-82.

郑万吉, 叶阿忠, 2015. 城乡收入差距、产业结构升级与经济增长——基于半参数空间面板 VAR 模型的研究. 经济学家, (10): 61-67.

郑艳, 庄贵阳. 2020. 山水林田湖草系统治理: 理论内涵与实践路径探析. 城市与环境研究, 7(4): 12-27.

郑云辰, 葛颜祥, 接玉梅, 等. 2019. 流域多元化生态补偿分析框架: 补偿主体视角. 中国人口·资源与环境, 29(7): 131-139.

周璨, 杨亦民. 2018. 湖南省农业生态与农业经济耦合性测度. 中国农业资源与区划, 39(7): 174-180.

周晨, 李国平. 2015. 流域生态补偿的支付意愿及影响因素——以南水北调中线工程受水区郑州市为例. 经济地理, 35(6): 38-46.

朱长宁, 王树进. 2014. 退耕还林对西部地区农户收入的影响分析. 农业技术经济, (10): 58-66.

朱丹. 2016. 我国生态补偿机制构建: 模式、逻辑与建议. 广西社会科学, (9): 108-112.

朱冬亮, 殷文梅. 2019. 贫困山区林业生态扶贫实践模式及比较评估. 湖北民族学院学报(哲学社会科学版), 37(4): 86-93.

朱臻, 唐磊, 宁可. 2022. 钱塘江流域生态保护政策演进下的生态福利绩效水平及收敛性. 中国人口·资源与环境, 32(11): 198-207.

朱振肖, 柴慧霞, 张箫, 等. 2022. 武夷山主峰黄岗山片区生态安全格局构建研究. 环境工程技术学报, 12(5): 1437-1445.

邹长新, 彭慧芳, 刘春艳. 2021. 关于新时期保障国家生态安全的思考. 环境保护, 49(22): 50-53.

Amigues J P, Boulatoff C, Desaigues B, et al. 2002. The benefits and costs of riparian analysis habitat preservation: a willingness to accept/willingness to pay contingent valuation approach. Ecological Economics, 43(1): 17-31.

Becker N, Helgeson J, Katz D. 2014. Once there was a river: a benefit–cost analysis of rehabilitation of the Jordan River. Regional Environmental Change, 14(4): 1303-1314.

Beckerman W. 1992. Economic growth and the environment: whose growth? whose environment? World Development, 20(4): 481-496.

Bhandari P, Mohan K, Shrestha S, et al. 2016. Assessments of ecosystem service indicators and stakeholder's willingness to pay for selected ecosystem services in the Chure region of Nepal. Applied Geography, 69: 25-34.

Brereton F, Clinch J P, Ferreira S/ 2008. Happiness, geography and the environment. Ecological Economics, 65(2): 386-396.

Castro A J, Vaughn C C, García-Llorente M, et al. 2016. Willingness to pay for ecosystem services among stakeholder groups in a south-central U.S. watershed with regional conflict. Journal of Water Resources Planning & Management, 142(9): 05016006.

Charnes A, Cooper W W, Rhodes E. 1978. Measuring the efficiency of decision making units. European Journal of Operational Research, 2(6): 429-444.

Chen J D, Li Z W, Dong Y Z, et al. 2020. Coupling coordination between carbon emissions and the eco-environment in China. Journal of Cleaner Production, 276: 123848.

Cui D, Chen X, Xue Y L, et al. 2019. An integrated approach to investigate the relationship of coupling coordination between social economy and water environment on urban scale - A case study of Kunming. Journal of Environmental Management, 234: 189-199.

Daly H E. 2005. Economics in a full world.Scientific American, 293(3): 100-107.

Hobin B. 1999. Collaborative program planning: principles, practices, and strategies. Canadian Journal of University Continuing Education, 25(2): 155.

Dong R C, Liu X, Liu M L, et al. 2016. Landsenses ecological planning for the Xianghe segment of China's grand canal. International Journal of Sustainable Development & World Ecology, 23(4): 298-304.

Freeman A M, Haveman R H, Kneese AV. 1973. The Economics of Environmental Policy. New York: Wiley.

Fu J Y, Zang C F, Zhang J M. 2020. Economic and resource and environmental carrying capacity trade-off analysis in the Haihe River basin in China. Journal of Cleaner Production, 270: 122271.

Gray B, Purdy J. 2018. Collaborating for our future: Multistakeholder partnerships for solving complex problems. Oxford: Oxford University Press.

Haken H. 2004. Synergetics: Introduction and advanced topics. New York: Springer.

Haken H, Portugali J. 2017. Information and self-organization. Entropy, 19(1): 18..

Hardy C, Phillips N. 1998. Strategies of engagement: lessons from the critical examination of collaboration and conflict in an interorganizational domain. Organization Science, 9(2): 217-230.

He J, Huang A P, Xu L D, 2015. Spatial heterogeneity and transboundary pollution: a contingent valuation (CV) study on the Xijiang River drainage basin in South China. China Economic Review, 36: 101-130.

Huxham C, Vangen S. 2013. Managing to collaborate: The theory and practice of collaborative advantage. London: Routledge.

Kramer R. 1989. Collaborating: Finding common ground for multiparty problems. San Francisco: Jossy-Bass..

Lai T Y, Salminen J, Jäppinen J P, et al. 2018. Bridging the gap between ecosystem service indicators and ecosystem accounting in Finland. Ecological Modelling, 377: 51-65.

Lamichhane B R, Persoon G A, Leirs H, et al. 2018. Spatio-temporal patterns of attacks on human and economic losses from wildlife in Chitwan National Park, Nepal. PLoS One, 13(4): e0195373.

Lancaster K J. 1966. A new approach to consumer theory. Journal of Political Economy, 74(2): 132-157.

Hook S H. 2009. Trade openness, capital flows and financial development in developing economies. International Economic Journal, 23(3): 409-426.

Liu J P, Tian Y, Huang K, et al. 2021. Spatial-temporal differentiation of the coupling coordinated development of regional energy-economy-ecology system: a case study of the Yangtze River Economic Belt. Ecological Indicators, 124: 107394.

Liu Y, Yang L Y, Jiang W. 2020. Coupling coordination and spatiotemporal dynamic evolution between social economy and water environmental quality-A case study from Nansi Lake catchment, China. Ecological Indicators, 119: 106870.

Luechinger S, Raschky P A. 2009. Valuing flood disasters using the life satisfaction approach. Journal of Public Economics, 93(3-4): 620-633.

Law S H. 2009. Trade openness, capital flows and financial development in developing economies . International Economic Journal, 23(3): 409-426.

Nyongesa J M, Bett H K, Lagat J K, et al. 2016. Estimating farmers'stated willingness to accept pay for ecosystem services: case of Lake Naivasha watershed Payment for Ecosystem Services scheme-Kenya. Ecological Processes, 5(1): 15.

Ord J K, Getis A. 2010. Local Spatial Autocorrelation Statistics: Distributional Issues and an Application. Geographical Analysis, 27(4): 286-306.

Perrot-Maitre D, Davis P. 2001. Case studies of markets and innovative financial mechanisms for water services from forests. Washington: Forest Trends.

Peters B G, 1998. Managing horizontal government: the politics of co-ordination. Public Administration, 76(2): 295-311.

Pettinotti L, de Ayala A, Ojea E. 2018. Benefits from water related ecosystem services in Africa and climate change. Ecological Economics, 149(7): 294-305.

Pigou A C. 1920. The Economics of Welfare. London: Palgrave Macmillan.

Schöner G, Kelso J A S. 1988. Dynamic pattern generation in behavioral and neural systems. Science, 239(4847): 1513-1520.

Revelt D, Train K. 1998. Mixed logit with repeated choices: households' choices of appliance efficiency level. Review of Economics and Statistics, 80(4): 647-657.

Shen X J, Wu X, Xie X M, et al. 2021. Synergetic theory-based water resource allocation model. Water Resources Management, 35(7): 2053-2078.

Shi T, Yang S Y, Zhang W, et al. 2020. Coupling coordination degree measurement and spatiotemporal heterogeneity between economic development and ecological environment: Empirical evidence from tropical and subtropical regions of China. Journal of Cleaner Production, 244: 118739.

Song J N, Liu Z R, Fang K, et al. 2023. An evolving energy-environmental-economic system towards coordination: Spatiotemporal features and key drivers. Journal of Cleaner Production, 384: 135537.

Sun Y P, Chang H, Vasbieva D G, et al. 2022. Economic performance, investment in energy resources, foreign trade, and natural resources volatility nexus: Evidence from China's provincial data. Resources Policy, 78: 102913.

Thomson A M, Perry J L. 2006. Collaboration processes: inside the black box. Public Administration Review, 66: 20-32.

Uchida E, Xu J T, Xu Z G, et al. 2007. Are the poor benefiting from China's land conservation program? Environment and Development Economics, 12(4): 593-620.

Vallée R. 2008. Grey information: theory and practical applications. Kybernetes, 37(1): 189.

Wei L, Zhou L, Sun D Q, et al. 2022. Evaluating the impact of urban expansion on the habitat quality and constructing ecological security patterns: a case study of Jiziwan in the Yellow River Basin, China. Ecological Indicators, 145: 109544.

Xing M L, Luo F Z, Fang Y H. 2021. Research on the sustainability promotion mechanisms of industries in China's resource-based cities-from an ecological perspective. Journal of Cleaner Production, 315: 128114.

Xu L, Du H R, Zhang X L. 2021. Driving forces of carbon dioxide emissions in China's cities: an empirical analysis based on the geodetector method. Journal of Cleaner Production, 287: 125169.

Xu X, Zhao Y, Zhang X L, et al. 2018. Identifying the impacts of social, economic, and environmental factors on population aging in the Yangtze River Delta using the geographical detector technique. Sustainability, 10(5): 1528.

Zhang Y, Yang Y, Jiang P, et al. 2022. Scientific cognition, path and governance system guarantee of the life community of mountains, rivers, forests, fields, lakes and grasses. Journal of Natural Resources, 37(11): 3005.